Teubner-Reihe Wirtschaftsinformatik

P. Rittgen

Prozeßtheorie der Ablaufplanung

Teubner-Reihe Wirtschaftsinformatik

Herausgegeben von

Prof. Dr. Dieter Ehrenberg, Leipzig
Prof. Dr. Dietrich Seibt, Köln
Prof. Dr. Wolffried Stucky, Karlsruhe

Die „Teubner-Reihe Wirtschaftsinformatik" widmet sich den Kernbereichen und den aktuellen Gebieten der Wirtschaftsinformatik.

In der Reihe werden einerseits Lehrbücher für Studierende der Wirtschaftsinformatik und der Betriebswirtschaftslehre mit dem Schwerpunktfach Wirtschaftsinformatik in Grund- und Hauptstudium veröffentlicht. Andererseits werden Forschungs- und Konferenzberichte, herausragende Dissertationen und Habilitationen sowie Erfahrungsberichte und Handlungsempfehlungen für die Unternehmens- und Verwaltungspraxis publiziert.

Prozeßtheorie der Ablaufplanung

Algebraische Modellierung von Prozessen, Ressourcenrestriktionen und Zeit

Von Dr. Peter Rittgen

Johann Wolfgang Goethe-Universität
Frankfurt am Main

B. G. Teubner Stuttgart · Leipzig 1998

Dr. Peter Rittgen

Geboren 1964 in Koblenz. Von 1983 bis 1989 Studium der angewandten Informatik mit Schwerpunkt Computerlinguistik an der EWH Koblenz (heute: Universität Koblenz-Landau). Wissenschaftlicher Mitarbeiter an der Universität Frankfurt am Main von 1992 bis 1996. April 1997 Promotion am dortigen Fachbereich Wirtschaftswissenschaften mit der vorliegenden Arbeit. Seit Mai 1997 wissenschaftlicher Mitarbeiter der Universität Koblenz-Landau.

Dissertation am Fachbereich Wirtschaftswissenschaften der Johann Wolfgang Goethe-Universität Frankfurt am Main.

Gedruckt auf chlorfrei gebleichtem Papier.

Die Deutsche Bibliothek – CIP-Einheitsaufnahme

Rittgen, Peter:
Prozeßtheorie der Ablaufplanung :
algebraische Modellierung von Prozessen, Ressourcenrestriktionen und Zeit /
von Peter Rittgen. –
Stuttgart ; Leipzig : Teubner, 1998
  Zugl.: Frankfurt (Main), Univ., Diss., 1998
    ISBN 978-3-8154-2606-7   ISBN 978-3-322-97618-5 (eBook)
    DOI 10.1007/978-3-322-97618-5

Umschlaggestaltung: E. Kretschmer, Leipzig

Vorwort

> Nil tam difficile est, quin quaerendo investigari possiet.
>
> TERENZ, Heautontimorumenos 675

> Nicht von Beginn an enthüllten die Götter uns Sterblichen alles;
> Aber im Laufe der Zeit finden wir suchend das Bess're.

> Sichere Wahrheit erkannte kein Mensch und wird keiner erkennen
> Über die Götter und alle die Dinge, von denen ich spreche.
> Sollte einer auch einst die vollkommenste Wahrheit verkünden,
> Wüßte er selbst es doch nicht: es ist alles durchwebt von Vermutung.
>
> XENOPHANES

Das vorliegende Buch ist die überarbeitete Fassung meiner Dissertationsschrift, die vom Fachbereich Wirtschaftswissenschaften der Johann Wolfgang Goethe-Universität Frankfurt am Main angenommen wurde. Sie entstand in den Jahren 1995 und 1996 am Institut für Wirtschaftsinformatik ebendort im Rahmen des Projekts „Flexible Organization of Distributed Agents (FLODAG)". Dieses Projekt gehörte zum Schwerpunktprogramm „Verteilte DV-Systeme in der Betriebswirtschaft" und wurde im genannten Zeitraum von der Deutschen Forschungsgemeinschaft (DFG) gefördert[1]. Projektleiter war Prof. Dr. Wolfgang König.

„… the universe is fundamentally intelligible"

sagt Cobb Jr.[2] in Interpretation des Lebenswerkes von Alfred North Whitehead (welchem im folgenden noch eine nicht unbedeutende Rolle zufällt). Dem Terenz-Zitat kann man entnehmen, daß dieser Leitgedanke bereits sehr alt ist, und er stand auch Pate bei meiner Arbeit, denn was für das Universum gilt, muß auch für jede seiner Teilmengen gelten:

„Ablaufplanung is fundamentally intelligible".

Von diesem Grundsatz geleitet versuchte ich, einen (zumindest theoretisch) noch nicht sehr gründlich untersuchten Teil der Betriebswirtschaft besser zu verstehen. Dabei stand weniger der praktische Aspekt im Vordergrund als vielmehr die Erfassung der theoretischen Grundlagen der (betrieblichen) Ablaufplanung[3]. Es sollte eine Theorie entstehen, die die wesentlichen Bestandteile für die Planung von Abläufen enthält:

---

[1]   DFG-Kennzeichen: Ko 1262/1-3

[2]   vgl. COBB JR. 1984, S. 139

[3]   Es sei an dieser Stelle bemerkt, daß dem Autor keine Informationen vorliegen, die eine Trennung von betrieblicher und sonstiger Ablaufplanung (z. B. in der Informatik) sinnvoll erscheinen lassen.

elementare Prozesse, sequentielle Abläufe, Nebenläufigkeit, Handlungsalternativen, Ressourcen und Zeit. Das vorliegende Buch soll Zeugnis über diesen Versuch ablegen.

Danksagung

Ich möchte an dieser Stelle allen Menschen meinen Dank aussprechen, die am Zustandekommen dieser Arbeit beteiligt waren:

- Prof. Dr. Wolfgang König,

- den Assistent(inn)en des Instituts für Wirtschaftsinformatik, die mir in fruchtbaren Diskussionen die Schwächen meiner Ansätze aufzeigten,

- den vielen Wissenschaftlern weltweit, deren Ideen mein Denken und meine Arbeit beeinflußten (ihre Namen mag man zum Teil dem Literaturverzeichnis entnehmen),

- Prof. Dr. Wolffried Stucky (Karlsruhe) und Prof. Dr. Stephan von Zelewski (Leipzig), die das Manuskript mit außerordentlicher Gründlichkeit lasen und viele konstruktive Anregungen lieferten,

- den Mitherausgebern der Teubner-Reihe Wirtschaftsinformatik Prof. Dr. Dieter Ehrenberg (Leipzig) und Prof. Dr. Dietrich Seibt (Köln),

- und Andrea Mende, die den Text in orthographischer Hinsicht überarbeitete.

Mein besonderer Dank gilt Herrn Dr. Oliver Wendt; seine streng formale Arbeitsweise, seine unermüdliche Unterstützung und seine präzise und konstruktive Kritik wiesen mir den Weg. Ohne seine unzähligen Anregungen und Denkanstöße wäre diese Arbeit nicht möglich gewesen.

Nicht zuletzt danke ich auch der DFG für die langjährige Unterstützung meiner Arbeit.

Koblenz, Dezember 1997   Peter Rittgen

Inhalt

1   Einführung

Die *Wirtschaftsinformatik* beschäftigt sich in erster Linie mit betrieblichen Informations- und Kommunikationssystemen (IuK-Systeme). Ihr Ziel ist die Entwicklung von Konzepten, Modellen und Methoden für Aufbau, Umsetzung, Einführung, Betrieb und Wartung solcher Systeme. Der Fokus liegt dabei darauf, betriebliche Prozesse zu automatisieren (z. B. die Rechnungserstellung) oder doch zumindest maschinell zu unterstützen (z. B. Workflow-Systeme oder Management-Informationssysteme). Der Begriff „Wirtschafts*informatik*" ist dabei insofern irreführend, als daß originäre Ergebnisse der Informatik nur in begrenztem Umfang Verwendung finden (z. B. aus dem Bereich der Datenbanken). Besonders bei der Modellierung von Prozessen bevorzugt man aber die Entwicklung eigenständiger Modelle (wie z. B. die Ereignis-Prozeß-Ketten in ARIS), und ignoriert häufig die wesentlich weiter fortgeschrittenen Modelle der (theoretischen) Informatik, und hier insbesondere der sogenannten „Concurrency Theory". Die Wirtschaftsinformatik ist somit erheblich stärker von der Betriebswirtschaftslehre als von der Informatik geprägt.

Das vorliegende Buch möchte mit dieser Tradition brechen, indem ein „echtes" Informatik-Modell (die Prozeßtheorie) für ein „echtes" BWL-Problem (die Ablaufplanung) konstruiert wird. Auf diese Weise glaubt der Autor, der „eigentlichen" Bedeutung des Begriffs „Wirtschaftsinformatik" gerecht zu werden bzw. näher zu kommen, nämlich:

Wirtschaftsinformatik = Wirtschaft + Informatik.

Dennoch sind auch die „klassischen" Wirtschaftsinformatiker herzlich eingeladen, sich auf diesen ungewöhnlichen Ansatz einzulassen und so eine ganz neue Sicht auf dieses Gebiet zu erhalten.

Das Buch ist im wesentlichen dreigeteilt (BWL, Informatik, Synthese):

1. Die Kapitel 1 bis 3 widmen sich dem Problem der Ablaufplanung und der Bestimmung des Prozeßbegriffs. Sie sind eher betriebswirtschaftlich ausgerichtet.

2. In den Kapiteln 4 und 5 werden dann formale Modelle nebenläufiger Prozesse in großer Ausführlichkeit dargestellt und miteinander verglichen. Hier kommt eher die (theoretische) Informatik zum Tragen.

3. Die Kapitel 6 bis 8 konstruieren darauf aufbauend die Prozeßtheorie der Ablaufplanung als Prozeßalgebra mit Modulen für geplante Prozesse, Ressourcen und Zeit. Hier findet also die Integration bzw. Synthese von BWL und Informatik statt.

Abschließend werden in den Kapiteln 9 und 10 noch mögliche Einsatzfelder dieser Theorie aufgezeigt. So ist beispielsweise auf ihrer Basis eine heuristische Ablaufoptimierung möglich (siehe Kapitel 9). Die Prozeßtheorie kann aber auch als Bindeglied zwischen Spezifikation, Simulation, Verifikation und Implementation betrieblicher Prozesse dienen (siehe 10.2).

1.1   Gegenstand des Buches

Der Gegenstand des Buches ist die (betriebliche) *Ablaufplanung*, genauer: die Planung von Abläufen bestehend aus Vorgängen gegebener Dauer unter Ressourcenbeschränkung mit alternativen (varianten) Teilabläufen. In internationalen Veröffentlichungen ist ein spezielleres Problem, nämlich das des *„resource-constrained project scheduling (RCPS)"*, hinlänglich bekannt. Es berücksichtigt jedoch keine Handlungsalternativen für Teilabläufe. In Anlehnung an die dortige Terminologie sei das hier betrachtete, erweiterte Problem als *„resource-constrained project/process scheduling with variants (RCPS-V)"* bezeichnet. Dies beinhaltet zwei Verallgemeinerungen des RCPS:

1. Übergang von Projekten zu allgemeinen Prozessen (siehe 2.1.4),

2. Hinzunahme von Handlungsalternativen für Teilabläufe.

Die detaillierte Darstellung des RCPS-V ist in Abschnitt 2.3.1 wiedergegeben. Die nun folgenden Abschnitte 1.1.1 und 1.1.2 sollen zunächst einmal das Problemfeld allgemein abstecken. In 1.1.1 wird die Grundproblematik der Ablauforganisation skizziert. Abschnitt 1.1.2 greift dann die Ablaufplanung als ein Teilproblem der Ablauforganisation heraus, das formal gestellt und somit mithilfe einer Theorie modelliert werden kann. Dieser Abschnitt soll die Ablaufplanung aus betriebswirtschaftlicher Sicht beleuchten und zeigen, von welchen Aspekten des Problems abstrahiert wird. Nach dem Abstraktionsvorgang bleibt dann das RCPS-V als fundamentales Problem der Ablaufplanung übrig.

Abschnitt 1.2 erläutert das Ziel dieses Buches. Im Abschnitt 1.3 werden dann das Vorgehen zur Erreichung dieses Zieles und, daraus abgeleitet, auch der inhaltliche Aufbau (Gliederung) des Buches dargestellt.

1.1.1   Ablauforganisation

Schweitzer[1] definiert *Ablauforganisation* als „die *raumzeitliche, zielgerichtete* Strukturierung von Arbeitsprozessen (Unternehmungsprozessen). Strukturierungsgegenstand können sowohl Produktionsprozesse (Beschaffungs-, Fertigungs-, Lagerungs- und Absatzprozesse) als auch administrative Prozesse (Verwaltungs-, Planungs-, Entscheidungs-, Kontrollprozesse) sein. Ihre Prozeßelemente (Arbeitsgänge, Operationen) sind

---

[1]   vgl. SCHWEITZER 1974, S. 1

durch die Fixierung zulässiger Beziehungsarten so zu verknüpfen, daß die entstehende Prozeßstruktur als optimal klassifiziert werden kann. Die Einzelmaßnahmen der Ablauforganisation stehen in einem gegenseitigen Abhängigkeitsverhältnis. Sie bezwekken eine raum-zeitliche Ordnung der Prozesse unter ökonomischem Blickwinkel. Durch zielorientierte Ordnung soll die Ergiebigkeit der Arbeitsprozesse gesteigert werden."

Die Ablauforganisation zerfällt dabei grundsätzlich in zwei Aufgaben:

1. Die Arbeitsanalyse oder *Ablaufanalyse*: In ihr wird untersucht, wie eine komplexe Aufgabe in Arbeitsgänge zerlegt werden kann, welche Alternativen existieren, welche Abhängigkeiten zwischen den Arbeitsgängen bestehen (z. B. bezüglich der zeitlichen Reihenfolge), wie lange die einzelnen Arbeitsgänge dauern, welche Ressourcen benötigt werden usw.

2. Die Arbeitssynthese oder Ablaufplanung: Liegen die Ergebnisse der Arbeitsanalyse vor, so können die identifizierten Arbeitsgänge eingeplant werden. Der folgende Abschnitt beschreibt diesen Vorgang detailliert.

Die zwei wesentlichen Merkmale der Ablauforganisation aus der Definition (nämlich die raum-zeitliche Dimension und die Zielorientierung) sollen nun dazu verwendet werden, zwei verschiedene Klassifikationsschemata für ablauforganisatorische Probleme zu entwickeln.

		-zeitliche Probleme	**-räumliche Probleme**
Objekt-	**Reihenfolge**	optimale Gesamtdurchlaufzeit	optimale Maschinenbelegung
	Gruppierung	optimale Werkstattlosgröße	optimale Lagerstandorte
Subjekt-	**Reihenfolge**	optimale Pausenregelung	optimaler Springerdienst
	Gruppierung	optimale Schichtstärke	optimale Mehrstellenarbeit
Mittel-	**Reihenfolge**	optimale Operationenfolgen	optimale Maschinenfolgen
	Gruppierung	optimale Leistungsbereitschaftsstufen	optimale Werkstattgröße

Tabelle 1.1:   Raumzeitliche Klassifikation von Problemen der Ablauforganisation mit Beispielen nach SCHWEITZER 1974, S. 3

Tabelle 1.1 enthält eine *Klassifikation* nach raum-zeitlichen Kriterien. Es handelt sich dabei im Grunde um eine dreidimensionale Matrix mit den Dimensionen „Raum-Zeit", „Gegenstand" (Arbeitsobjekt, Arbeitssubjekt, Arbeitsmittel) und Problemtyp (Reihenfolge, Gruppierung). So gehört z. B. das Problem der Ermittlung der optimalen Gesamtdurchlaufzeit zu den objekt-zeitlichen Reihenfolgeproblemen:

- Es ist ein *Objekt*problem, weil der Gegenstand der Optimierung die Arbeitsgänge selbst und nicht die Arbeitssubjekte (Arbeiter) oder die Arbeitsmittel (Maschinen etc.) sind.

- Es ist ein *zeitliches* Problem, weil das Ziel der Optimierung die Minimierung der Durchlaufzeit der Aufträge ist.

- Es ist ein *Reihenfolgeproblem*, weil eine Variation der Zielfunktionswerte nur durch eine Änderung der Reihenfolge der Arbeitsgänge herbeigeführt wird (Sequencing-Problem).

Der Gegenstand dieses Buches ist ein objekt-zeitliches Problem. Allerdings bestehen nicht nur Freiheitsgrade bei der Auswahl der Reihenfolge von Arbeitsgängen, sondern auch bei der Auswahl alternativer Teilabläufe.

Eine zweite *Klassifikation* kann anhand der zugrundegelegten Zielfunktion durchgeführt werden. Der Einfachheit halber sei angenommen, daß alle *Zielkriterien* mit Kosten bewertet sind. Die gesamte Zielfunktion ist dann eine Aggregation verschiedener Kosten zu Gesamtkosten. Diese Funktion ist zu minimieren.

Tabelle 1.2 gibt Basiskriterien (oder auch Basisfunktionen) für ablauforganisatorische Probleme an:

Bereich	**Kriterium**	**englischer Terminus**
Arbeitsvorbereitung	Rüstkosten	setup costs
Terminierung	Terminüberschreitung	tardiness
Terminierung	Durchlaufzeit	completion time
Kapazitätsauslastung	Leerlaufzeiten	idle time
Logistik	Transportkosten	logistics costs
Lagerkapazität	Lagerzeit	storage time
Produktion	Fertigungskosten	production costs

Tabelle 1.2:   Elementare Zielkriterien der Ablauforganisation

Falls zur Bildung der Gesamtzielfunktion mehrere der genannten Kriterien herangezogen werden, können Zielkonflikte (Polylemmata) auftreten. Bereits Gutenberg[2] identifizierte den Konflikt zwischen der Durchlaufzeit und der Kapazitätsauslastung als das beherrschende Dilemma der Arbeitsablaufplanung.

---

[2]   vgl. GUTENBERG 1983, S. 216

Das hier vorgestellte Modell geht zunächst noch von keiner speziellen Zielfunktion aus. Es besitzt Gültigkeit für allgemeine Abläufe. Erst in Kapitel 9 wird eine Zielfunktion in das Modell eingeführt (Durchlaufzeitminimierung) und damit eine „optimale Projektplanung" definiert.

Ganz allgemein können bei der ablauforganisatorischen *Modellbildung* 3 verschiedene Ansätze unterschieden werden:

- deskriptive Modelle,

- theoretisch-deduktive Modelle und

- normative Modelle

Deskriptive Modelle zielen in erster Linie darauf ab, die Probleme darzustellen und zu klassifizieren. Zur Dokumentation ablauforganisatorischer Probleme wurden eine Reihe von Werkzeugen entwickelt, wie z. B. Netzpläne[3] und Arbeitsgliederungspläne. Zur Darstellung von Lösungen (z. B. aus normativen Modellen) eignen sich besonders die Gantt-Diagramme. Näheres hierzu findet man in Abschnitt 1.1.2.

Theoretisch-deduktive Modelle heben vornehmlich auf die Erklärung ablauforganisatorischer Sachverhalte ab. Die Lösung solcher theoretischen Totalmodelle der Ablauforganisation ist mit einer hohen Komplexität verbunden. Sie werden daher in der Regel nur für bestimmte Teilprobleme entwickelt. Es handelt sich dabei um sogenannte Satzsysteme, die von fundamentalen Annahmen (Axiomen) ausgehen. Diese können nicht hinterfragt werden, müssen es aber auch nicht, weil sie meist sehr einfach sind und daher „intuitiv einleuchten". Aufbauend darauf kann man dann durch Ableitung (Deduktion) zu allgemeingültigen Aussagen über das zugrundeliegende Problem kommen. Die betriebswirtschaftliche Theoriebildung ist an dieser Stelle (Ablauforganisation) nicht sehr stark ausgeprägt. Gegenstand dieses Buches soll daher die Konstruktion eines solchen Modells für ein recht allgemeines Problem der Ablaufplanung, nämlich das RCPS-V, sein (siehe Abschnitt 2.3.1).

Normative Modelle gehen noch einen Schritt weiter und liefern neben der Erklärung auch noch ein Modell für die Entscheidung. Sie geben also eine Vorschrift an, wie man für jedes konkrete Problem (des modellierten Weltausschnitts) eine (optimale) Lösung finden kann. Ein entsprechendes Verfahren wird für die Projektplanung in Kapitel 9 beschrieben. Allgemein kommen als normative Modelle und Verfahren (in Abhängigkeit vom Anwendungsfall) beispielsweise die folgenden in Frage (die meisten davon kann man in der Operations-Research-Literatur[4] nachschlagen):

---

3   vgl. z. B. ZIMMERMANN 1980, S. 319 ff.

4   z. B. MÜLLER-MERBACH 1971 oder ZIMMERMANN 1992; speziell auf Optimierung in der Ablauforganisation geht KERN 1987 ein.

- lineare Programmierung,

- nicht-lineare Programmierung,

- dynamische Programmierung,

- Branch & Bound,

- Warteschlangentheorie,

- Heuristiken,

- graphentheoretische Modelle,

- Losgrößenmodelle,

- logistische Modelle[5],

- implizite Enumeration[6],

- Simulated-Annealing und genetische Algorithmen[7].

Abschließend sei noch bemerkt, daß hier nur ein kurzer Überblick über die Ablauforganisation gegeben werden kann. Eine ausführliche Darstellung findet man z. B. in KÜPPER 1981. Eine aktuellere Monographie ist LIEBELT und SULZBERGER 1992.

1.1.2   Ablaufplanung aus betriebswirtschaftlicher Sicht

Bereits im letzten Abschnitt wurde die Ablaufplanung als Teilaufgabe der Ablauforganisation eingeführt. Die dortige Definition ist sehr allgemein gehalten und gilt für alle ablaufplanerischen Aufgaben, die in einem Unternehmen anfallen. Da dieses weite Feld formal kaum greifbar ist, soll dieses allgemeine Problem hier so eingeschränkt werden, daß es durch eine einheitliche Theorie mit wenigen Grundelementen und wenigen fundamentalen Annahmen (Axiomen) vollständig und befriedigend[8] erklärt werden kann.

Nach Seelbach[9] ist die *Ablaufplanung* „die kurzfristige Planung der hinsichtlich vorgegebener Zielsetzungen optimalen zeitlichen Gestaltung des Produktionsprozesses oder -vollzugs unter Berücksichtigung vorgegebener Produktionsmengen und beschränkter Produktionskapazitäten."

---

5   vgl. AKERS JR. und FRIEDMAN 1955
6   vgl. BALAS 1969 oder FLORIAN, TREPANT und MCMAHON 1971
7   vgl. WENDT 1995 und KIRKPATRICK 1983
8   „Befriedigend" bedeutet hier: so aufwendig wie nötig, aber so einfach wie möglich (d. h. „ökonomisch").
9   vgl. SEELBACH 1993, S. 1

Diese Definition geht bereits auf Gutenberg zurück und schränkt die Ablaufplanung (im Sinne der o. g. Forderung) auf Scheduling- und Sequencing-Probleme[10] ein. Darüber hinaus wird jedoch auch eine Beschränkung auf Produktionsprozesse vorgenommen. Dies ist für die Zwecke einer allgemeinen Theorie der Ablaufplanung weder wünschenswert noch erforderlich, weil dadurch interessante Probleme wie z. B. die Projektplanung ausgeklammert werden. Abstrahiert man von dieser Beschränkung, so bleiben die folgenden wichtigen Charakteristika der Ablaufplanung übrig:

- Prozesse (elementare Prozesse werden auch Aktivitäten genannt),

- Ressourcen („vorgegebene Produktionsmengen und beschränkte Produktionskapazitäten"),

- Darstellung der Zeit,

- Zielfunktion („hinsichtlich vorgegebener Zielsetzungen") und

- Scheduling („Planung der zeitlichen Gestaltung").

Gegenstand der zu entwickelnden Prozeßtheorie der Ablaufplanung sind also Prozesse, Ressourcen und die Zeit. Aufgabe dieser Theorie ist die zeitliche Planung (Scheduling) der Prozesse und die Optimierung dieser Planung hinsichtlich der Zielfunktion (eine detailliertere Beschreibung der geplanten Theorie ist in Abschnitt 1.2 angegeben).

Zur Erläuterung der genannten Begriffe:

Prozesse: Prozesse sind komplexe Abläufe, die aus elementaren Abläufen (Vorgängen) zusammengesetzt sind. Synonym zum Begriff „*Vorgang*" werden ebenfalls die Bezeichnungen „*Aktivität*" oder „*Arbeitsgang*" verwendet.

Ressourcen: Ressourcen sind die „Gesamtheit aller Produktionsfaktoren (Arbeit, Kapital und Boden)[11]".

Man kann unterscheiden zwischen *Verbrauchsfaktoren* und *Potentialfaktoren*. Die Verbrauchsfaktoren gehen im Prozeß unter (z. B. Vorprodukte), d. h. sie stehen nach Beendigung des Prozesses nicht mehr zur Verfügung. Sie führen zu Reihenfolgebeziehungen (Präzedenzen) zwischen Prozessen, die Zwischenprodukte erzeugen, und solchen, die diese als Vorleistungen benötigen.

Potentialfaktoren sind solche, die während des Prozesses benötigt werden, nach seiner Beendigung aber wieder unverändert[12] aus ihm

---

10   vgl. BAKER 1974 oder FRENCH 1982
11   vgl. DICHTL und ISSING 1993, S. 1816
12   Von nutzungsbedingtem Verschleiß sei hier abstrahiert.

hervorgehen. Sie werden während seiner Dauer durch den Prozeß gebunden und können daher in diesem Zeitraum von keinem anderen Prozeß verwendet werden. In erster Linie sind dies Menschen und Maschinen. Potentialfaktoren können daher zu Ressourcenkonflikten führen (vgl. Kapitel 7).

Zeit: Die Zeit wird hier diskret modelliert, d. h. sie läuft in Schritten ab; ein Zeitschritt wird dabei mit „t" bezeichnet (siehe Kapitel 8).

Zielfunktion: Die Zielfunktion ist eine Aggregation elementarer Zielkriterien (vgl. Tabelle 1.2). Hier wird in erster Linie die Minimierung der Gesamtzeit angenommen (siehe Kapitel 9).

Scheduling: Das Scheduling (Ablaufplanung i. e. S.) besteht in der Aufgabe, die Prozesse so anzuordnen (zeitliche Reihenfolge), daß die Zielfunktion ihren optimalen Wert annimmt.

Die vier wichtigsten *Klassen von Problemen* der Ablaufplanung (sortiert nach absteigender Generalität) sind:

1. Ablaufplanung mit varianten Teilabläufen (RCPS-V = RCPS with variants),

2. Projektplanung (RCPS = resource-constrained project scheduling),

3. Maschinenbelegungsplanung (JSS = job-shop scheduling) und

4. Reihenfertigungsplanung (FSS = flow-shop scheduling).

Für alle Ablaufplanungsprobleme werden die folgenden vereinfachenden Annahmen gemacht:

- die zeitliche Dauer der Aktivitäten ist konstant und bekannt (keine stochastischen Einflüsse),

- eine einmal begonnene Aktivität kann nicht unterbrochen werden (non-preemptiveness).

Die folgenden Abschnitte widmen sich der detaillierten Darstellung der einzelnen Problemklassen mit Ausnahme von Problemklasse 1. Als allgemeinste Klasse wird sie in Abschnitt 2.3.1 gesondert behandelt. Es sei an dieser Stelle also lediglich auf diesen Abschnitt verwiesen.

1.1.2.1 Die Projektplanung (Problemklasse 2)

Problemklasse 2 (*Projektplanung*[13]) ist eine Spezialisierung der Klasse 1: es entfallen die Ablaufvarianten. Die Ablaufstrukturen können durch Netzpläne mit disjunktiven Kanten[14] dargestellt werden. Es sind allgemeine Graphen zulässig (ohne Einschränkung außer der der Kreisfreiheit). Es werden hier die sogenannten *AoN-Netze*[15] verwendet (Activity on Node), d. h. die Aktivitäten (oder Vorgänge) werden in die Knoten des Graphen eingetragen. Die gerichteten Kanten symbolisieren dann Präzedenzbeziehungen zwischen den Vorgängen. Eine Kante von „A" nach „B" bedeutet also, daß Vorgang „A" vollständig vor Vorgang „B" ausgeführt werden muß. Abbildung 1.1 zeigt einen beispielhaften Projektgraphen. Die benötigten Ressourcen (hier: die Bearbeiter) werden in diesem Abschnitt der Einfachheit halber noch explizit angegeben[16].

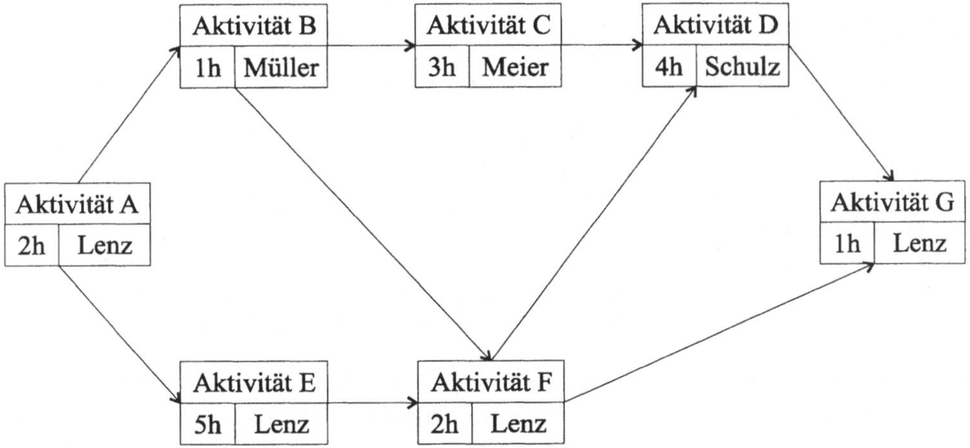

Abbildung 1.1: Beispiel für ein Vorgangsknotennetz

Die Einträge in den Knoten bedeuten:

- Bezeichnung der Aktivität (oben),

- Dauer der Aktivität (unten links) und

- Bearbeiter (unten rechts).

Das Problem der Projektplanung (*resource-constrained project scheduling* oder RCPS) gehört, wie alle hier vorgestellten Probleme der Ablaufplanung, zu den sogenannten

---

[13] in der anglo-amerikanischen Literatur als „resource-constrained project scheduling (RCPS)" bekannt

[14] siehe Kapitel 3

[15] vgl. ELMAGHRABY 1977 oder 1995

[16] Ab Kapitel 3 werden dann nur noch die *Beschränkungen* angegeben, die sich aus der Konkurrenz um Ressourcen ergeben.

kombinatorischen Optimierungsproblemen[17]. Sie sind somit (bis auf triviale Aus-
nahmen) NP-vollständig[18], d. h. es existiert für sie kein Algorithmus, der auf deterministische Art und Weise das Problem mit polynomialbeschränktem Aufwand optimal
löst (NP steht für „Non-deterministic Polynomial"). Anders ausgedrückt: Der Aufwand
zur Ermittlung der optimalen Lösung wächst exponentiell mit der Problemgröße. Dies
ist für realistische Problemgrößen nicht akzeptabel.

Am anderen Ende der Skala befinden sich die Heuristiken. Sie liefern auch für größere
Probleme eine Lösung mit vergleichsweise geringem Aufwand. Allerdings geht dies
auf Kosten der Lösungsqualität.

Aus dem Trade-off zwischen Lösungsgüte und Aufwand resultiert der Anreiz kombi-
natorischer Optimierungsprobleme für die Forschung. Sie konzentriert sich im wesentlichen auf zwei Ansätze:

- Entwicklung von Heuristiken mit höherer Lösungsqualität und

- Weiterentwicklung der exakten Verfahren, um für praxisrelevante Subklassen des
  jeweiligen Problems eine Komplexitätsreduktion zu erreichen.

Für das RCPS wurden vielfältige Lösungsverfahren entwickelt. Für Details sei auf die
entsprechende Literatur verwiesen. Heuristische Methoden wurden angegeben von
BELL und HAN 1991, BOCTOR 1990, ELSAYED und NASR 1986, FENDLY 1968,
NORBIS und SMITH 1986, THESEN 1976, WIEST 1967 und ZHAN 1994.

Besonders hervorgehoben seien die Verfahren, die in KHATTAB und CHOOBINEH 1991
und DREXL 1991 beschrieben sind. Es sind Heuristiken mit Prioritätsregeln, die ein
sehr günstiges Verhältnis von Lösungsgüte zu Rechenzeitaufwand aufweisen[19].

Exakte Verfahren findet man bei BALAS 1969, BARTUSCH 1983 (Generalisierung von
BALAS 1969), CHRISTOFIDES, VALDES und TAMARIT 1987, DAVIS und HEIDORN
1971, FISHER 1973, PATTERSON und HUBER 1974, PRITSKER, WATTERS und WOLFE
1969, SCHRAGE 1970, STINSON, DAVIS und KHUMAWALA 1978, TALBOT und
PATTERSON 1978 und TALBOT 1982.

Einen aktuellen Ansatz zum Scheduling hierarchischer Netzpläne enthält BEHLE und
KUSIAK 1995.

---

[17]   zur Komplexität von kombinatorischen Optimierungsproblemen siehe GAREY und JOHNSON 1979 und
        KARP 1975
[18]   zur Komplexität des RCPS siehe BLAZEWICZ, LENSTRA und RINNOOY KAN 1983 und LENSTRA und
        RINNOOY KAN 1978
[19]   zu Prioritätsregeln siehe Abschnitt 1.1.2.2

Eine Übersicht über das RCPS und einen Vergleich exakter und heuristischer Verfahren findet man bei OGUZ und BALA 1994. Eine etwas ältere Übersicht, die auch eine Klassifikation von Projektplanungsalgorithmen beinhaltet, ist DAVIS 1973. Allgemeine Werke zur Projektplanung sind SLOWINSKI und WEGLARZ 1989 und PAGNONI 1990.

1.1.2.2   Die Maschinenbelegungsplanung (Problemklasse 3)

Problemklasse 3, die *Maschinenbelegungsplanung*, ist auch als *Werkstattfertigungsplanung* bekannt: Gegeben sind n Aufträge $A_1 \ldots A_n$, die auf m Maschinen $M_1 \ldots M_m$ gefertigt werden sollen. Jeder Auftrag durchläuft maximal m Maschinen in einer vorgegebenen Reihenfolge, die von Auftrag zu Auftrag verschieden sein kann. Betrachtet man die Durchführung eines Arbeitsganges eines Auftrages an einer Maschine als Aktivität, so besteht jeder *Auftrag* aus einer Sequenz solcher Aktivitäten und das gesamte Problem aus einem Nebeneinander dieser Sequenzen (oder graphisch: Ketten). Dies hat zur Folge, daß man einerseits auch diese Klasse von Problemen als ein Vorgangsknotennetz darstellen kann, andererseits aber die Graphen beschränkt sind auf unabhängige Ketten (d. h. ohne „Querverbindungen" wie z. B. die Kanten von „B" nach „F" oder von „F" nach „D" in Abbildung 1.1). Man nennt diese speziellen Graphen *Maschinenfolgegraphen*. Da sie gegenüber den Projektgraphen eingeschränkt sind, folgt, daß die Maschinenbelegungsplanungsprobleme nur eine Teilmenge der Projektplanungsprobleme sind. Abbildung 1.2 zeigt einen Maschinenfolgegraphen für ein Problem mit 2 Aufträgen und 3 Maschinen:

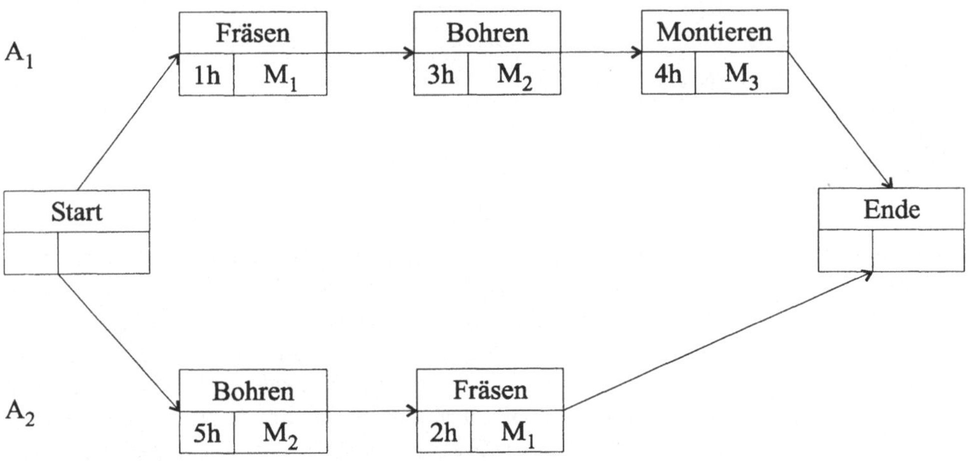

Abbildung 1.2:   Beispiel für einen Maschinenfolgegraph

Es werden zwei Pseudo-Aktivitäten „Start" und „Ende" eingeführt, um Beginn und Ende der Bearbeitung erfassen zu können. Wie bereits bei den Projektgraphen, werden die Bezeichnung der Aktivität und deren Dauer in die Knoten eingetragen. Das dritte Attribut kennzeichnet jedoch nicht den menschlichen Bearbeiter, sondern die

Maschine, auf der der Arbeitsgang des Auftrags bearbeitet wird; man geht also davon aus, daß jeder Maschine ein Arbeiter fest zugeordnet ist und beide gemeinsam den Potentialfaktor darstellen.

Der Maschinenfolgegraph zeigt nur die Reihenfolge von Arbeitsgängen *innerhalb* eines Auftrages. Aufgabe der Ablaufplanung ist es nun, die Reihenfolge von Arbeitsgängen *zwischen* Aufträgen festzulegen, und zwar so, daß die Zielfunktion den optimalen Wert annimmt. Als Resultat dieser Planung erhält man dann den optimalen *Ablaufgraphen*, der zusätzlich Kanten für die Auftragsfolge für jede Maschine enthält. Der optimale Ablaufgraph hinsichtlich der Gesamtbearbeitungszeit für das Beispiel aus Abbildung 1.2 hat die folgende Gestalt:

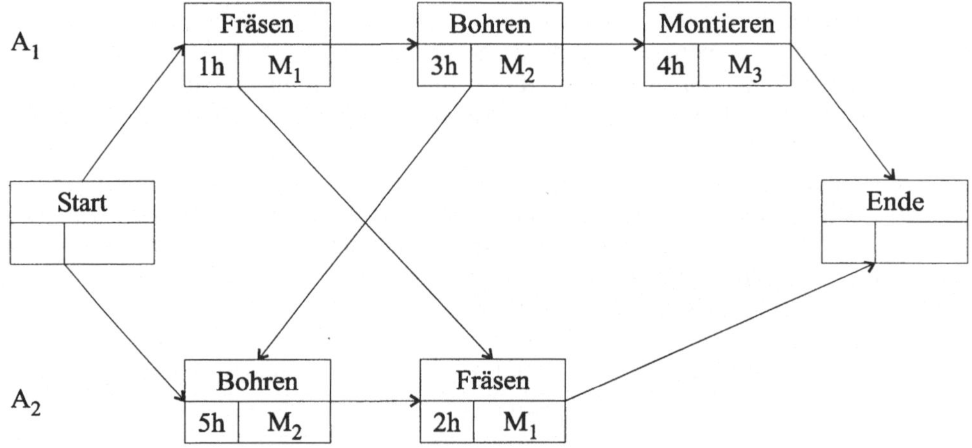

Abbildung 1.3:   Optimaler Ablaufgraph zu Abbildung 1.2 (11 Stunden)

Viele OR-Verfahren zur Ablaufplanung sind graphenbasiert: Sie gehen von einem Maschinenfolgegraphen aus und liefern den (optimalen) Ablaufgraphen als Ergebnis. Bedauerlicherweise ist ein solcher Ablaufgraph recht unübersichtlich: So lassen sich aus ihm z. B. nicht unmittelbar die Zeiten entnehmen, zu denen die einzelnen Aktivitäten stattfinden. Aus diesem Grund entstanden bereits lange vor der Entwicklung graphenbasierter Algorithmen die sogenannten *Gantt-Diagramme*[20], bei denen man diese Zeiten direkt ablesen kann und die deshalb in der Praxis weite Verbreitung fanden. Es gibt diese Diagramme in zwei Formen: der *Maschinenfolgegantt* und der *Auftragsfolgegantt*. Ersterer ist für das Beispiel aus Abbildung 1.3 in der Abbildung 1.4 wiedergegeben. Er ist nach Aufträgen gegliedert und zeigt für jeden Auftrag, welche Maschine wann und wie lange belegt wird (gekennzeichnet durch Lage und Länge des zugehörigen Balkens). Ferner sind die Ruhezeiten des Auftrages, also

---

20   vgl. CLARK 1935

Intervalle, in denen keine Maschine von dem betreffenden Auftrag belegt wird, zu erkennen (leere Felder).

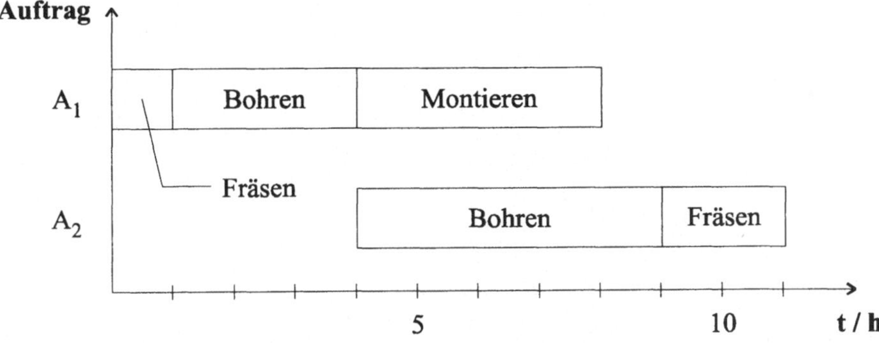

Abbildung 1.4:   Maschinenfolgegantt zu Abbildung 1.3 (11 h)

Ein interessantes Phänomen wird bereits an diesem einfachen Beispiel klar: Es kann optimal sein, eine Maschine stillstehen zu lassen, obwohl ein Auftrag zur Bearbeitung ansteht! Denn zum Zeitpunkt 0 könnte bereits (zeitgleich mit Auftrag A_1) mit der Fertigung von Auftrag A_2 begonnen werden. Jedoch würde dies bedeuten, daß der zweite Arbeitsgang des ersten (ohnehin längeren !) Auftrages um 4 Stunden verzögert würde, weil die Bohrmaschine vom an sich kürzeren (aber „lange bohrenden") Auftrag A_2 belegt ist. Es entsteht in diesem Fall ein Ablaufplan mit einer Gesamtdauer von 12 Stunden, also mit einer Stunde mehr als beim Optimum (siehe Abbildung 1.5).

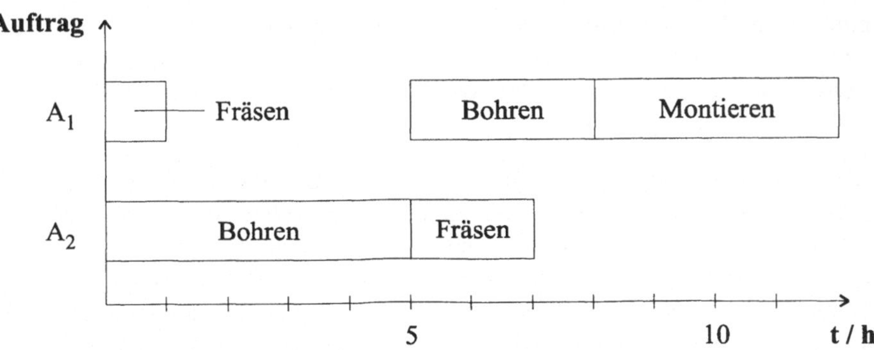

Abbildung 1.5:   Maschinenfolgegantt ohne anfängliche Leerzeit für die Bohrmaschine (12 h)

Eine andere Sicht auf den Ablaufgraphen bietet der Auftragsfolgegantt. In ihm sind die Aktivitäten nach Maschinen geordnet. Es wird also für jede Maschine angezeigt, welcher Auftrag wann und wie lange auf ihr gefertigt wird (Balken) und wann sie ruht (leere Felder). Zu dem Maschinenfolgegantt aus Abbildung 1.4 gibt Abbildung 1.6 den Auftragsfolgegantt an.

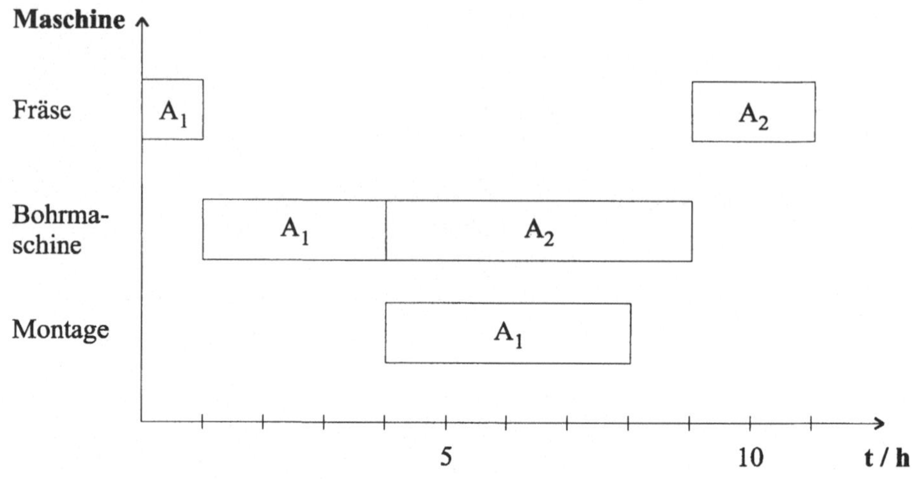

Abbildung 1.6:   Auftragsfolgegantt zu Abbildung 1.3 (11 h)

Die Maschinenbelegungsplanung gehörte zu den ersten Problemen, mit denen sich das nach dem Zweiten Weltkrieg entstandene Gebiet des Operations Research befaßte. Exakte Lösungen für eingeschränkte Probleme entstanden daher bereits Mitte der 50er Jahre. So wurden für das Job-Shop-Scheduling für eine Maschine optimale Algorithmen von JACKSON 1955 und SMITH 1956 angegeben. Jacksons Verfahren minimierte die Terminüberschreitung, Smiths Algorithmus die Gesamtablaufzeit. Eine Erweiterung auf zwei Maschinen gelang Jackson dann nur ein Jahr später (JACKSON 1956). Einen Algorithmus zur Minimierung der Anzahl verspäteter Aufträge bei einstufiger Fertigung stellte MOORE 1968 vor.

MANNE 1960 löst die Maschinenbelegungsplanung mittels linearer Programmierung (LP). Dieses Verfahren geht von der Gesamtheit aller möglichen Ablaufpläne aus. Um einen Eindruck von der Menge dieser Pläne zu bekommen, sei deren Zahl hier ermittelt. Es seien n Aufträge auf m Maschinen zu produzieren. Die Abbildung 1.7 zeigt die Arbeitsgänge A_{ij} von Auftrag i auf Maschine j. Ohne Beschränkung der Allgemeinheit durchlaufen alle Aufträge die Maschinen in derselben Reihenfolge.

Um zum Ablaufgraphen (und damit zum *Ablaufplan*) zu gelangen, müssen die n Arbeitsgänge in jeder Ellipse in eine bestimmte Reihenfolge gebracht werden. Dazu gibt es $n!$ Möglichkeiten (Permutationen). Da dies in allen m Ellipsen unabhängig geschehen kann, potenziert sich diese Anzahl mit m, und man erhält insgesamt $(n!)^m$ Ablaufpläne als obere Schranke. Dies ist schon für kleine n und m eine unvorstellbar große Zahl, z. B. können 7 Aufträge auf 7 Maschinen auf $8{,}26 \cdot 10^{25}$ Arten gefertigt werden. Selbst wenn ein Computer eine Million Ablaufpläne in jeder Sekunde erstellen und miteinander vergleichen kann, würde die Suche nach der optimalen Lösung dennoch im Mittel 2,6 Billionen Jahre dauern. Dies ist erheblich länger als die erwartete Gesamtlebensdauer des Universums (ca. 10 Milliarden Jahre).

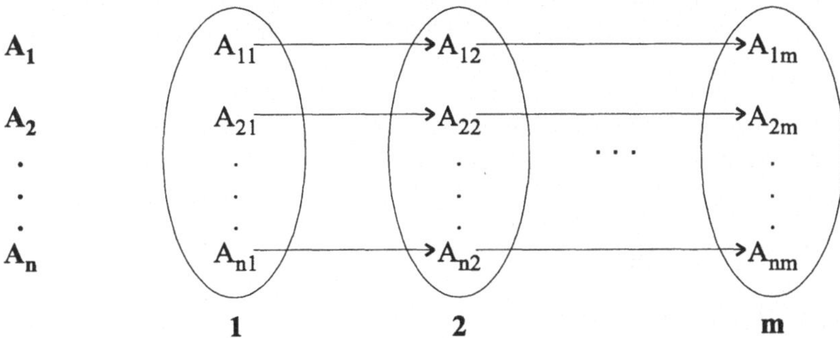

Abbildung 1.7:   Zur Ermittlung der Anzahl möglicher Ablaufpläne

Da das Verfahren von Manne für realistische Probleme also zu aufwendig ist, versuchte man in den 60er Jahren, mittels Einschränkung des Suchraumes auf *unverzögerte Ablaufpläne* (non-delay schedules) der Komplexität Herr zu werden. Unverzögerte Ablaufpläne sind Pläne, bei denen jede Bearbeitung so früh wie möglich beginnt. Sie stellen zwar eine beträchtliche Vereinfachung des Problems dar, jedoch ist nicht garantiert, daß sich unter den unverzögerten Ablaufplänen ein optimaler befindet. Das Beispiel aus Abbildung 1.2 zeigte ja bereits einen solchen Fall: Der beste unverzögerte Ablaufplan (Abbildung 1.5) ist schlechter als der verzögerte Plan in Abbildung 1.4. Dennoch stellt für praktische Zwecke der optimale unverzögerte Ablaufplan eine brauchbare Näherungslösung dar[21].

Ab den 70er Jahren konzentrierte sich die Forschung dann bei den exakten und approximativen (d. h. „beinahe exakten") Verfahren auf eine Verbesserung des Laufzeitverhaltens. Es wurden Branch&Bound-Algorithmen[22] und das „Simulated-Annealing"[23] entwickelt.

Im Bereich der Heuristiken sind diejenigen mit Prioritätsregeln heute in der Praxis am weitesten verbreitet und akzeptiert[24]. Sie liefern mit geringem Rechenzeitaufwand sehr gute Lösungen. *Prioritätsregeln* sind Regeln, die beim Freiwerden einer Maschine vorgeben, welcher der Aufträge, die zur Bearbeitung an dieser Maschine anstehen,

---

21   vgl. CONWAY, MAXWELL und MILLER 1967
22   vgl. LAGEWEG, LENSTRA und RINNOOY KAN 1977, CARLIER und PINSON 1989 und WHITE und ROGERS 1990
23   vgl. VAN LAARHOVEN 1988 und VAN LAARHOVEN, AARTS und LENSTRA 1992
24   vgl. CORSTEN 1990

eingeplant wird. Es kann also dynamisch während der Fertigung entschieden werden. Daher können kurzfristig neue Aufträge eingeplant werden, und auch Abweichungen der tatsächlichen von der vorgesehenen Dauer der Arbeitsgänge stellen kein Problem dar. Beides erfordert bei den exakten Methoden eine neue Planung für sämtliche (auch die nicht betroffenen) Aufträge. Heuristiken mit Prioritätsregeln findet man bei PANWALKAR und ISKANDER 1977 und HAUPT 1989. Besonders hervorgehoben werden soll der Algorithmus von ADAMS, BALAS und ZAWACK 1988.

Neuere Entwicklungen beschäftigen sich in erster Linie mit dynamischer Planung[25] und Planung unter stochastischen Einflüssen[26] (z. B. schwankende Bearbeitungszeiten).

1.1.2.3   Die Reihenfertigungsplanung (Problemklasse 4)

Die vierte und speziellste Problemklasse beschäftigt sich mit der *Reihenfertigungsplanung*. Die Einschränkung gegenüber der Maschinenbelegungsplanung besteht darin, daß die Maschinen von allen Aufträgen in derselben Reihenfolge durchlaufen werden (flow shop). Ein Beispiel für ein solches Problem findet man unter anderem bei COFFMAN 1976, S. 95. Sechs Aufträge (Ketten oder „chains") C_1 bis C_6 müssen jeweils erst auf Maschine A und dann auf Maschine B bearbeitet werden, wobei die Bearbeitungszeiten für einen Arbeitsgang von Auftrag zu Auftrag verschieden sein können. Da die Reihenfolge der Maschinen feststeht, werden sie nicht mehr angegeben. Die Zahlen in den Klammern bedeuten also:

(Bearbeitungszeit auf A, Bearbeitungszeit auf B).

C_1: (4, 2)

C_2: (4, 6)

C_3: (2, 3)

C_4: (3, 1)

C_5: (6, 4)

C_6: (2, 4)

Die OR- und Informatik-Literatur bietet eine Fülle von Algorithmen zur Lösung von Flow-Shop-Problemen an. Insbesondere für 2 Maschinen existiert ein effizientes Verfahren, weil dort für das optimale Schedule gilt: Die Reihenfolge der Aufträge ist auf beiden Maschinen dieselbe. Man kann dann eine partielle Ordnung auf den C_i so definieren, daß, wenn $C_i < C_j$, der Auftrag C_i vor C_j eingeplant wird. Jede Reihenfolge von Aufträgen, die dieser Ordnung entspricht, ist ein optimales Schedule. Angewendet auf

---

[25]   vgl. CHANG und SULLIVAN 1990
[26]   vgl. NEUMANN 1990

das genannte Problem liefert dieses Verfahren als eine optimale Reihenfolge die Sequenz „3-6-2-5-1-4" (siehe Abbildung 1.8).

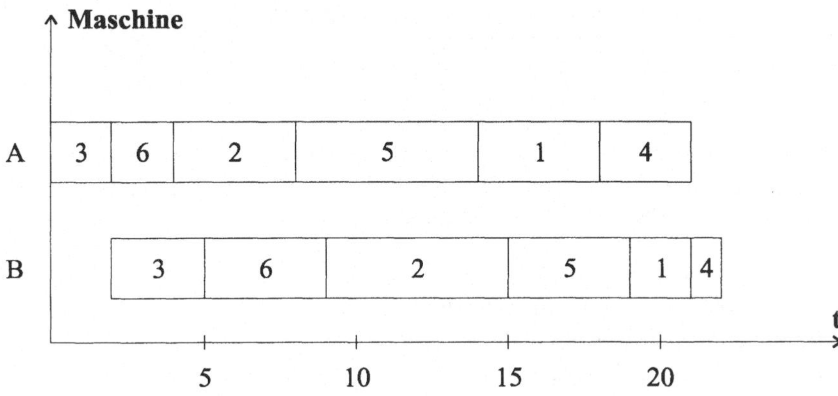

Abbildung 1.8:   Optimales Flow-Shop-Schedule (22 Zeiteinheiten)

Prinzipiell können zur Lösung des Flow-Shop-Problems auch die Verfahren verwendet werden, die in Abschnitt 1.1.2.2 für das Job-Shop-Scheduling genannt wurden. Dennoch findet man in der Literatur auch eine Reihe von dedizierten Methoden. JOHNSON 1954 beschreibt ein exaktes Verfahren für die zweistufige Reihenfertigung. Branch&Bound-Algorithmen wurden z. B. von HARIRI und POTTS 1989 und AHMADI und BAGCHI 1990 angegeben.

Auch bei Reihenfertigung existieren $(n!)^m$ alternative Ablaufpläne; für die Ableitung dieser Größe spielt es keine Rolle, ob die Maschinen in gleicher (flow shop) oder unterschiedlicher (job shop) Reihenfolge durchlaufen werden. Eine interessante Einschränkung dieser Zahl läßt sich erreichen, wenn man nur Ablaufpläne mit gleicher Auftragsfolge auf allen Maschinen zuläßt. Von diesen sogenannten *Permutationsplänen* gibt es lediglich $n!$. Man kann zeigen, daß für $m \leq 3$ unter diesen das optimale Schedule ist. Für eine Fertigungstiefe von mehr als 3 Maschinen sind sie eine gute Basis für Heuristiken. Eine vergleichende Gegenüberstellung von Heuristiken der Reihenfertigungsplanung ist DANNENBRING 1977.

1.2   Ziel des Buches

Das Ziel dieses Buches ist die Entwicklung einer (algebraischen) *Prozeßtheorie* der Ablaufplanung. Die Grundbausteine dieser Theorie wurden bereits in Abschnitt 1.1.2 aufgeführt. Tabelle 1.3 gibt sie noch einmal in strukturierter Form wieder.

Objekte der Ablaufplanung	Ziel der Ablaufplanung	Aufgabe der Ablaufplanung
Prozesse, Ressourcen, Zeit	Zielfunktion (hier: Minimierung der Gesamtzeit)	Scheduling (Planung der zeitlichen Anordnung von Prozessen)

Tabelle 1.3:   Bausteine der Prozeßtheorie der Ablaufplanung

Die Theorie heißt Prozeßtheorie, weil der Prozeß ihr fundamentaler Baustein ist. Andere Komponenten werden als Prozesse oder als Relationen zwischen Prozessen ausgedrückt. Als Form der Theorie soll die einer *Algebra*[27] gewählt werden. Eine Algebra besteht aus Sorten, Operationen und Gleichungen.

Die *Sorten* sind die Basismengen (auch Datentypen genannt). Im vorliegenden Fall der Prozeßalgebra[28] gibt es die Sorten „Prozeß" und „atomare Aktion" (ein nicht mehr zerlegbarer Prozeß). Aktionen werden in der Algebra in der Regel mit Kleinbuchstaben aus dem Anfang des Alphabets dargestellt: a, b, c usw. Die Zeit wird als ein spezieller Prozeß betrachtet, nämlich der Prozeß, der nichts weiter tut als eine Einheit Zeit zu konsumieren. Sie wird durch ein ausgezeichnetes Element der Sorte Prozeß denotiert, das „t" (für „time unit"). Bei Ressourcen (hier Potentialfaktoren) könnte man geneigt sein, sie als eigene Sorte darzustellen, weil es sich um realweltliche Objekte handelt. Dies ist jedoch nicht sinnvoll. Die Ablaufplanung determiniert nämlich nur die zeitliche Reihenfolge von Prozessen, nicht aber Art und Menge der Potentialfaktoren (diese sind fest vorgegeben und bestimmen nur die Nebenbedingungen der Planung). Daraus folgt, daß nicht die Ressourcen selbst modelliert werden müssen, sondern nur die Beschränkungen, die die Konkurrenz um Potentialfaktoren den Ablaufplänen auferlegt. Dies kann aber auch (und zwar eleganter) mittels eines Operators geschehen.

Operatoren dienen dazu, Verknüpfungen zwischen den Sorten darzustellen. Die hier betrachteten Operatoren sind alle binär, d. h. sie verknüpfen zwei Prozesse zu einem neuen. Die zu kreierende Theorie soll Operatoren für folgende rudimentäre Abläufe enthalten: Sequenz, Alternative, Nebenläufigkeit (siehe Tabelle 1.4).

Sequenz:	$x \cdot y$	Hintereinanderausführung zweier Prozesse: y darf erst starten, wenn x beendet ist.
Alternative:	$x + y$	Auswahlentscheidung: Entweder x oder y wird ausgeführt.
Nebenläufigkeit:	$x \parallel y$	x wird völlig unabhängig von y ausgeführt.

Tabelle 1.4:   Grundlegende Abläufe

---

[27]   An dieser Stelle kann nur eine sehr grobe Darstellung dieses Begriffs gegeben werden. Detailliertere Informationen gibt Abschnitt 4.3.1.

[28]   näheres in Abschnitt 4.3.4

Darüber hinaus müssen auch Operatoren eingeführt werden für die Restriktion durch Ressourcen (siehe Kapitel 7).

Die Gesetzmäßigkeiten der Theorie werden dann in Form von Gleichungen (im algebraischen Kontext auch Axiome genannt) beschrieben. Sie erlauben es, äquivalente Abläufe zu identifizieren. Dies kann man sich insbesondere zu folgenden Zwecken zunutze machen:

- Anhand der Axiome können Operatoren eliminiert werden (z. B. der Parallel-Operator). Man gelangt so zu standardisierten Normalformen der Prozeßdarstellung, die nur noch aus alternativen Sequenzen bestehen.

- Die *Elimination* des Restriktionsoperators beinhaltet auch die Entfernung aller unzulässigen Ablaufvarianten. Übrig bleiben dann nur noch jene Alternativen, die ressourcenkonfliktfrei sind (ebenfalls in Normalform).

Die *Optimierung* führt dann schließlich zur Reduktion der (in der Regel) großen Anzahl von Alternativen auf eine einzige Sequenz, den optimalen Ablaufplan.

Es sei an dieser Stelle darauf hingewiesen, daß es nicht Gegenstand des Buches ist, den gesamten Bereich der Ablauforganisation abzudecken. Vielmehr geht es darum, theoretische Grundsteine für die Ablaufplanung zu legen, indem einige wenige Axiome angegeben werden, die die konstituierenden Merkmale des Gebietes umfassen. Das Ziel ist also eine algebraische Spezifikation der Ablaufplanung.

Dennoch werden auch die praktischen Aspekte nicht vernachlässigt. So wird z. B. in Kapitel 9 gezeigt, wie die Prozeßtheorie mit einem effizienten Optimierungsverfahren verknüpft werden kann. Eine Branch&Bound-Methode wird dabei eingesetzt, um die kombinatorische Expansion der Ablaufvarianten nebenläufiger Prozesse zu verhindern.

Ein weiteres Einsatzgebiet der Prozeßtheorie in der Praxis ist die Spezifikation und Verifikation von Systemen der Ablauforganisation. Dabei wird die algebraische Sprache, die der Prozeßtheorie zugrundeliegt, zur Spezifikation der Anforderungen an ein System benutzt. Verifikationswerkzeuge können dann automatisch überprüfen, ob das System die spezifizierten Erfordernisse einhält. Kapitel 10 greift diesen Aspekt noch einmal auf.

Das Zustandekommen der Prozeßtheorie zeigt Abbildung 1.9. Für das Problem der Ablaufplanung (BWL) wird, aufbauend auf den Ergebnissen der „Concurrency Theory" (Informatik), eine Prozeßtheorie konstruiert. Diese besteht aus einem algebraischen Basismodul für geplante Prozesse und, darauf aufbauend, aus Modulen für Ressourcen und Zeit. Die Doppelpfeile verweisen auf mögliche Einsatzfelder dieser Theorie.

Die Prozeßtheorie der Ablaufplanung dient dem tieferen und gründlicheren Verständnis der Ablaufplanung durch Reduktion derselben auf eine schlanke Struktur, die nur noch die wesentlichen Merkmale der Ablaufplanung enthält. Ihr Ziel ist somit die Abstraktion von den vielen (in der Praxis zwar relevanten, aber das Verständnis der Grundzusammenhänge trübenden) Nebenbedingungen eines komplexen Problems, und die Beschränkung auf wenige, fundamentale und allen Problemen der Ablaufplanung gemeinsame, Wesensmerkmale. In anderen Bereichen der Betriebswirtschaft hat sich dieses Vorgehen auch bewährt und wird heute (z. B. in der Lehre) allgemein akzeptiert[29]. Das vorliegende Buch möchte dies auch für den Bereich der Ablaufplanung tun.

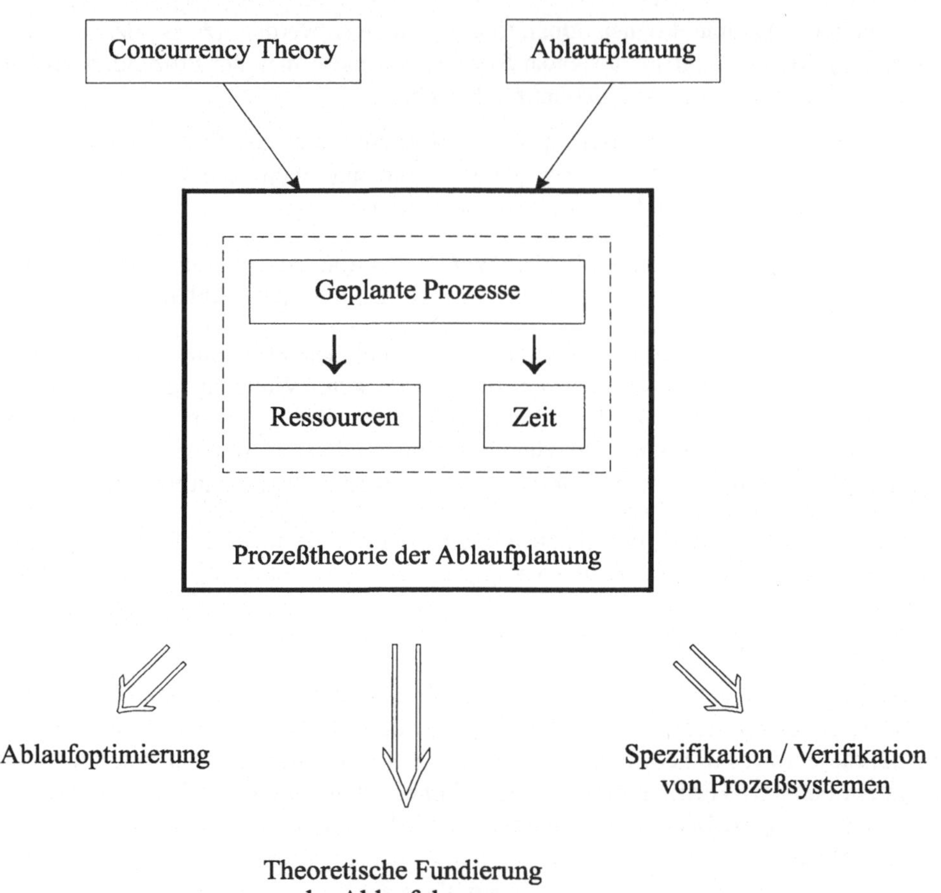

Abbildung 1.9:   Aufbau der Prozeßtheorie und mögliche Anwendungsfelder

---

[29]   vgl. z. B. die Produktions-, Entscheidungs- und Investitionstheorien, die in den Lehrbüchern zu den entsprechenden Themen dargestellt werden, obschon sie so in der Praxis nicht einsetzbar sind

# 1.3		Vorgehensweise

Der letzte Abschnitt umriß in groben Zügen die algebraische Prozeßtheorie als Ziel dieses Buches. Nun soll gezeigt werden, wie das gesteckte Ziel erreicht werden kann. Die Vorgehensweise (genauer: die Methode des Erkenntnisgewinns) ist dabei deduktiv. Die grundlegenden Elemente der Prozeßtheorie werden mengentheoretisch (als Sorten) definiert. Darauf aufbauend werden die Gesetze der Theorie algebraisch (als Gleichungen) formuliert. Die *Korrektheit* dieser Gesetze in Bezug auf eine semiformale Semantik wird mathematisch nachgewiesen. Als *Beweisverfahren* dient die vollständige Induktion (strukturelle Induktion über den Aufbau der Terme). Die Terme (oder algebraischen Ausdrücke) sind dabei „formelhafte" Repräsentationen von Prozessen, die die Gesamtheit aller realisierbaren Ablaufvarianten inklusive der Ressourcenkonflikte enthalten.

Das Vorgehen bei der Konstruktion einer solchen Prozeßtheorie für die Ablaufplanung ist dabei wie folgt:

- Zunächst wird eine geeignete Basistheorie ausgewählt. Es ist dies die *Prozeßalgebra*. Sie erlaubt einfache Prozeßstrukturen wie Sequenz, Auswahl und Nebenläufigkeit. Darüber hinaus enthält sie die Gesetzmäßigkeiten, denen diese Strukturen gehorchen. Aus den Gesetzen leitet sich unter anderem eine standardisierte Darstellung von Prozessen ab, die sogenannte HNF (head normal form, im folgenden auch Kopfnormalform genannt).

- Danach wird diese Theorie für allgemeine Prozesse erweitert um Regeln für *geplante Prozesse*, also Prozesse, die während der Planung nur hypothetisch existieren und erst in der Zukunft realisiert werden. Für solche Prozesse existiert eine einfachere Normalform, die sogenannte DNF (disjunktive Normalform). Während die HNF noch eine komplexe Klammerstruktur hat, besteht die DNF nur noch aus alternativen Sequenzen und kann daher unter Annahme der gängigen Konvention bezüglich der Operator-Präzedenz (im Volksmund „Punkt" vor „Strich" genannt) ohne Klammerung dargestellt werden.

- Im Anschluß daran muß diese Theorie erweitert werden um einen Operator, der Ressourcenkonflikte ausdrückt. In diesem Zusammenhang werden dann auch entsprechende Gesetze (Gleichungen) benötigt, die die Elimination dieses Operators und die Transformation des resultierenden Terms in die (wiederum) DNF erlauben.

- Im nächsten Schritt wird die Zeit eingeführt (dies ist unabdingbare Voraussetzung für die Optimierung). Es geschieht dies über einen speziellen Prozeß „*t*", der eine Einheit an Zeit konsumiert (Verzögerungsprozeß). Der Grund für die Behandlung der Zeit als Prozeß besteht darin, daß so weder die Signatur[30] der Algebra geändert

---

[30]	die Zusammenfassung von Sorten und Operationen

werden muß noch die existierenden Gleichungen. Es müssen lediglich für den Parallel-Operator einige Gleichungen hinzugefügt werden.

- Zum Abschluß soll für das (vor allem in der Projektplanung) gängige Zielkriterium der Gesamtzeitminimierung ein Optimierungsverfahren entwickelt werden. Das Ziel ist es, allein durch algebraische Umformungen (d. h. Symbolmanipulationen) alle Ablaufvarianten bis auf eine optimale auf effiziente Art und Weise zu eliminieren.

Aus diesem Vorgehen heraus erklärt sich dann auch die folgende Gliederung des Buches:

2. Taxonomie: Zuvorderst steht die Klärung der fundamentalen Begriffe der Ablaufplanung an. Es sind dies: der Prozeß, das Ereignis und die Ablaufplanung selbst (im hier verwendeten Sinne des RCPS-V).

3. Graphen: Im Anschluß daran werden die sogenannten hierarchischen Netzpläne als grafisches Mittel zur Beschreibung allgemeiner Abläufe mit Varianten eingeführt. Sie werden im weiteren Verlauf benötigt zur übersichtlichen Darstellung beispielhafter Abläufe. Zu diesem Zweck reichen herkömmliche Methoden der Netzplantechnik wie MPM oder CPM nicht aus, weil weder Varianten noch Ressourcenkonflikte grafisch abgebildet werden können. Hierarchische Netzpläne mit disjunktiven Kanten schaffen da Abhilfe und eignen sich somit zur grafischen Präsentation von RCPS-V-Problemen.

4. Modellierung nebenläufiger Systeme: Ein wichtiger Grundpfeiler der Prozeßtheorie (vgl. Abbildung 1.9) ist die sogenannte „Concurrency Theory", die Theorie (oder besser Theorien) nebenläufiger Systeme. Deren ausführliche Darstellung steht daher im Mittelpunkt dieses Kapitels.

Den Ausgangspunkt bildet der Strukturbegriff der Modelltheorie. Ein wichtiger Gegenstand der Modellierung sind dabei Systeme. Aus diesem Grund scheint ein Exkurs in die Systemtheorie von Bedeutung. Zwei wichtige Spezialfälle von Strukturen sind Netze und Algebren, die man auch als spezielle Systeme betrachten kann.

Die Petrinetze als spezielle Netze sind in der Wirtschaftsinformatik verbreitet zur Modellierung nebenläufiger Systeme. Sie stehen in Konkurrenz zur algebraischen Modellierung und werden hier aus diesem Grund ausführlich beschrieben.

Im Anschluß daran werden die algebraisch orientierten Modelle vorgestellt. Es sind dies vor allem die Algebren auf Halbordnungen über Zuständen, Ereignissen oder atomaren Aktionen. Letztere bezeichnet man als Prozeßalgebren. Ein Modell dieser Klasse, die sogenannte PA (Process Algebra), schält sich dann letztendlich (siehe Kapitel 5) als eigentlicher Kern für die Prozeßtheorie heraus.

5. Vergleich: Nachdem im vierten Kapitel die wichtigsten Theorien der Nebenläufigkeit dargestellt wurden, werden sie nun miteinander verglichen. Die Basis für den Vergleich bildet eine Klassifikation aller Modelle. Dazu werden zunächst die Prozeßalgebra ACP[31] und die Petrinetze gegenübergestellt. Es wird die prinzipielle Äquivalenz beider Ansätze nachgewiesen[32] und somit sichergestellt, daß die Mächtigkeit der Prozeßalgebra ausreicht, um alle Systeme abzubilden, die man auch mit Petrinetzen[33] modellieren kann. Im Anschluß daran wird die Klassifikation auch auf die übrigen Modelle ausgedehnt. Diese dient dann als Grundlage für die Auswahl einer geeigneten Basis für die Prozeßtheorie. Den idealen Kompromiß zwischen formaler Eleganz und Einfachheit auf der einen Seite und Beschreibungsmächtigkeit und struktureller Adäquanz auf der anderen stellt dabei die Prozeßalgebra dar.

6. Geplante Prozesse: Nachdem die Validität algebraischer Modellierung im letzten Kapitel nachgewiesen wurde, wird die Prozeßalgebra aus Kapitel 4 hier wieder aufgegriffen und zur Basis der Prozeßtheorie gemacht. Das Axiomensystem der Prozeßalgebra, welches für allgemeine Prozesse geschaffen wurde, kann um zusätzliche Axiome erweitert werden, weil der Gegenstand der Ablaufplanung nur die geplanten (also zukünftigen) Prozesse sind. Als positiver Seiteneffekt müssen die geplanten Abläufe dann nicht mehr in der komplexen Normalform der Standard-Prozeßalgebra dargestellt werden. Statt dessen kann man sie in der einfacheren und eleganteren disjunktiven Normalform schreiben, die nur noch aus alternativen Sequenzen besteht. Die erweiterte Algebra heißt PPA (Planned Process Algebra).

---

[31] Algebra of Communicating Processes

[32] Dies geschieht auf konstruktive Weise: Es wird also gezeigt, daß jedes Petrinetz als (möglicherweise rekursiver) Term der Prozeßalgebra dargestellt werden kann und daß umgekehrt jeder algebraische Ausdruck in ein äquivalentes Petrinetz umwandelbar ist.

[33] Petrinetze werden hier als „de facto"-Standard der Modellierung nebenläufiger Systeme in der Wirtschaftsinformatik betrachtet und daher als Referenzmodell herangezogen.

7. Ressourcen: Die PPA wird dann erweitert um einen Operator für Ressourcen-
                   konflikte. Die disjunktiven Kanten, die auf graphischer Ebene zu
                   diesem Zweck benutzt werden, dienen auch in der Algebra als
                   Vorlage. Die erweiterte Algebra RCPA (Resource-Constrained
                   Process Algebra) enthält Axiome, die die Menge aller konflikt-
                   freien Ablaufpläne liefern. Diese bilden die Grundlage für die
                   Optimierung (Kapitel 9).

8. Zeit: Nachdem im letzten Kapitel die algebraische Behandlung von
                   Ressourcen thematisiert wurde, steht nun die Optimierung der
                   konfliktfreien Ablaufpläne an. Da viele Zielfunktionen (wie auch
                   die hier verwendete) aber die zeitliche Dauer der einzelnen
                   Arbeitsgänge benötigen, muß zunächst das Modell der Prozeß-
                   algebra um einen Zeitprozeß „t" erweitert werden. Daraus
                   entsteht die TPA (Timed Process Algebra).

9. Optimierung: Abschließend wird ein effizienter Algorithmus zur Optimierung
                   von Abläufen angegeben. Die Gesetze der Prozeßtheorie werden
                   dazu verwendet, um die Expansion des heuristischen Verfahrens
                   zu steuern.

10. Zusammen-   Um dem Leser einen Überblick zu vermitteln, werden im letzten
    fassung: Kapitel noch einmal alle Ergebnisse zusammengefaßt. Darüber
                   hinaus werden offene Probleme dargestellt und ein Ausblick auf
                   mögliche Einsatzbereiche der Prozeßtheorie gegeben.

2 Taxonomie

Das vorliegende Kapitel soll die grundlegenden Begriffe der Prozeßtheorie der Ablaufplanung näher beleuchten. Allen voran ist dies der Prozeßbegriff, dem aus diesem Grund eine relativ breite Darstellung eingeräumt wird (Abschnitt 2.1).

Dem Ereignisbegriff ist Abschnitt 2.2 gewidmet. Unter einem Ereignis soll dabei die Instanziierung eines atomaren Prozesses verstanden werden, also seine einmalige Durchführung. Ein atomarer Prozeß ist mithin die Aggregation von Ereignissen gleichen Typs.

Schließlich wird die Ablaufplanung selbst thematisiert (Abschnitt 2.3). Nach der allgemeinen Darstellung in Abschnitt 1.1.2 sollen hier die wesentlichen Probleme der Ablaufplanung formal klassifiziert (Abschnitt 2.3.2) und spezifiziert (Abschnitt 2.3.1) werden.

2.1 Der Prozeß

2.1.1 Historische Entwicklung des Prozeßbegriffs in den einzelnen Wissenschaften

Der Begriff *Prozeß* leitet sich aus der lateinischen Umgangssprache ab. Das Wort „processus" bedeutete dort „das Hervorgehen" oder „das Verfahren" als technisch-geregelte Handlungsweise[1].

In der *Jurisprudenz* tauchte dieser Begriff erstmalig im Römischen Recht (Corpus juris civilis) auf, dort aber noch in der Bedeutung „Fortentwicklung des Rechts" [2]. Seine heutige Bedeutung als „Rechtsgang" wurde erst 1797 durch Grolman in seiner „Theorie des Criminal-Rechts"[3] eingeführt. Er definierte als Gegenstand seiner Prozeßtheorie „Acten zu verfertigen und mit denselben geschickt umzugehen". Dies ist hier insofern interessant, als daß Grolman die Akten als eine formale Repräsentation des (Gerichts-)Prozesses betrachtete. Er begründete damit die moderne Prozessualistik.

Die klassische *Logik* definierte den Prozeß als formales (d. h. mathematisches) Beweisverfahren. Sie unterscheidet zwischen dem „processus compositivus" (Prozeß der Zusammensetzung) und dem „processus resolutivus" (Prozeß der Auflösung). Ersterer führt, ausgehend von den Wirkungen, den Nachweis der Ursachen durch, die

---

[1]   vgl. RITTER und GRÜNDER 1989, S. 1543

[2]   vgl. RITTER und GRÜNDER 1989, S. 1545

[3]   vgl. VON GROLMAN 1797

sogenannte „demonstratio propter quid" (wörtlich: Beweis „wegen was"). Der zweite geht umgekehrt von den Ursachen aus und weist die Wirkungen nach. Man nennt diese Beweisrichtung auch „demonstratio quia" (wörtlich: Beweis „wie")[4].

Der *allgemeine Prozeßbegriff*, wie er heute in der Umgangssprache verstanden wird, geht auf die Chemie zurück. Ein Prozeß ist nach Paracelsus[5] „jede chymische Arbeit, die nach Regeln geschieht". Er ist somit sowohl das Rezept als auch dessen Ausführung[6]. Im 16. Jahrhundert steht dabei noch der Chemiker als Akteur im Vordergrund. Nur er veranlaßt und kontrolliert Prozesse. Erst Mitte des 18. Jahrhunderts entdeckt Gren[7], daß es in der Natur auch selbständig ablaufende (chemische) Prozesse gibt, die ohne menschliche Eingriffe auskommen. Aber erst Ende des 18. Jahrhunderts gibt man den Einfluß des Menschen völlig auf. „Prozesse werden nun subjektlos und bedürfen keines Operateurs mehr, sei dieser auch die Natur selbst[8]". Kurze Zeit später geht Ritter sogar soweit, das Leben selbst als einen Prozeß zu sehen[9]. Dies führte dazu, daß nunmehr alle (chemischen) Vorgänge als Prozesse galten und daher der Prozeß in das Zentrum der Wissenschaft rückte: „Die Natur *ist* Prozeß[10]". Von besonderem Interesse ist hier in diesem Zusammenhang die Dualität von Prozeß und Organisation nach Schelling[11], die den Prozeß als Übergang von einer Organisation zu einer anderen begreift. Ersetzt man den Begriff „Organisation[12]" durch den modernen Begriff „Zustand", dann ist man bereits sehr nahe an dem hier verwendeten Prozeßbegriff (siehe Abschnitt 2.1.4).

Für die *Nationalökonomie* bestimmte Marx den *Prozeß* in Anlehnung an die Naturwissenschaften (und dort vor allem an die Chemie). Den Prozeß in der Natur bezeichnet er als Naturstoffwechsel oder Lebensprozeß. Er zerfällt in Teilprozesse, wobei jeder Teilprozeß aus seinem Vorgänger hervorgeht. Es entsteht so eine unendliche Kette von Teilprozessen (siehe Abbildung 2.1, oben). Analog dazu prägte Marx für den wirtschaftlichen Bereich den Begriff „Lebensprozeß des Kapitals" als eine Gesamtheit von (ebenfalls subjektlosen[13]) Einzelprozessen, nämlich: Produktion,

---

[4] vgl. RITTER und GRÜNDER 1989, S. 1548
[5] vgl. PARACELSUS 1976, S. 421
[6] Dies ist ein fundamentaler Unterschied zur EDV, die zwischen Rezept (Programm) und Ausführung (Prozeß) differenziert (siehe Abschnitt 2.1.3).
[7] vgl. GREN 1796/97
[8] vgl. RITTER und GRÜNDER 1989, S. 1549
[9] vgl. RITTER 1798
[10] vgl. RITTER und GRÜNDER 1989, S. 1549
[11] vgl. SCHELLING 1797
[12] Schelling meint hier nicht Organisation im betrieblichen Sinne, sondern die Struktur der Materie, also quasi den Zustand des chemischen Systems. Es scheint dem Autor daher valide, Organisation (in diesem Sinne) durch „Zustand" zu ersetzen.
[13] Der Mensch ist nach den bereits erwähnten Erkenntnissen der Chemie / Naturphilosophie des späten 18. Jahrhunderts Bestandteil des Naturprozesses. Konsequenterweise betrachtet Marx daher menschliche Handlungen wie z. B. die Arbeit (als Teil des Produktionsprozesses) nicht als freiwillig.

Distribution, Austausch und Konsumtion der Produktion[14]. Auch hier initiiert jeder Teilprozeß seinen Nachfolger (siehe Abbildung 2.1, Mitte), aber im Unterschied zum Naturstoffwechsel wiederholt sich die Sequenz der vier Teilprozesse auf jeder Stufe der gesellschaftlichen Produktion. Dabei ist die Produktion der $n+1$. Stufe zugleich auch die Konsumtion der Güter der n. Stufe. Der Prozeß der Produktion geht in seinem Resultat, dem Produkt, unter. Nach Verteilung und Austausch der Produkte werden diese entweder als Input-Faktoren der nächsten Stufe konsumiert oder sie fallen den natürlichen Prozessen wie Zerfall oder Verzehr anheim. Die „Produkte" der natürlichen Prozesse (Rohstoffe) können natürlich ihrerseits wieder als Input-Faktoren der Produktion dienen (der sogenannte „Produktionsfaktor Natur").

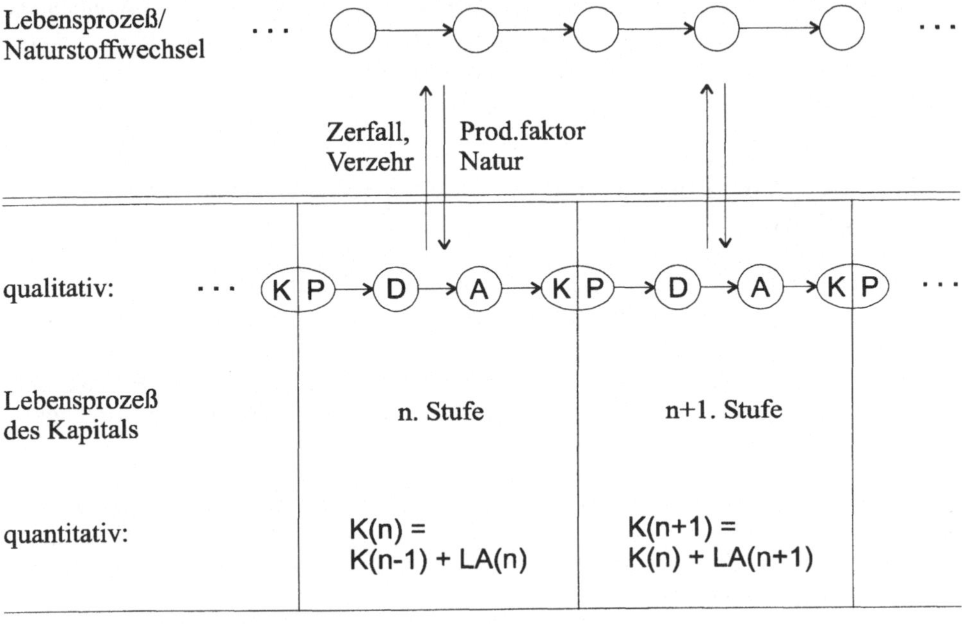

Abbildung 2.1:   Der Prozeß bei Marx

Auf der quantitativen Ebene des Lebensprozesses des Kapitals (siehe Abbildung 2.1, unten) sieht Marx die Arbeit als einzige Quelle der Wertschöpfung. Dies ist die Grundlage seiner Arbeitswertlehre. Da der Arbeitsprozeß zur Herstellung der Input-

---

14   vgl. MARX und ENGELS 1990, S. 615 ff.

Faktoren der $n+1$. Stufe in diesen Gütern untergegangen ist, bezeichnet Marx diese Arbeit als tote Arbeit[15] (in bezug auf die $n+1$. Stufe). Der Mehrwert der aktuellen Stufe besteht daher nur in der gegenwärtigen Arbeit (lebendige Arbeit). Der Wert des Kapitalstocks ist also der Wert der toten Arbeit aller vergangenen Perioden, die in den Vorleistungen steckt, plus der Wert der lebendigen Arbeit der aktuellen Periode:

$$K(n+1) = \sum_{i=1}^{n} TA(i) + LA(n+1)$$

$$K(n+1) = K(n) + LA(n+1)$$

Der durch die Produktion erzeugte Mehrwert ist also die Quelle allen Wohlstands. Folgerichtig stellen daher einige Gebiete der Wirtschaftswissenschaften (wie z. B. die Industriebetriebslehre) die Produktion in das Zentrum ihrer Betrachtung (siehe nächsten Abschnitt).

2.1.2   Der Prozeßbegriff in den modernen Wirtschaftswissenschaften

Die Betriebswirtschaftslehre gibt keine allgemeingültige Definition für den Begriff des Prozesses. Lediglich in der *Industriebetriebslehre* findet dieser Terminus Verwendung im Zusammenhang mit dem Vorgang der (industriellen) Produktion (Transformations- bzw. Produktionsprozeß). Es handelt sich dabei um die Kombination von Produktionsfaktoren (Betriebsmittel, menschliche Arbeitsleistung und Werkstoffe) zu Erzeugnissen (siehe Abbildung 2.2).

Dieses sogenannte *Input-Output-Modell* ist bei geeigneter Interpretation der Faktoren und der Erzeugnisse zwar recht allgemein, es betrachtet den Produktionsprozeß selbst jedoch nur als eine „Black-Box". Es ist daher nicht detailliert genug als Basis für die Prozeßtheorie der Ablaufplanung.

Eine ausführlichere Definition findet man in der Produktionstheorie der BWL und der *mikroökonomischen Theorie* der VWL[16]. Dort wird im Rahmen der *Aktivitätsanalyse* auf die Unterscheidung der Produktionsfaktoren in Betriebsmittel, menschliche Arbeitsleistung und Werkstoffe verzichtet. Statt dessen verwendet man zur Beschreibung des aktuellen Zustandes einen Gütervektor, der in jeder Dimension des Güterraumes die vorhandene Menge des jeweiligen Gutes angibt. Eine Aktivität ist dann ein

---

[15]   vgl. MARX und ENGELS 1979, S. 209: „Indem der Kapitalist Geld in Waren verwandelt, die als Stoffbildner eines neuen Produkts oder als Faktoren des Arbeitsprozesses dienen, indem er ihrer toten Gegenständlichkeit lebendige Arbeitskraft einverleibt, verwandelt er Wert, vergangne, vergegenständlichte, tote Arbeit in Kapital, sich selbst verwertenden Wert, ein beseeltes Ungeheuer, das zu „arbeiten" beginnt, als hätt' es Lieb' im Leibe."

[16]   siehe z. B. VARIAN 1994, S. 5 ff.

Vektor, der sowohl die Input-Faktoren (negative Zahlen = Güterverbrauch) als auch
die Output-Güter (positive Zahlen = Gütererzeugung) enthält. Die Aktivität beschreibt
dabei nur eine mögliche Transformation des Güterraumes von einem Zustand (Gütervektor) in einen anderen. Wendet man die Aktivität auf einen gegebenen Zustand an,
so spricht man vom eigentlichen Produktionsprozeß. Der neue Zustand entsteht dann
einfach durch Addition des Aktivitätsvektors zu dem alten Zustandsvektor (siehe Abbildung 2.3), d. h. die Input-Güter werden entnommen (vom Bestand subtrahiert) und
die Output-Güter werden hinzugefügt (zum Bestand addiert). Der Prozeß ist nur zulässig, wenn dadurch keine negativen Güterpositionen auftreten[17].

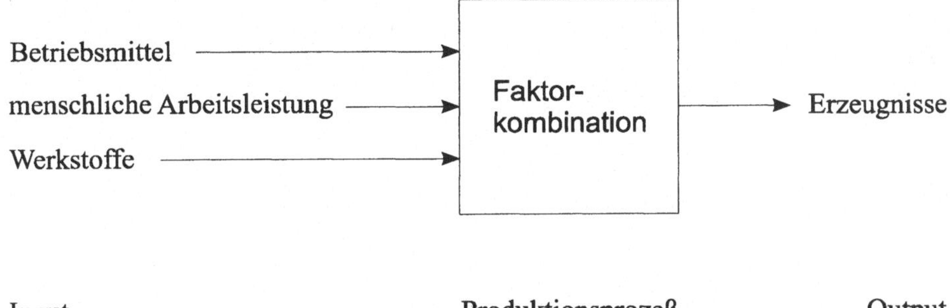

Abbildung 2.2:   Allgemeines Input-Output-Modell der Produktion nach HEINEN 1991, S. 408

Das Beispiel in Abbildung 2.3 zeigt eine Aktivität, die es erlaubt, aus einer Tischplatte,
4 Beinen und 4 Schrauben einen Tisch herzustellen. Waren vorher im Lager 21 Platten,
14 Beine und 44 Schrauben vorhanden, so sind nach Produktion des Tisches nur noch
20 Platten, 10 Beine und 40 Schrauben am Lager. Dafür erhöht sich die Anzahl
lagerhaltiger Tische von 1 auf 2.

Der Nachteil dieses Modells ist, daß die Produktion rein mengenorientiert betrachtet
wird. Daraus resultieren zwei wesentliche Mängel des Modells:

- Die Konkurrenz um Potentialfaktoren ist nicht ausdrückbar. Benötigt z. B. ein
  Prozeß zu seiner Bearbeitung eine Maschine, dann stellt diese zu Beginn dieses
  Prozesses einen Input-Faktor dar und das entsprechende Element des Aktivitätsvektors müßte -1 betragen. Andererseits gibt der Prozeß bei seiner Beendigung die
  Maschine wieder zurück, so daß dasselbe Element +1 betragen müßte. Netto wird
  also (-1 +1 = 0) keine Maschine benötigt. Dies ist insofern richtig, als daß diese
  Maschine ja nicht verbraucht wird, sondern lediglich für die Zeitdauer des Prozesses
  gebraucht wird. Das Dilemma rührt also daher, daß mithilfe der Aktivitätsanalyse
  nur Verbrauchs-, aber keine Gebrauchsfaktoren behandelt werden können. Man

---

[17]   Bezüglich monetärer Größen können auch negative Bestände zugelassen werden (Kredite).

könnte auf die Idee kommen, Abhilfe durch die Einführung einer Pseudoressource „Maschinenstunden" zu schaffen, denn tatsächlich wird ja nicht die Maschine selbst verbraucht, sondern die von ihr erbrachte Leistung über eine bestimmte Zeit. Damit ist das Problem aber nicht gelöst, weil im Rahmen der Aktivitätsanalyse nicht verhindert werden kann, daß zwei Prozesse gleichzeitig eine Bearbeitungsstunde auf derselben Maschine aus dem Güterraum abbuchen, was unzulässig ist, wenn man annimmt, daß Maschinen nur exklusiv genutzt werden können (d. h. zu jedem Zeitpunkt von höchstens einem Prozeß).

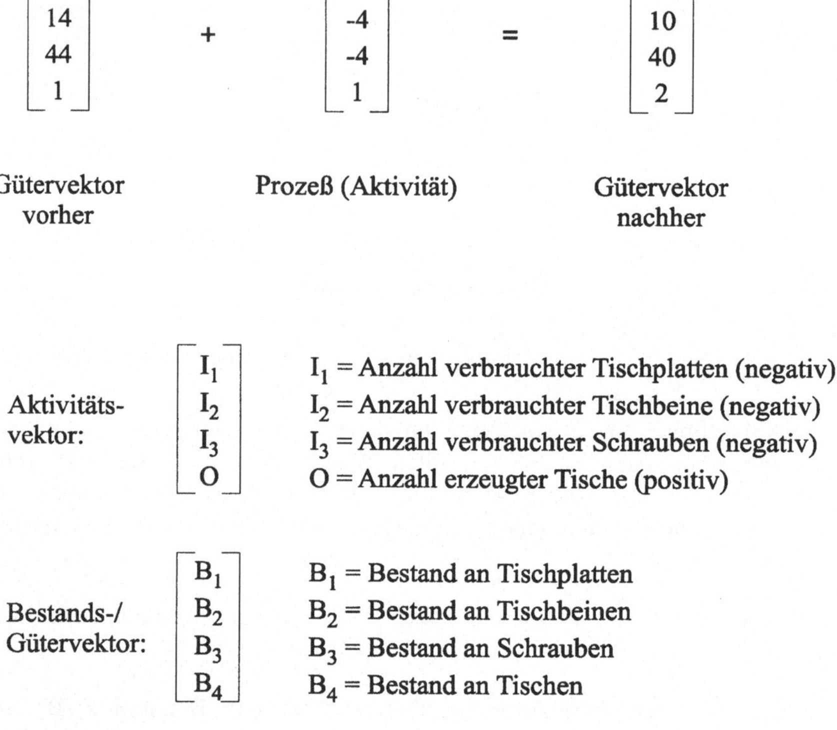

$$\begin{bmatrix} 21 \\ 14 \\ 44 \\ 1 \end{bmatrix} + \begin{bmatrix} -1 \\ -4 \\ -4 \\ 1 \end{bmatrix} = \begin{bmatrix} 20 \\ 10 \\ 40 \\ 2 \end{bmatrix}$$

Gütervektor vorher   Prozeß (Aktivität)   Gütervektor nachher

Aktivitäts-vektor:
$$\begin{bmatrix} I_1 \\ I_2 \\ I_3 \\ O \end{bmatrix}$$
I_1 = Anzahl verbrauchter Tischplatten (negativ)
I_2 = Anzahl verbrauchter Tischbeine (negativ)
I_3 = Anzahl verbrauchter Schrauben (negativ)
O = Anzahl erzeugter Tische (positiv)

Bestands-/ Gütervektor:
$$\begin{bmatrix} B_1 \\ B_2 \\ B_3 \\ B_4 \end{bmatrix}$$
B_1 = Bestand an Tischplatten
B_2 = Bestand an Tischbeinen
B_3 = Bestand an Schrauben
B_4 = Bestand an Tischen

Abbildung 2.3:   Der Prozeß in der Aktivitätsanalyse

- Der Verbrauch der Ressource Zeit ist nicht sinnvoll als Verbrauch eines Produktionsfaktors Zeit darstellbar. So verbrauchen z. B. zwei parallele Prozesse, die je eine Zeiteinheit benötigen, im Sinne der Aktivitätsanalyse eben zweimal eine Zeiteinheit und somit insgesamt 2 Zeiteinheiten (siehe Abbildung 2.4). Tatsächlich wird durch die zeitgleiche Ausführung von p_1 und p_2 aber nur eine Zeiteinheit verbraucht.

Aus diesen Gründen ist der Prozeßbegriff der Mikroökonomie für eine Prozeßtheorie der Ablaufplanung ungeeignet. Der folgende Abschnitt exploriert daher Prozeßbegriffe anderer Wissenschaftszweige und untersucht diese auf ihre Tauglichkeit für eine solche Theorie.

$$
\begin{bmatrix} \cdot \\ \cdot \\ \cdot \\ -1\ \text{ZE} \end{bmatrix} \quad + \quad \begin{bmatrix} \cdot \\ \cdot \\ \cdot \\ -1\ \text{ZE} \end{bmatrix} \quad = \quad \begin{bmatrix} \cdot \\ \cdot \\ \cdot \\ -2\ \text{ZE} \end{bmatrix}
$$

Prozeß p_1 Prozeß p_2 Bestandsänderung im Güterraum

Abbildung 2.4:   Zeitverbrauch paralleler Prozesse

2.1.3   Der moderne Prozeßbegriff in „angrenzenden" Wissenschaften

Da das zu untersuchende Thema aus dem Grenzgebiet von Wirtschaftswissenschaften und Informatik stammt, könnte man geneigt sein, eine geeignete Definition des Prozeßbegriffs in der Informatik- oder Wirtschaftsinformatikliteratur zu suchen. In den Gebieten „Betriebssysteme" und „Rechnerarchitektur" der Informatik gilt ein *Prozeß* als „zeitlicher Ablauf einer Folge von Aktionen eines Rechners, die bezüglich eines bestimmten Zwecks eine funktionelle Einheit bilden"[18]. Die Verarbeitungsvorschriften werden in einem Programm niedergelegt, das dem Prozeß zugrundeliegt. Ein Programm wird zum Prozeß, indem es vom Ort seiner permanenten Speicherung (z. B. der Festplatte) in den Arbeitsspeicher des Rechners kopiert wird. Die Ausführung der in dieser Kopie enthaltenen Befehle konstituiert dann den eigentlichen Prozeß. Ein Prozeß kann daher als die Instanziierung eines Programmes betrachtet werden.

Da die genannten Gebiete der Informatik auf die Praxis der Datenverarbeitung ausgerichtet sind, fehlt die notwendige formale Fundierung. Darüber hinaus ist der Prozeßbegriff hier eingeschränkt auf Prozesse, die in einer Rechenanlage ablaufen.

Die theoretische Informatik definiert den *Prozeß* als eine „Folge von Systemzuständen beginnend bei einem definierten Anfangszustand. Ein Systemzustand ist dabei zu verstehen als eine konkrete Wertausprägung von Zustandsvariablen eines Systems. Zustandsvariable sind elementare, bekannte Größen, die gewisse, wohldefinierte Werte

---

[18]   vgl. ENDRES und GILOI 1991, S. 636

annehmen können"[19]. Die Menge aller möglichen Zustände wird Zustandsraum (state space) genannt und mit S bezeichnet. Eine Wertzuweisung (Aktion) ändert den Wert einer Variablen und damit den Systemzustand. Eine Funktion f gibt für jeden Zustand die anstehende Aktion an. Ein Zustand $s \in S$ wird als Startzustand ausgezeichnet. Ein Prozeß ist dann das Tripel

$$(S, f, s).$$

Abbildung 2.5 zeigt ein Beispiel für einen Prozeß mit 3 Zuständen mit:

$$S = \{s_1, s_2, s_3\},$$

$$f = \{ (s_1, x \rightarrow 1), (s_2, z \rightarrow 7) \} \text{ und}$$

$$s = s_1.$$

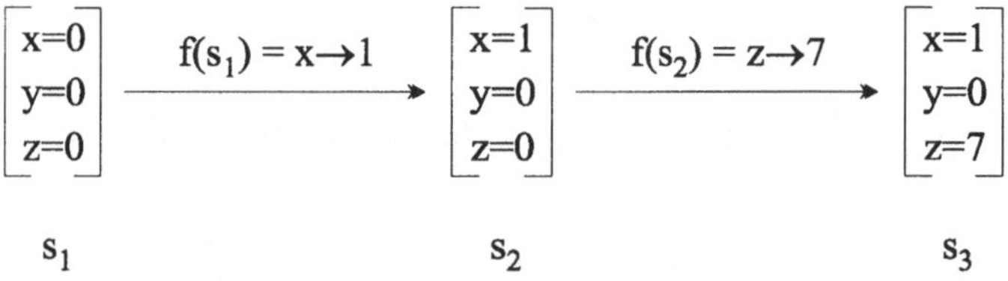

$$\begin{bmatrix} x=0 \\ y=0 \\ z=0 \end{bmatrix} \xrightarrow{f(s_1) = x \rightarrow 1} \begin{bmatrix} x=1 \\ y=0 \\ z=0 \end{bmatrix} \xrightarrow{f(s_2) = z \rightarrow 7} \begin{bmatrix} x=1 \\ y=0 \\ z=7 \end{bmatrix}$$

$$s_1 \qquad\qquad\qquad s_2 \qquad\qquad\qquad s_3$$

Abbildung 2.5:   Der Prozeß in der theoretischen Informatik

Interessant ist bei diesem Ansatz der grundsätzliche Gedanke, den Prozeß als Sequenz von Aktionen zu betrachten mit den Aktionen als Übergängen zwischen Zuständen[20]. Er wird daher auch im nächsten Abschnitt noch einmal aufgegriffen. Leider fehlen in diesem Ansatz aber Konstrukte, die es erlauben, komplexe Ablaufstrukturen aus einfachen Sequenzen aufzubauen, wie z. B. Auswahlentscheidung oder Nebenläufigkeit. Er kann daher nicht einfach als Grundlage der Prozeßtheorie übernommen werden.

Die Sicht der Wirtschaftsinformatik auf den *Prozeß* ist eine funktionale. Sie sieht den Prozeß als eine Black-Box, die vermittels interner Funktionen einen Input in einen Output transformiert[21]. Dieses Modell geht nicht über die bisher dargestellten Ansätze hinaus und liefert daher keinen Beitrag zur Prozeßtheorie[22].

---

[19]   vgl. BISCHOFF 1991, S. 635

[20]   Eine vergleichbare Definition von Prozeß als „Aufeinanderfolge verschiedener Zustände eines Objekts in der Zeit" gibt auch die Soziologie (vgl. RAMMSTEDT 1994, S. 525).

[21]   vgl. HEINRICH und ROITHMAYR 1986, S. 338

[22]   Ganz ähnlich definiert auch DIN 66201 den Prozeß als „eine Gesamtheit von aufeinander einwirkenden Vorgängen in einem System, durch die Materie, Energie oder Information umgeformt, transportiert oder gespeichert wird" (vgl. BRAUER 1990, S. 490).

Die in diesem Abschnitt vorgestellten Prozeßmodelle sind allesamt diskret, d. h. die Menge der Systemzustände ist abzählbar. Dies ist angemessen, weil die Objekte der Ablaufplanung ebenfalls diskret sind. Dennoch sei der Vollständigkeit halber erwähnt, daß auch *kontinuierliche Prozeßmodelle* eine große Bedeutung in den Gesellschaftswissenschaften haben. Man findet sie z. B. in der quantitativen Sozialwissenschaft. Der Kern dieser (stochastischen) Modelle ist die sogenannte Mastergleichung (Integro-Differentialgleichung) [23]:

$$\frac{d}{dt} P(X,t) = \int d^M X' \left[w(X \mid X';t) \cdot P(X',t) - w(X' \mid X;t) \cdot P(X,t) \right].$$

– $P(X,t)$ ist dabei die Wahrscheinlichkeit, daß sich das System zum zukünftigen Zeitpunkt t im Zustand X befindet (genauer: die Dichte).

– $w(X \mid X';t)$ ist die Übergangsrate vom Zustand X' in den Zustand X im Zeitpunkt t.

– M ist die Dimension des Zustandsraums (und somit auch der Zustände X und X')

Die Gleichung besagt dann, daß die zeitliche Veränderung der Wahrscheinlichkeitsverteilung gleich dem Zufluß nach X (Summe der gewichteten Übergangsraten von allen anderen Zuständen X' zum Zustand X) minus dem Abfluß von X ist.

2.1.4   Der Prozeßbegriff im hier verwendeten Sinne

Die hier verwendete Definition von *Prozeß* entspricht der der modernen Wissenschaften, insbesondere der Mathematik und Informatik. Sie geht zurück auf Alfred North Whitehead, der versuchte, die Erkenntnisse der Physik des 20. Jahrhunderts mit dem klassischen Prozeßbegriff in Einklang zu bringen. Vor allem die Quantenmechanik[24] warf Probleme auf, weil sie die Vorgänge im Innern der Materie als stochastische Übergänge zwischen Zuständen von Elementarteilchen[25] im Raum-Zeit-Gefüge beschrieb. Die klassische Vorstellung von einem Prozeß als etwas, das man „geschehen lassen kann" oder das doch zumindest zu einem definierten Zeitpunkt an einem exakten Ort passiert, war nicht mehr haltbar, ebensowenig die Annahme, die Natur (Realität) bestünde aus einer Ansammlung an sich prozeßfreier Substanzen. „Die Wirklichkeit besteht nicht aus Dingen und darüber hinaus aus Raum und Zeit", sondern „die räumliche Ausdehnung und zeitliche Dauer sind vielmehr selbst Bestandteile der als Prozesse verstandenen Dinge"[26] (Philosophie des Organismus). Whitehead

---

23   vgl. HELBING 1993, S. 10
24   vgl. z. B. FLIEßBACH 1995
25   die Grundbausteine der Materie
26   vgl. RITTER und GRÜNDER 1989, S. 1559

reduzierte daher in seinem Werk „Process and Reality"[27] den Prozeß auf eine *„Transition"* von einem „Event" zum nächsten[28]. In der deutschen Ausgabe dieses Werkes[29] wird „Event" dabei als „Ereignis" übersetzt. Leclerc[30] weist aber darauf hin, daß Whitehead lateinische Termini in der Regel in ihrem ursprünglichen Sinne versteht. Da der englische Begriff „event" sich vom Partizip Perfekt Passiv des lateinischen „evenire" (herauskommen) ableitet, meint Whitehead also nicht das Ereignis im Sinne von Geschehen, sondern das, was beim Prozeß „herauskommt", also das „Ergebnis". Dieses Ergebnis ist bei Whitehead eine sogenannte „aktuale Entität"[31], in der modernen Systemtheorie[32] (allgemeiner und weniger abstrakt) der veränderte *Zustand* des Systems. Auf diesem Grundgedanken baut die Begrifflichkeit der modernen Informatik auf (vgl. Abschnitt 2.1.3).

Die Prozeßvorstellung Whiteheads prägte auch die Entwicklung der Prozeßalgebra in der theoretischen Informatik / Mathematik. Gegenstand der Prozeßalgebra ist die Axiomatisierung des Prozeßbegriffs. Sie bildet daher eine geeignete theoretische Grundlage der Prozeßtheorie.

Baeten und Weijland[33] verweisen darauf, daß ein Prozeß etwas ist, was den Axiomen für einen Prozeß gehorcht. Sie betrachten also die Axiome der Prozeßalgebra (siehe Abschnitt 4.3.4) als Definition des Prozeßbegriffs. Diese Axiome machen aber nur eine Aussage darüber, wie sich Prozesse *verhalten*, aber nicht was sie *sind*. Aus Gründen der Konstruktivität sollen daher an dieser Stelle die fundamentalen *Eigenschaften von Prozessen*, die sich aus den Axiomen ergeben, verbal umrissen werden:

- Prozesse bestehen aus *atomaren Aktionen* (Transitionen).

- Atomare Aktionen sind auch Prozesse.

- Aktionen sind „unsichtbar", d. h. man kann sie nicht unmittelbar, sondern nur ihre Wirkung beobachten. Das System wird also als eine Black-Box mit „Knöpfen" modelliert, je einen Knopf für eine atomare Aktion. Ist in einem gegebenen Zustand die Durchführung von Aktion a möglich, so kann der entsprechende Knopf gedrückt werden und die Aktion findet statt. Kann a nicht geschehen, so sperrt der a-Knopf.

---

[27]   vgl. WHITEHEAD 1929

[28]   In seinem früheren Denken (1925) identifiziert Whitehead noch den Prozeß mit der Realität. Später (1929) unterscheidet er dann zwischen dem Prozeß, der dann nicht mehr „Transition", sondern „Concrescence" (Zusammenwachsen) ist, und der Realität, die „Concretum", also das „Zusammengewachsene", ist (vgl. FORD 1984, S. 73).

[29]   vgl. WHITEHEAD 1987

[30]   vgl. LECLERC 1984, S. 125

[31]   Whitehead spricht ganz abstrakt von „actual entities". In deutschen Übersetzungen werden sie als „aktuale Einzelwesen" oder manchmal auch „wirkliche Einzelwesen" bezeichnet.

[32]   vgl. Kapitel 3

[33]   vgl. BAETEN und WEIJLAND 1990, S. 1

Man kann also Experimente mit dem System durchführen und so auf sein Verhalten schließen.

- Aktionen sind augenblicklich („instantaneous"), sie haben also keine zeitliche Dauer.

- Aktionen sind asynchron, d. h. zwei Aktionen können sich nicht gleichzeitig ereignen.

- Aktionen entsprechen einer Menge von Ereignissen. Ereignisse sind Instanzen dieser Menge mit definiertem Zeitpunkt (siehe nächsten Abschnitt).

2.2   Das Ereignis als Instanz einer Aktion

In Abschnitt 2.1.4 wurde der Begriff der Aktion bereits eingeführt. Ein praktisches Beispiel dazu ist die Aktion „Kaffeetrinken" (k), die eine mit Kaffee gefüllte Tasse in eine leere überführt und gleichzeitig einen Magen um dieselbe Menge Kaffee auffüllt. Der Zustandsübergang ist also für alle Ausführungen von k derselbe (siehe Abbildung 2.6), unabhängig davon, wer den Kaffee trinkt und zu welcher Zeit oder an welchem Ort.

$$\begin{bmatrix} IT \\ IM \end{bmatrix} \xrightarrow{\ \ k\ \ } \begin{bmatrix} 0 \\ IM + IT \end{bmatrix}$$

$$s_1 \qquad\qquad\qquad s_2$$

s_1 = Zustand vor dem Kaffeetrinken
s_2 = Zustand nachher

IT = Inhalt der Tasse (z. B. 200 ml)
IM = Inhalt des Magens (an Kaffee)

k = Prozeß des Kaffeetrinkens

Abbildung 2.6:   Die Aktion „Kaffeetrinken"

Die erste Zeile des Zustandsvektors gibt die Menge an Kaffee an, die sich in der Tasse befindet; vorher ist dies eine bestimmte Menge IT, nachher 0. Die zweite Zeile beschreibt den Zustand des Magens. Er enthält vorher bereits eine Menge IM an Kaffee (z. B. 0 vor der ersten Tasse des Morgens). Nach dem Leertrinken der Tasse hat sich die im Magen befindliche Menge dann um IT erhöht.

Fraczak definiert nun den Begriff „*Ereignis*" in einer Weise, die zu dem erwähnten Aktionsbegriff paßt, ohne dem intuitiven Verständnis des Begriffes zu widersprechen. Fraczak sieht das Ereignis als das „Stattfinden einer Aktion"[34] an. Für die Aktion k aus dem Kaffeebeispiel bedeutet das:

„Helmut Kohl trinkt am 3. Mai 1998 um 16:59 Uhr im Kanzleramt einen Kaffee."

ist ein Stattfinden von k, oder in objekt-orientierter Terminologie eine Instanz von k.

Der Ereignisbegriff ist hier insofern von Belang, als daß sich die Ablaufplanung auf zukünftige Prozesse (oder auch geplante Prozesse[35]) bezieht. D. h. es wird immer die Ausführung von Aktionen in der Zukunft bzw. das „hypothetische" Stattfinden von Aktionen (also Ereignissen) geplant. Wenn also die Aktion „Bohren" (b) zweimal durchgeführt werden soll, so sind b_1 (bohre Werkstück 1) und b_2 (bohre Werkstück 2) eben nicht dieselben Ereignisse. Sie tauchen im Ablaufplan an verschiedenen Stellen auf (z. B. zu verschiedenen Zeiten und/oder an verschiedenen Maschinen) und müssen somit auch in der Prozeßtheorie unterscheidbar sein. Von besonderer Bedeutung ist diese Unterscheidbarkeit für Ressourcen-Restriktionen, die sich stets auf die konkreten Ereignisse beziehen (siehe Kapitel 7).

2.3   Die Ablaufplanung aus formaler Sicht

In Abschnitt 1.1.2 wurden die Probleme der Ablaufplanung bereits allgemein skizziert. Das allgemeinste Problem (RCPS-V) wurde dort allerdings nur erwähnt. Es soll nun im folgenden Abschnitt näher erläutert und auf formale Weise dargestellt werden.

Abschnitt 2.3.2 zeigt dann ein (ebenfalls formales) Klassifikationsschema für Probleme der Ablaufplanung. Das RCPS-V wird nach diesem Schema klassifiziert und die gängigen Probleme werden graphisch in ihrer Hierarchie dargestellt.

2.3.1   Resource-Constrained Project / Process Scheduling with Variants (RCPS-V)

Das RCPS-V beinhaltet die optimale *Planung* von Prozessen mit alternativen Teilabläufen unter Berücksichtigung knapper Ressourcen.

Gegeben sei ein Prozeß oder Ablauf P.

P: Prozeß

---

[34]   vgl. FRACZAK 1995
[35]   siehe Kapitel 6

Die Elemente von P sind atomar, d. h. sie sind nicht weiter in Teilprozesse zerlegbar. Solche *atomaren Prozesse* werden auch *Vorgänge* oder Arbeitsgänge genannt. Teilmengen von P werden als (Teil-)Prozeß oder Teilablauf bezeichnet.

R: Potentialfaktoren

R ist die Menge der Ressourcen (Potentialfaktoren). Jede Ressource kann zu einer Zeit von maximal einem Vorgang belegt werden. Sie wird erst nach Beendigung des Vorgangs wieder freigegeben. Es gibt also keine Unterbrechung von Arbeitsgängen (no preemption).

$\leq$:   eine Halbordnung über P

Über P sei eine Halbordnung (partial order) „$\leq$" definiert, die die Präzedenzbeziehungen zwischen Vorgängen wiedergibt. So bedeutet z. B. $v_1 \leq v_2$, daß Vorgang v_1 vor Vorgang v_2 stattfinden muß.

$\equiv$:   eine Äquivalenzrelation über 2^P (= Potenzmenge von P)

Ferner sei eine Äquivalenzrelation „$\equiv$" gegeben, die die funktionale Äquivalenz zwischen Prozessen angibt. So heißt z. B. $\{c\} \equiv \{d\}$, daß die Vorgänge c und d funktional äquivalent (also *Handlungsalternativen*) sind. Vorgang c kann also immer statt d ausgeführt werden (oder umgekehrt).

Schließlich seien noch zwei Funktionen r und d angenommen, die für jeden Vorgang die benötigten *Ressourcen* bzw. die zeitliche Dauer angeben:

$r\colon P \to 2^R$ Zuordnung der Ressourcen zu Vorgängen

$d\colon P \to$ Nat   *Dauer von Vorgängen* in Zeiteinheiten (Nat sei die Menge der natürlichen Zahlen)

Darauf aufbauend kann man nun den *Ablaufplan* (*Schedule*) definieren als eine Funktion, die allen Vorgängen X, die zur Ausführung ausgewählt wurden[36], den Startzeitpunkt der Bearbeitung zuweist:

$s\colon X \to$ Nat   Schedule

$X \subset P$:   auszuführende Vorgänge

X muß so gewählt werden, daß gilt:

$\forall v_1 \in P\colon \ [\, v_1 \in X \ \lor \ (\, \exists P_1, P_2, P_1 \equiv P_2\colon v_1 \in P_1 \land P_2 \subset X\,)\,]$ (Bedingung 1)

$\forall P_1, P_2 \subset X, P_1 \equiv P_2\colon \ [\, P_1 \subset P_2 \ \lor \ P_2 \subset P_1\,]$ (Bedingung 2)

---

36   Man beachte, daß von funktional äquivalenten Abläufen nur genau einer ausgeführt wird.

Bedingung 1 bedeutet, daß mindestens eine Alternative ausgewählt werden muß[37], Bedingung 2, daß höchstens eine gewählt werden darf[38].

Über der Menge aller Ablaufpläne wird nun eine *Zielfunktion* (Kosten) f definiert.

$f\colon \mathrm{Nat}^X \to \mathrm{Nat}$ Zielfunktion

Im weiteren wird angenommen, daß das *Zielkriterium die Gesamtdurchlaufzeit* ist:

$$f(s) = \max\{\ s(v_i) + d(v_i) \mid v_i \in X\ \}$$

Das Problem RCPS-V kann in diesem Kontext dann formal beschrieben werden als:

Minimiere $f(s)$, so daß für die Präzedenzen

$$\forall v_1, v_2 \in X:\ v_1 \le v_2 \Rightarrow s(v_1) + d(v_1) \le s(v_2)$$

und für die Ressourcen

$$\forall v_1, v_2 \in X:\ r(v_1) \cap r(v_2) \ne \varnothing \ \Rightarrow\ [\ s(v_1) + d(v_1) \le s(v_2)\ ] \ \vee \ [\ s(v_2) + d(v_2) \le s(v_1)\ ]$$

gilt.

Als Beispiel möge der Prozeß $P = \{\ a, b, c, e\ \}$ mit

- $b \le c,$
- $b \le e,$
- $\{\ a\ \} \equiv \{\ b, c, e\ \}$ und
- $\{\ c\ \} \equiv \{\ e\ \},$
- $d = \{\ (a, 4), (b, 2), (c, 1), (e, 3)\ \}$

dienen.

In Worten: Es besteht die Möglichkeit, entweder nur Vorgang a auszuführen oder aber Vorgang b gefolgt von c oder e.

Für diesen Prozeß stehen die folgenden auszuführenden Vorgänge im Einklang mit den Bedingungen 1 und 2:

$$X = \{\ a\ \},\ \{\ b, c\ \}\ \text{oder}\ \{\ b, e\ \}.$$

Für jedes zulässige X gibt es im Prinzip unendlich viele Möglichkeiten, den Vorgängen Startzeitpunkte zuzuweisen, um so zu Ablaufplänen zu gelangen. Sinnvoll im Rahmen der Durchlaufzeitminimierung sind bei dem aufgeführten Beispiel aber nur Schedules,

---

37   Für jeden Vorgang aus P muß entweder er selbst oder ein äquivalenter Ablauf in X sein.
38   Wenn zwei äquivalente Abläufe in X enthalten sind, dann ist der eine in dem anderen enthalten.

bei denen a bzw. b zum Zeitpunkt 0 beginnen und (falls vorhanden) c oder e unmittelbar im Anschluß daran. Daraus ergeben sich dann die Ablaufpläne in Tabelle 2.1.

X	s	$f(s)$
$\{a\}$	$s(a) = 0$	$\max\{\ s(a) + d(a)\ \} = \max\{\ 0 + 4\ \} = \mathbf{4}$
$\{b, c\}$	$s(b) = 0$ $s(c) = 2 = s(b) + d(b)$	$\max\{\ s(b) + d(b), s(c) + d(c)\ \} =$ $\max\{\ 0 + 2, 2 + 1\ \} = \mathbf{3}$
$\{b, e\}$	$s(b) = 0$ $s(e) = 2 = s(b) + d(b)$	$\max\{\ s(b) + d(b), s(e) + d(e)\ \} =$ $\max\{\ 0 + 2, 2 + 3\ \} = \mathbf{5}$

Tabelle 2.1:		Kürzeste Ablaufpläne für alle Ablaufvarianten

Der optimale Ablauf ist b gefolgt von c mit 3 Zeiteinheiten.

## 2.3.2	Klassifikation von Problemen der Ablaufplanung

Zur *Klassifikation von Problemen* der Ablaufplanung entwickelten Blazewicz, Lenstra und Rinnooy Kan[39] ein sehr allgemeines Schema[40]. Es teilt die Probleme bezüglich der drei Kategorien *Maschinenumgebung* (machine environment α), *Auftragseigenschaften* (job characteristics β) und *Optimierungskriterien* (optimality criteria γ) ein. Jedes konkrete Problem ist dann als Tripel $\alpha \mid \beta \mid \gamma$ darstellbar.

Die folgenden Konventionen mögen gelten:

$A_1, ..., A_n$:	Aufträge

m_j:	Anzahl Arbeitsgänge (Operationen) von Auftrag A_j

O_{ij}:	i-ter Arbeitsgang (Operation) von Auftrag A_j

$M_1, ..., M_m$:	Maschinen

μ_{ij}:	Maschine, auf der der Arbeitsgang O_{ij} bearbeitet wird

p_{ij}:	<u>bei einstufiger Fertigung:</u>	Bearbeitungszeit von Auftrag A_j auf M_i
	<u>bei mehrstufiger Fertigung:</u>	Bearbeitungszeit des Arbeitsgangs O_{ij}

<u>Maschinenumgebung α</u>

Bezüglich der Maschinenumgebung wird unterschieden zwischen der einstufigen Fertigung (jeder Auftrag hat einen Arbeitsgang) und der mehrstufigen (ein Auftrag hat beliebig viele Operationen).

---

[39]		vgl. BLAZEWICZ, LENSTRA und RINNOOY KAN 1983
[40]		Eine alternative Klassifikation enthält HOLLOWAY, NELSON und SURAPHONGSCHAI 1979.

Einstufige Fertigung

Abhängig von den Bearbeitungszeiten existieren drei verschiedene Problemtypen:

P: $p_{ij} = p_j$ Ein Auftrag hat auf allen Maschinen die gleiche Bearbeitungszeit (*parallel identical machines*).

Q: $p_{ij} = p_j / q_i$ Die Maschinen haben unterschiedliche Geschwindigkeiten q_i. Dadurch hat ein Auftrag auf verschiedenen Maschinen unterschiedliche absolute Bearbeitungszeiten. Die relativen Bearbeitungszeiten bezogen auf die Geschwindigkeit sind aber gleich (*parallel uniform machines*).

R: p_{ij} beliebig   Selbst die relativen Bearbeitungszeiten können von Maschine zu Maschine variieren (*parallel unrelated machines*).

Mehrstufige Fertigung

Läßt man mehrere Arbeitsgänge pro Auftrag zu, dann kommt man zu den folgenden Problemklassen:

J: $\mu_{i-1,j} \neq \mu_{ij}$ und $O_{i-1,j} \leq O_{ij}$ Dieselbe Maschine darf nicht mehrmals hintereinander durchlaufen werden, und die Arbeitsgänge müssen in der gegebenen Reihenfolge bearbeitet werden (*job shop*).

F: $m_j = m$, $\mu_{ij} = M_i$ und $O_{i-1,j} \leq O_{ij}$ Jeder Auftrag durchläuft alle Maschinen, und alle Aufträge tun dies in derselben Reihenfolge (*flow shop*).

O: $m_j = m$ und $\mu_{ij} = M_i$ Jeder Auftrag durchläuft alle Maschinen, aber die Reihenfolge spielt keine Rolle (*open shop*).

Zusätzlich zum Problemtyp enthält α noch die Anzahl der Maschinen ($\circ$ für beliebig).

Beispiele:

J2:   die Klasse aller Job-Shop-Probleme mit 2 Maschinen

F$\circ$:   die Klasse aller Flow-Shop-Probleme

Auftragseigenschaften β

Blazewicz, Lenstra und Rinnooy Kan hatten bei RCPS ursprünglich vier Komponenten für das β-Feld vorgesehen. Um diese Klassifikation für das allgemeinere Problem RCPS-V zu erweitern, wird eine fünfte Komponente hinzugefügt, die die *Ablaufvarianten* betrifft. Dabei bedeuten:

β_1 = pmtn: Unterbrechung (preemption) laufender Arbeitsgänge ist zulässig.

$\quad$ = ∘: $\qquad$ Arbeitsgänge müssen ohne Unterbrechung beendet werden.

β_2 $\quad$ = res λσρ: $\quad$ Art der Ressourcenbeschränkung

$\quad$ λ: $\qquad$ Anzahl Ressourcentypen (· wenn beliebig)

$\quad$ σ: $\qquad$ maximale Menge von Ressourcen eines Typs (· wenn beliebig)

$\quad$ ρ: $\qquad$ maximaler Bedarf eines Vorgangs an Ressourcen eines Typs (· wenn beliebig)

β_3 $\quad$ = prec: $\quad$ Es sind beliebige kreisfreie Präzedenzstrukturen zulässig.

$\quad$ = tree: $\quad$ Die Präzedenzbeziehungen der Aufträge stellen einen Baum dar, d. h. entweder haben alle Arbeitsgänge höchstens einen Nachfolger, oder sie haben alle höchstens einen Vorgänger.

$\quad$ = chain: $\quad$ Die Aufträge sind kettenförmig angeordnet, d. h. jeder Arbeitsgang hat sowohl höchstens einen Nachfolger als auch höchstens einen Vorgänger.

$\quad$ = ∘: $\qquad$ Es existieren keine Präzedenzbeziehungen.

β_4 $\quad$ = $p_{ij}=1$: $\quad$ Alle Arbeitsgänge haben die Dauer 1 Zeiteinheit.

$\quad$ = ∘: $\qquad$ Die Arbeitsgänge haben beliebige Dauer.

β_5 $\quad$ = alt: $\quad$ Für jeden Teilprozeß kann es beliebig viele Ablaufvarianten geben.

$\quad$ = ∘: $\qquad$ Es sind keine Ablaufvarianten zulässig.

Beispiel:

β = ∘, res ·11, chain, ∘, alt

beschreibt die Menge aller RCPS-Probleme, für die gilt:

- die Aufträge müssen unterbrechungsfrei durchgeführt werden,
- jede Ressource existiert nur einmal,
- die Aufträge sind einzeln hintereinander auszuführen,
- die Arbeitsgänge haben beliebige Dauer und
- Ablaufvarianten sind zulässig.

Optimierungskriterien γ

Das dritte und letzte Feld schließlich gibt das gewählte Optimierungskriterium an. Jedem Auftrag A_j wird eine Fertigstellungszeit C_j und bezüglich der Frist d_j eine Verspätung

$$L_j = C_j - d_j$$

zugeordnet. Gängige Optimierungskriterien (Minimierung) sind dann z. B.:

$$C_{max} = \max\{\, C_1, \ldots, C_n \,\} \qquad \text{(kürzester Ablaufplan)}$$

$$L_{max} = \max\{ L_1, \ldots, L_n \} \qquad \text{(Minimierung der maximalen Verspätung)}$$

Mit diesem Klassifikationsschema ist es nun möglich, den untersuchten Bereich der Ablaufplanung, das sogenannte RCPS-V, präzise anzugeben:

$$\text{RCPS-V} = \alpha \mid \circ, \text{res} \cdots, \text{prec}, \circ, \text{alt} \mid C_{max}.$$

Es sind also:

- beliebige Maschinenumgebungen,
- Arbeitsgänge ohne Unterbrechungen,
- beliebige Ressourcenbeschränkungen,
- beliebige Reihenfolgebeziehungen der Aufträge,
- beliebige Zeitdauern der Arbeitsgänge und
- beliebige Ablaufvarianten

zulässig. Ermittelt wird der kürzeste Ablaufplan.

Zum besseren Verständnis seien an dieser Stelle alle Problemklassen (RCPS, P, Q, R, O, J und F) noch einmal im grafischen Überblick wiedergegeben. Abbildung 2.7 zeigt das allgemeine RCPS ohne Ablaufvarianten, Abbildung 2.8 die einstufigen Fertigungsprobleme P, Q und R. Im Bereich der mehrstufigen Fertigung zeigen die Abbildungen 2.9 und 2.10 dann den Open-Shop und den Job-Shop (Werkstattfertigung) als Spezialfälle des RCPS. Schließlich wird noch die Reihenfertigung (Flow-Shop) als spezielle Werkstattfertigung dargestellt (siehe Abbildung 2.11).

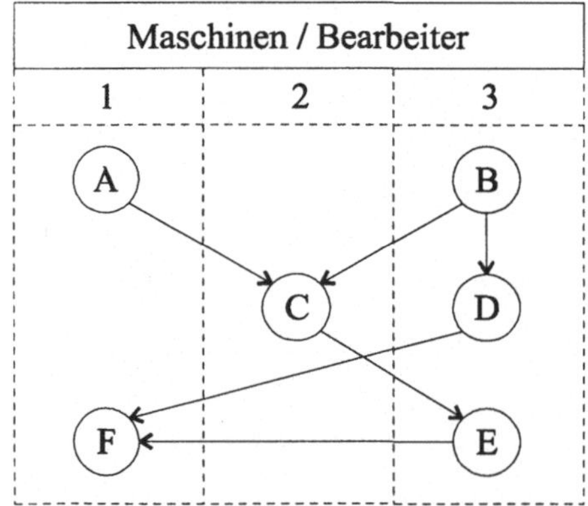

Abbildung 2.7:   RCPS (Projektmanagement)

Beim *Projektmanagement* (RCPS) gibt es noch keine Unterscheidung zwischen Aufträgen, d. h. die horizontalen, gestrichelten Linien entfallen. Möchte man diesen

Begriff in Analogie zur Produktionsablaufplanung dennoch in das RCPS einführen, so gäbe es hierzu prinzipiell zwei Möglichkeiten:

1. Jede Operation (in der Projektplanung Teilprojekt genannt) ist ein Auftrag für sich. Im Graphen entspräche dies einem horizontalen Segment für jeden Knoten. Man gelangt dann vom Graphen der Werkstattfertigung (siehe Abbildung 2.10) zum Projektgraphen (siehe Abbildung 2.7), indem man zuläßt, daß Präzedenzkanten die horizontalen Linien schneiden dürfen.

2. Alternativ könnte man die Teilprojekte auch als Arbeitsgänge eines einzelnen Auftrags betrachten. Graphisch erhält man dann dieselbe Darstellung wie in Abbildung 2.7. Die Restriktion der linearen Anordnung der Arbeitsgänge bei der Werkstattfertigung muß jedoch aufgehoben werden.

Beide Fälle machen deutlich, daß eine nahe Verwandtschaft zwischen dem Projektmanagement und der Fertigungsplanung besteht. Es wird daher im folgenden auf eine Unterscheidung dieser Begriffe verzichtet.

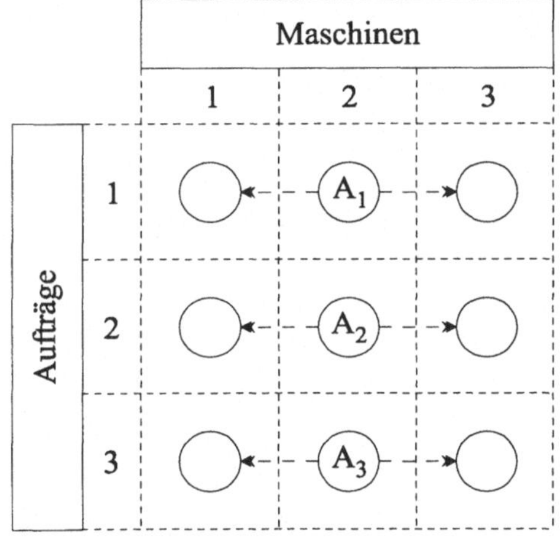

Abbildung 2.8:   Probleme P, Q und R

Bei der *einstufigen Fertigung* (siehe Abbildung 2.8) existiert lediglich ein einziger Arbeitsgang pro Auftrag. Es wird angenommen, daß dieser auf jeder der Maschinen gefertigt werden kann. Ziel ist es, jedem Auftrag eine Maschine zuzuordnen (siehe gestrichelte Pfeile). Der Unterschied zwischen „P", „Q" und „R" besteht einzig in den Maschinen. Bei „R" (Parallel Unrelated Machines) kann jeder Auftrag auf jeder Maschine eine andere Bearbeitungszeit haben. Ein Auftrag kann beispielsweise auf der einen Maschine schneller gefertigt werden als auf einer anderen, bei einem anderen Auftrag kann dies aber genau umgekehrt sein. Bei „Q" (Parallel Uniform Machines) differieren die Maschinen nur in ihrer Geschwindigkeit. Wenn ein Auftrag also auf der einen Maschine doppelt so lange benötigt wie ein anderer, dann ist dies auch auf jeder anderen Maschine so. Bei „P" schließlich sind die Bearbeitungszeiten auf allen Maschinen gleich (Parallel Identical Machines).

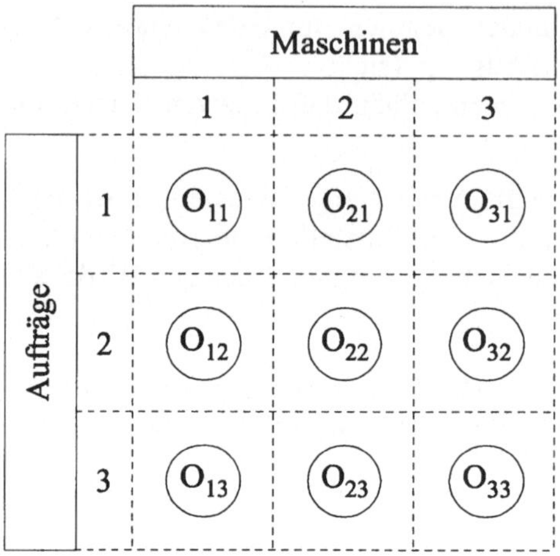

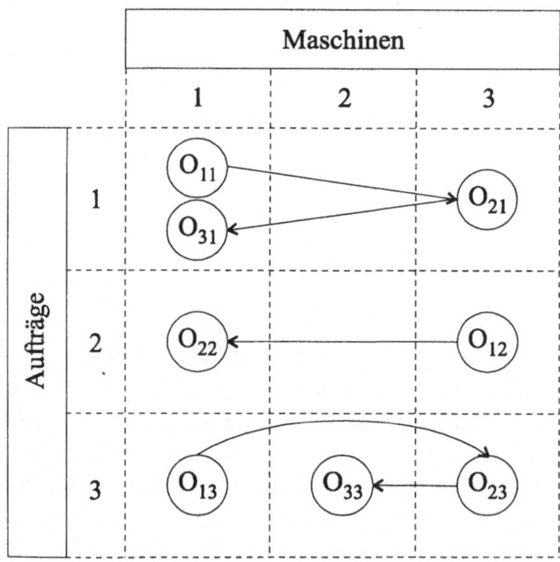

Abbildung 2.9:   Open-Shop

Beim *Open-Shop* (siehe Abbildung 2.9) wird jeder Auftrag auf jeder Maschine genau einmal gefertigt. Dabei ist die Reihenfolge der Operationen beliebig.

Abbildung 2.10:   Job-Shop (Werkstattfertigung)

Bei der *Werkstattfertigung* muß ein Auftrag nicht auf allen Maschinen bearbeitet werden. Es ist auch zulässig, daß ein Auftrag eine Maschine mehrmals durchläuft, allerdings nicht unmittelbar hintereinander (siehe Abbildung 2.10, Auftrag 1). Außerdem muß die Anordnung der Arbeitsgänge linear sein, weil man bei der Produktionsablaufplanung davon ausgeht, daß ein und dasselbe Werkstück die Maschinen durchläuft und somit eine parallele Bearbeitung an zwei Maschinen ausgeschlossen wird und die Kettenstruktur eine unmittelbare Folge ist.

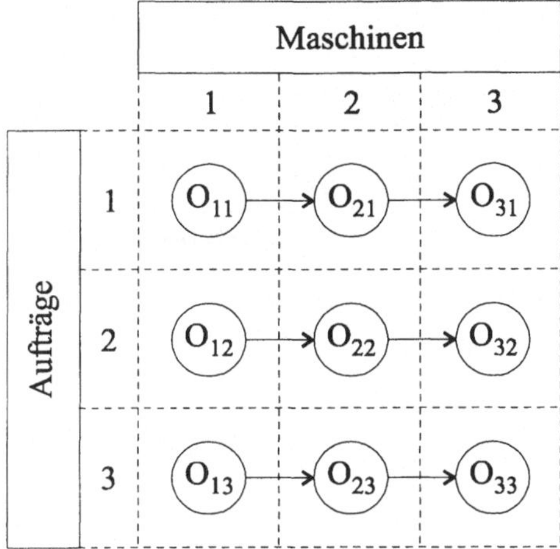

Abbildung 2.11:   Flow-Shop (Reihenfertigung)

Bei der *Reihenfertigung* schließlich gelten sowohl die Restriktionen des Open-Shop als auch die der Werkstattfertigung. Es entsteht so die Struktur in Abbildung 2.11.

An den unterschiedlichen Strukturen der Präzedenzgraphen der Abbildungen 2.7 – 2.11 kann man sehr schön die *Hierarchie* der einzelnen Problemklassen erkennen. Diese Hierarchie ist in Abbildung 2.12 noch einmal explizit wiedergegeben. Das allgemeinste Problem ist das RCPS-V, also die Projektplanung mit Ablaufvarianten. Gibt es keine Handlungsalternativen bezüglich der Teilabläufe, d. h. es stehen also sämtliche Teilprojekte fest, dann gelangt man zum klassischen Projektmanagement (RCPS). Die Produktionsplanungsprobleme als eine interessante Subklasse der Projektplanungsprobleme erhält man, wenn man die Teilprojekte, die dann Operationen oder Arbeitsgänge heißen, zu Aufträgen zusammenfaßt (Clusterung).

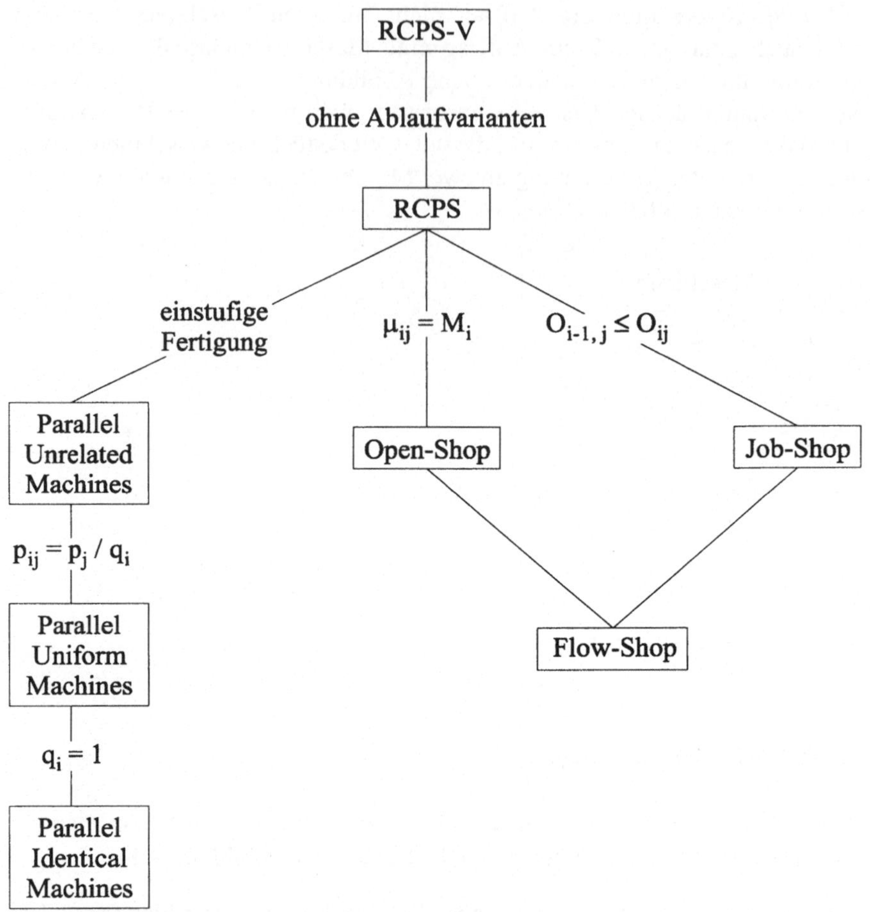

Abbildung 2.12:   Hierarchie der Ablaufplanungsprobleme

3 Graphen der Ablaufplanung

3.1 Netzpläne

Die *Netzplantechnik*[1] wurde in den Jahren 1956 und '57 in den USA (CPM und PERT) und Frankreich (MPM) unabhängig voneinander entwickelt. Sie stellt eine Methode[2] zur Planung und Kontrolle komplexer Projekte dar[3]. Da die übrigen Probleme aus dem Bereich der Ablaufplanung ebenfalls mit Netzplänen dargestellt werden können (siehe Abschnitt 1.1.2 und 2.3.2), sind sie als Grundlage für allgemeine Ablaufgraphen prinzipiell geeignet. Sie müssen lediglich um die graphische Abbildung von Ressourcenkonflikten (siehe Abschnitt 3.2) und alternativen Teilabläufen (siehe Abschnitt 3.3) erweitert werden, um die Gesamtheit aller RCPS-V-Probleme abzudecken.

Grundlage der Netzplantechnik sind *Vorgänge* und *Ereignisse*. Sie werden in DIN 69900 wie folgt definiert:

- Ein *Vorgang* ist dabei ein zeiterforderndes Geschehen mit definiertem Anfang und Ende[4].

- Ein *Ereignis* ist ein Zeitpunkt, der das Eintreten eines bestimmten Projektzustandes markiert[5].

Zwischen den Vorgängen / Ereignissen bestehen Reihenfolgebeziehungen (Präzedenzen).

Ein Netzplan ist dann ein gerichteter Graph (Digraph) mit bewerteten Knoten und Kanten. Bewertungen können dabei Zeitdauern, zeitliche Abstände (minimal oder maximal), benötigte Ressourcen usw. sein. Sie dienen als Grundlage für die Zeit-, Termin-, Kosten- und Kapazitätsplanung. Man unterscheidet zwischen

---

[1] vgl. NEUMANN 1992 oder MEYER und HANSEN 1985

[2] Alternative Methoden zur Netzplantechnik enthält z. B. LIEBELT 1980.

[3] PERT wurde z. B. entwickelt, weil der Bau der Polarisrakete eine enorme Anforderung an die Projektplanung stellte, sowohl hinsichtlich der Vielzahl von Teilprojekten als auch bezüglich der Koordination vieler (heterogener) Beteiligter wie Physiker, Mathematiker, Chemiker, Konstrukteure, Ingenieure, Mechaniker, Verwaltungsleute etc. Mit den damals bekannten, weniger formalen Methoden war diese Aufgabe nicht mehr zu bewältigen.

[4] Nach dem Verständnis dieser Arbeit von Vorgängen als Prozessen denkt man sich einen Vorgang also als bestehend aus einer Beginn-Aktion / Ereignis und einer Ende-Aktion / Ereignis, zwischen denen eine bestimmte Zeit vergeht. Diese Zerlegung ist notwendig, weil Aktionen nach 2.1.4 keine zeitliche Dauer haben.

[5] Dieser Ereignisbegriff ist kompatibel zu dem in Abschnitt 2.2 im Sinne einer Spezialisierung.

- rein deterministischen Verfahren (CPM, MPM),

- Methoden, bei denen nur die Dauer der Vorgänge als stochastisch angenommen wird (PERT), und

- stochastischen Verfahren, die auch der Ausführung eines Vorgangs eine Wahrscheinlichkeit zuordnen (GERT).

In Abhängigkeit davon, ob Vorgänge oder Ereignisse als grundlegender betrachtet werden, unterscheidet man ferner zwischen vorgangsorientierten und ereignisorientierten Methoden. Im Rahmen einer Prozeßtheorie erscheint es dabei vorteilhafter, sich auf die Prozesse / Vorgänge zu konzentrieren. Eine weitere Untergliederung ergibt sich aus der Zuordnung der Vorgänge zu den Komponenten des Graphen: Man kann die Vorgänge entweder als Knoten oder als Pfeile darstellen.

- CPM ist eine vorgangspfeilorientierte Methode,

- MPM eine vorgangsknotenorientierte Methode.

Ohne Beschränkung der Allgemeinheit sollen im folgenden *MPM-Netze* verwendet werden. Vorgänge werden also als Knoten dargestellt (hier als Rechtecke gezeichnet). Ein Knoten enthält die Bezeichnung (oder auch die Nummer) des Vorgangs und eventuell dessen zeitliche Dauer. Ein Pfeil (eine Kante) drückt eine Präzedenz aus und ist gegebenenfalls mit dem minimalem / maximalen zeitlichen Abstand bewertet.

Folgende *Präzedenzen* sind grundsätzlich zulässig:

Präzedenz	Kantenbewertung	Nr.
Anfangsfolge (minimal)	Mindestabstand von Anfang '*a*' bis Anfang '*b*'	1
Anfangsfolge (maximal)	Maximalabstand von Anfang '*a*' bis Anfang '*b*'	1
Normalfolge (minimal)	Mindestabstand von Ende '*a*' bis Anfang '*b*'	2
Normalfolge (maximal)	Maximalabstand von Ende '*a*' bis Anfang '*b*'	2
Endfolge (minimal)	Mindestabstand von Ende '*a*' bis Ende '*b*'	3
Endfolge (maximal)	Maximalabstand von Ende '*a*' bis Ende '*b*'	3
Sprungfolge (minimal)	Mindestabstand von Anfang '*a*' bis Ende '*b*'	4
Sprungfolge (minimal)	Maximalabstand von Anfang '*a*' bis Ende '*b*'	4

Tabelle 3.1:   Zulässige Folgebeziehungen in MPM-Diagrammen

Abbildung 3.1 gibt die Präzedenzen aus Tabelle 3.1 (entprechend ihrer Numerierung) grafisch wieder:

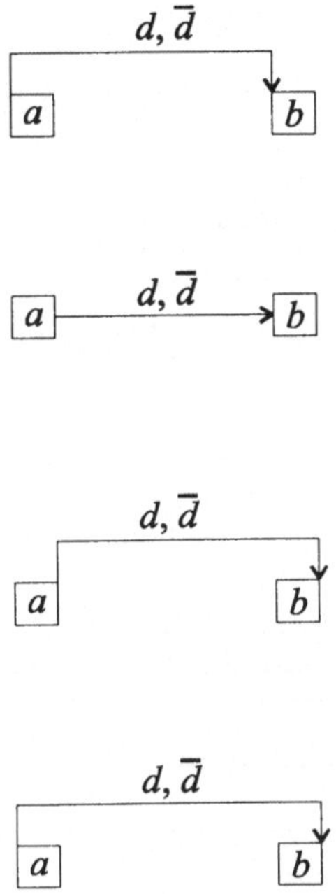

1) $$s(b) \geq s(a) + d$$
$$s(b) \leq s(a) + \overline{d}$$

2) $$s(b) \geq e(a) + d$$
$$s(b) \leq e(a) + \overline{d}$$

3) $$e(b) \geq e(a) + d$$
$$e(b) \leq e(a) + \overline{d}$$

4) $$e(b) \geq s(a) + d$$
$$e(b) \leq s(a) + \overline{d}$$

d = Mindestabstand $s(x)$ = Startzeitpunkt von x

$\overline{d}$ = Maximalabstand $e(x)$ = Endzeitpunkt von x

Abbildung 3.1:   Grafische Darstellung der zulässigen Folgebeziehungen

Durch Umkehrung der Pfeilrichtung und des Vorzeichens der Kantenbewertung kann aus einer Mindestabstandskante eine Maximalabstandskante gemacht werden und umgekehrt (siehe Abbildung 3.2).

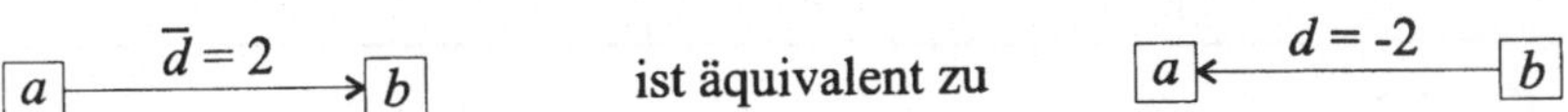

Abbildung 3.2:   Prinzipielle Äquivalenz von Maximal- und Mindestabständen

Im folgenden werden daher nur noch minimale Abstände berücksichtigt. Darüber hinaus kann die Bewertung der Kanten entfallen ($d = 0$), weil für Abstände ungleich null ein Dummy-Knoten der entsprechenden Zeitdauer d in die Kante eingefügt werden kann (siehe Abbildung 3.3).

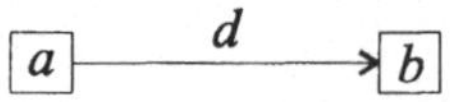

$$t(x) = d$$

$a \xrightarrow{\quad d \quad} b$ ist äquivalent zu $a \longrightarrow x \longrightarrow b$

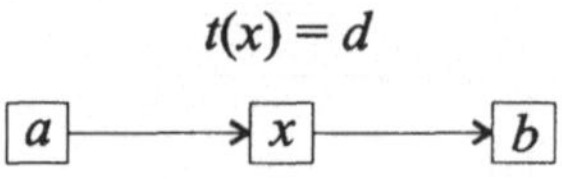

$s(b) \geq e(a) + d$

$s(x) \geq e(a)$

$e(x) = s(x) + d$

$s(b) \geq e(x) = s(x) + d \geq e(a) + d$

Abbildung 3.3:   Dummy-Knoten 'x' ersetzt Abstand 'd'

Zum Abschluß sei noch ein Beispiel für ein MPM angegeben[6]. Es handelt sich dabei um das Projekt „Bau einer Garage" (siehe Tabelle 3.2).

Nr.	Vorgang	Dauer	Vorgänger	min. Abst.	max. Abst.
1	Aushub der Fundamente	1	-	-	-
2	Gießen der Fundamente	2	1	0	-
3	Verlegung Erdleitung	2	2	-1	-
4	Mauern errichten	3	2	1	-
5	Dach decken	2	4	0	2
6	Boden betonieren	3	3	0	-
			4	1	-
7	Garagentor einsetzen	1	5	0	-
8	Verputz innen	2	6	1	-
			7	0	-
9	Verputz außen	2	7	0	-
10	Tor streichen	1	8	0	-
			9	0	-

Tabelle 3.2:   Bau einer Garage

Den Netzplan zu diesem Projekt enthält Abbildung 3.4.

Kanten ohne Bewertung tragen eine „0". Die „–1" zwischen den Vorgängen 2 und 3 bedeutet, daß eine Zeiteinheit vor Beendigung von 2 schon mit 3 begonnen werden kann. Der Elektriker kann also mit der Verlegung der Erdleitung bereits vor Fertig-

---

[6]   zu finden bei DOMSCHKE und DREXL 1991, S. 89

stellung des Fundaments beginnen. Die maximale Distanz von 2 Zeiteinheiten zwischen 4 und 5 wurde in eine minimale Distanz von $-7 = -(3 + 2 + 2)$ umgewandelt.

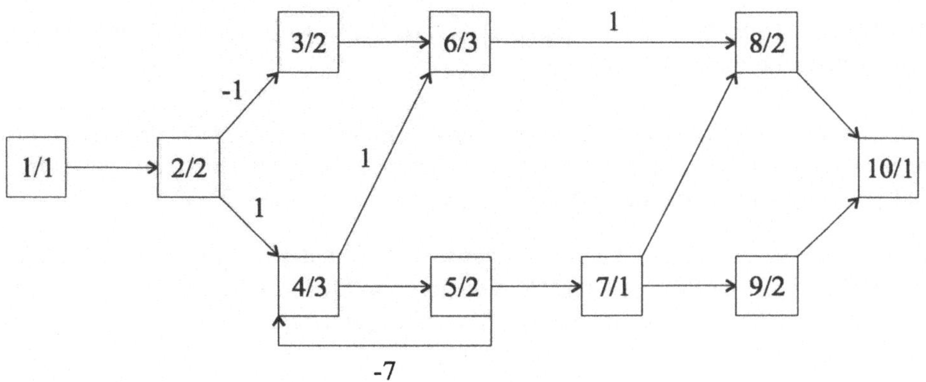

Abbildung 3.4:   Netzplan des Projekts „Bau einer Garage"

3.2   Disjunktive Kanten

In Netzplänen werden die von einem Vorgang gebundenen Ressourcen in der Regel explizit angegeben, d. h. sie werden in die Knoten eingetragen oder in einer separaten Liste oder Tabelle aufgeführt. Dadurch sind mögliche Ressourcenkonflikte nicht unmittelbar aus dem Diagramm ablesbar. Um eine direkte grafische Darstellung dieser Konflikte zu erlauben, führte Balas[7] die sogenannten disjunktiven Kanten ein. Sie basieren auf dem Umstand, daß die Ressourcen eine disjunktive Halbordnung über den Prozessen aufspannen (disjunctive poset[8]).

Wenn also zwei Vorgänge v_1 und v_2 dieselbe Ressource beanspruchen, dann bedeutet dies, daß es keinen Zeitpunkt geben darf, zu dem beide Vorgänge aktiv sind oder, um es mithilfe von Gantt-Diagrammen auszudrücken: Die beiden Prozesse dürfen sich nicht überlappen. Das heißt aber, daß einer von beiden vollständig vor dem anderen ausgeführt werden muß.

Um diesen Sachverhalt grafisch abzubilden, erweitert man die MPM-Netzwerke des vorangegangenen Abschnitts zu disjunktiven Graphen. Ein *disjunktiver Graph*

$DG = (V, C, D)$ besteht dabei aus

---

7   vgl. BALAS 1969
8   „poset" steht für „partially ordered set"

- einer Menge von Knoten V (den Vorgängen),

- einer Menge C konjunktiver Kanten (i. e. der „normalen" Präzedenzkanten), d. h. $(v_1, v_2) \in C$, wenn Vorgang v_1 vor Vorgang v_2 stattfinden muß, und

- einer Menge *disjunktiver Kanten D*, d. h. $\{ (v_1, v_2), (v_2, v_1) \} \in D$, wenn entweder v_1 vor v_2 stattfinden muß oder umgekehrt.

Disjunktive Kanten werden zur Unterscheidung von den konjunktiven gestrichelt gezeichnet. Belegen also v_1 und v_2 dieselbe Ressource, dann zeichnet man zwei gestrichelte Pfeile (oder auch einen Doppelpfeil) von v_1 nach v_2 und umgekehrt.

Als Beispiel sei angenommen, daß die Vorgänge a bis k in der in Abbildung 3.5 dargestellten Reihenfolge auszuführen sind. Des weiteren wird die in Tabelle 3.3 angegebene Zuordnung der Prozesse zu Bearbeitern/Maschinen unterstellt.

Ressourcen	Prozesse
R1	a
R2	b, e, g
R3	c, f, h, j
R4	d, i
R5	k

Tabelle 3.3:   Ressourcenallokation für die Prozesse 'a' bis 'k'

Die in Abbildung 3.5 enthaltenen disjunktiven Kanten ergeben sich dann, indem man alle Vorgänge, die dieselbe Ressource belegen, durch einen Doppelpfeil verbindet .

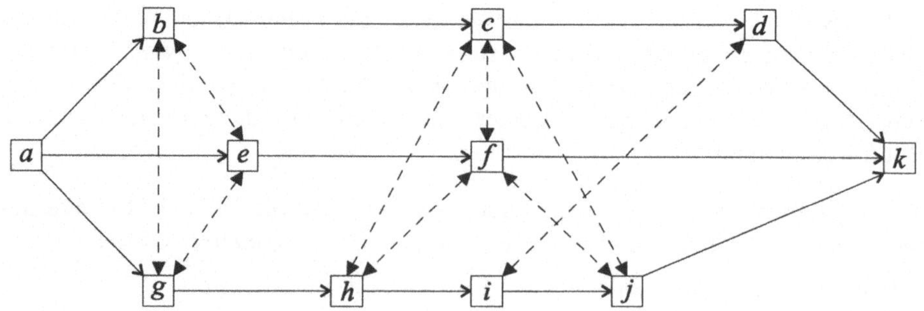

Abbildung 3.5:   Beispiel für einen disjunktiven Graphen

3.3   Hierarchische Netzpläne

Hierarchische Netzpläne bauen sowohl auf MPM-Netzwerken als auch auf AND/OR-Graphen auf[9]. Die AND/OR-Graphen erlauben es dabei, eine Meta-Struktur über die einfachen Netzpläne zu legen, sie stellen also die Hierarchie dar. Da Hierarchien Baumstruktur haben, werden hier lediglich AND/OR-Bäume betrachtet. In einem *AND/OR-Baum* gibt es zwei Arten von Knoten:

- teilbare Vorgänge, die in andere Vorgänge zerlegt werden (dargestellt durch runde bzw. ovale Knoten), und

- unteilbare Vorgänge, die die Blätter des Baumes sind (rechteckige Knoten).

Zur Zerlegung von Vorgängen bieten die AND/OR-Bäume zwei Kantentypen an:

- OR-Kanten zerlegen einen Vorgang v in alternative Vorgänge v_1 bis v_n. Der Vorgang v gilt dabei als erledigt, wenn genau einer der Teilabläufe (Ablaufvarianten) v_1 bis v_n realisiert wird.

- AND-Kanten dekomponieren einen Vorgang v derart in Vorgänge v_1 bis v_m, daß alle Teilvorgänge durchgeführt werden müssen.

Abbildung 3.6 zeigt eine OR-Zerlegung: Ein Stück Fleisch kann also zubereitet werden, indem man es entweder kocht oder brät oder grillt.

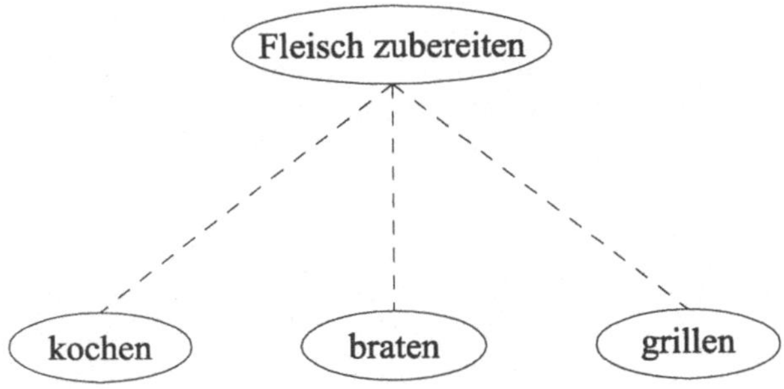

Abbildung 3.6:   OR-Verknüpfung

Wie man leicht sieht, repräsentieren die OR-Kanten also Handlungsalternativen für Teilabläufe. Die Variantenstruktur des RCPS-V ist somit einfach und übersichtlich darstellbar.

---

[9]   vgl. PEARL 1984

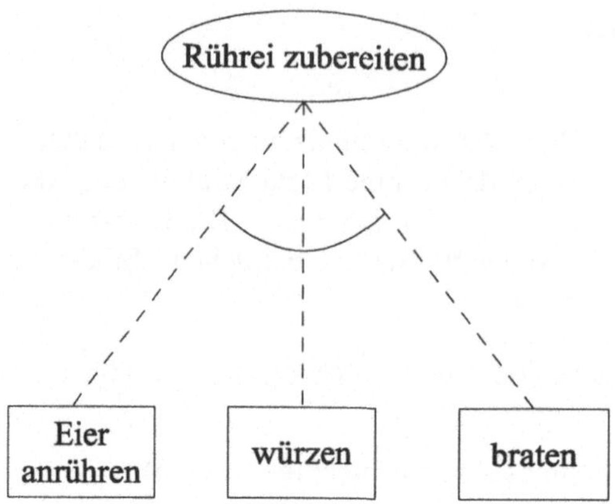

Abbildung 3.7:   AND-Verknüpfung

In Abbildung 3.7 ist eine AND-Dekomposition wiedergegeben: alle angegebenen Vorgänge müssen ausgeführt werden, damit man ein schmackhaftes Rührei erhält.

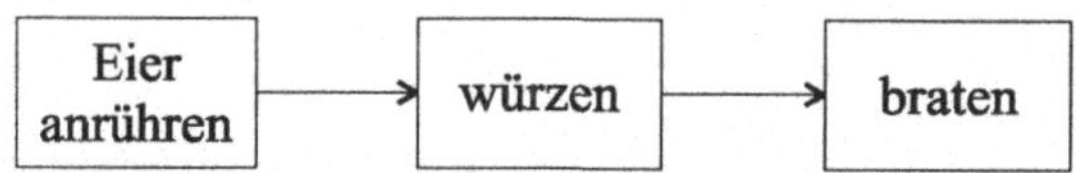

Abbildung 3.8:   MPM-Diagramm für die undverknüpften Vorgänge aus Abbildung 3.7

In Abbildung 3.7 kann man noch nicht erkennen, in welcher Reihenfolge die einzelnen Aktivitäten durchgeführt werden müssen. Zu diesem Zweck zeichnet man für die Komponenten der AND-Zerlegung ein MPM-Netzwerk (siehe Abbildung 3.8).

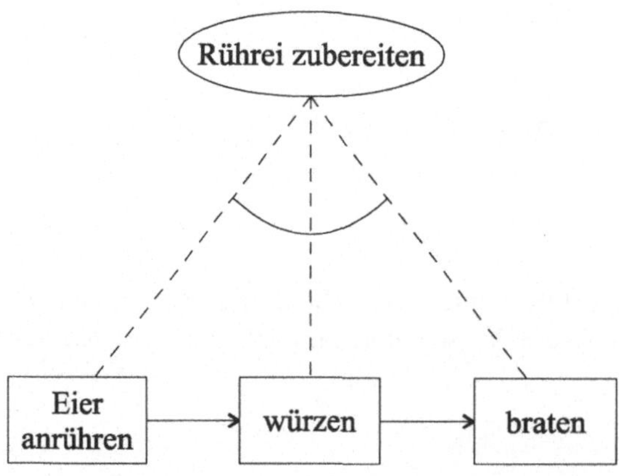

Abbildung 3.9:   Aggregierter Netzplan

Verbindet man die Abbildungen 3.7 und 3.8 miteinander, so wird klar, daß die AND-Kanten dazu dienen, die Knoten eines Netzplans zum übergeordneten Vorgang zu-sammenzufassen (siehe Abbildung 3.9).

Dabei ist darauf zu achten, daß Präzedenzkanten nur Knoten verbinden dürfen, die durch AND-Kanten mit demselben Vater verbunden sind (siehe Abbildung 3.10).

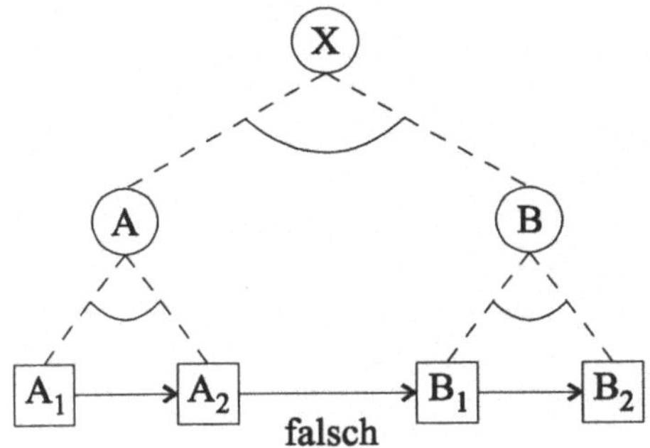

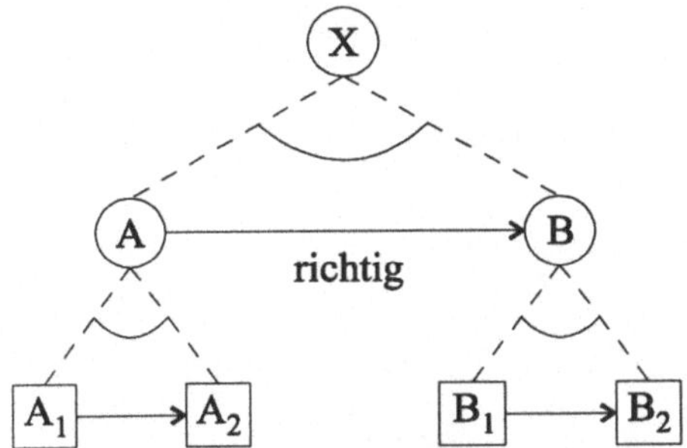

Abbildung 3.10:   Anordnung von Präzedenzkanten

Ein umfangreicheres Beispiel enthält die Abbildung 3.11. Dieses wird im weiteren Verlauf noch Verwendung finden (siehe Abschnitte 7.2 und 9.2).

Abschließend sei noch bemerkt, daß die hierarchischen Netzpläne auch eine Reduktion der sogenannten *ANDORI-Graphen*[10] darstellen. ANDORI-Graphen enthalten 3 Arten von Kanten:

- AND-Kanten,
- OR-Kanten und
- I-Kanten (Informationskanten).

---

10   vgl. WENDT, RITTGEN und KÖNIG 1996 und WENDT und RITTGEN 1993

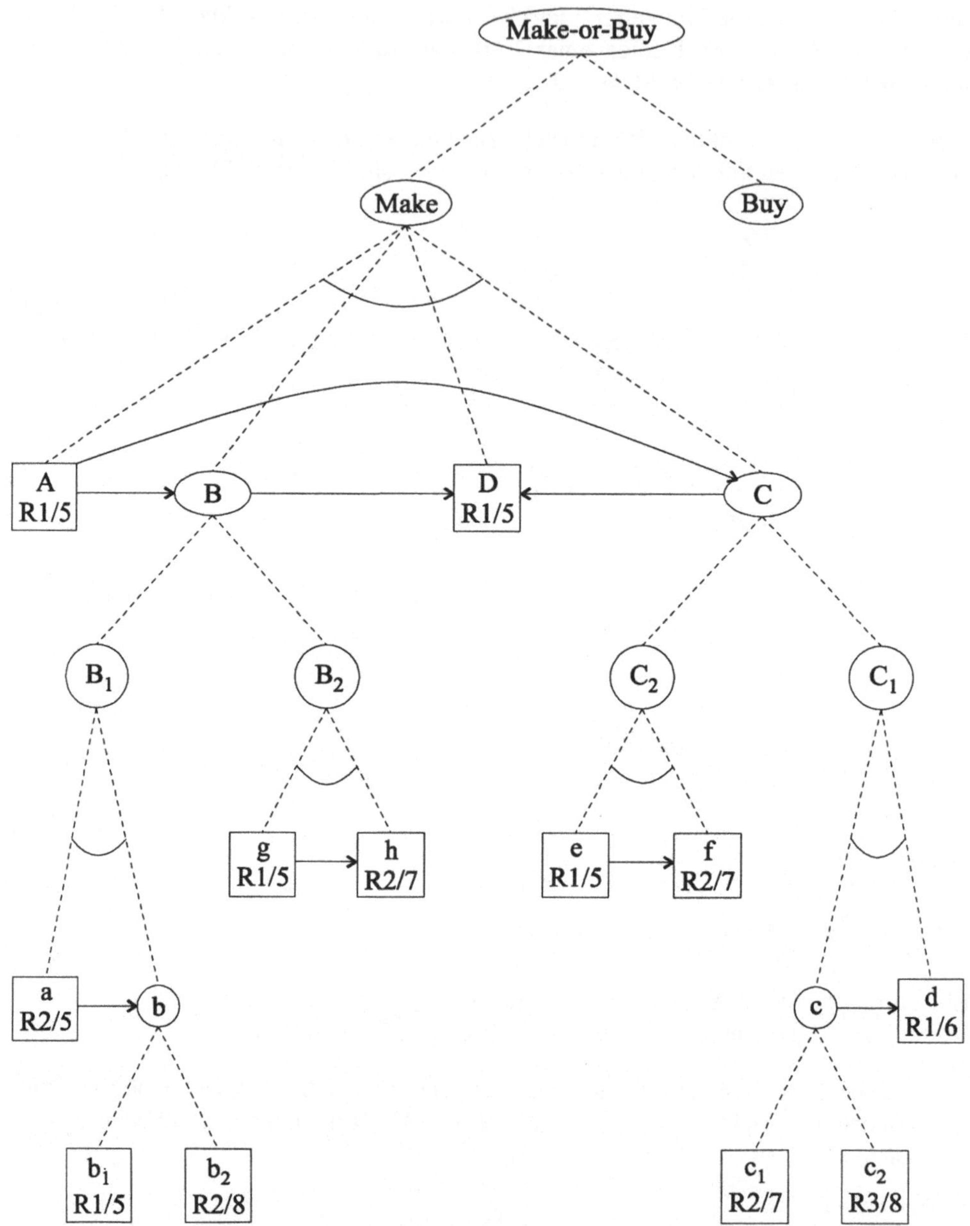

Abbildung 3.11:   Hierarchischer Netzplan für ein Make-or-Buy-Problem

AND- und OR-Kanten sind analog zu denen der hierarchischen Netzpläne, die Informationskanten aber determinieren nicht nur die Reihenfolge der mit ihnen verbundenen Vorgänge (wie bei MPM-Graphen), sondern modellieren darüber hinaus auch den Informationsfluß (Workflow) zwischen den Vorgängen.

ANDORI-ähnliche Graphen findet man bereits bei GENRICH 1979. Dort sind die Präzedenzen aber beschränkt auf einfache Sequenzen.

4　　Modelle nebenläufiger Systeme

Karl Raimund Popper bezeichnete in seiner Theorie des kritischen Rationalismus die rationale Diskussion als einen wichtigen Bestandteil der Gewinnung wissenschaftlicher Erkenntnisse. Dazu gehört, „daß man versucht, herauszufinden, was andere über das vorliegende Problem gedacht und gesagt haben: warum es ein Problem für sie war; wie sie es formuliert haben; wie sie es zu lösen versucht haben."[1] Für Theorien nebenläufiger Prozesse wird diese rationale Diskussion in den Abschnitten 4.2 und 4.3 geführt. Zunächst aber wird in Abschnitt 4.1 der formale Rahmen für diese Diskussion geschaffen.

4.1　　Allgemeine Strukturen

4.1.1　　Modelltheorie

Um Objekte und Probleme der Realwelt wissenschaftlich behandeln zu können, ist die Bildung von Modellen notwendig. Dies gilt auch für das hier untersuchte Problem RCPS-V (Recource-Constrained Process Scheduling with Variants). *Modelle* stellen dabei eine formale Abstraktion realweltlicher Gegenstände und deren Beziehungen dar. Als Grundlage für die Modellbildung dient die *Modelltheorie*[2], ein Teilgebiet der Mathematik. Die Modelltheorie untersucht die Frage, welche formalen Strukturen für die Erstellung von Modellen geeignet sind. Der Begriff der (formalen) Struktur[3] selbst wird dabei mengentheoretisch definiert als „eine Klasse zusammen mit einem System von endlichstelligen Relationen und einem System von endlichstelligen partiellen Operationen in dieser Klasse"[4]. Jede *Struktur* hat einen Typ τ. Er ist ein Paar

$$\langle\, \langle n_0, \dots, n_\gamma, \dots \rangle_{\gamma < o(\tau)},\ \langle m_0, \dots, m_\gamma, \dots \rangle_{\gamma < p(\tau)} \,\rangle,$$

wobei $o(\tau)$ und $p(\tau)$ Ordinale sind und n_γ und m_γ nichtnegative ganze Zahlen. Das linke Tupel gibt die Stelligkeiten der Funktionen (auch Operationen genannt) an, das rechte die der Relationen. Unter diesen Voraussetzungen kann man eine Struktur erster Ordnung $\aleph$ definieren als Tripel

$$\langle A; F, R \rangle,$$

---

[1]　vgl. POPPER 1976, S. XVI

[2]　vgl. KREISEL und KRIVINE 1972

[3]　Der Strukturbegriff geht zurück auf TARSKI 1935 und 1936. Die hier verwendeten formalen Definitionen sind GRÄTZER 1968, S. 223 f. entnommen.

[4]　vgl. GELLERT, KÄSTNER und NEUBER 1978, S. 535

wobei A eine nichtleere Menge (genannt Basismenge oder Universum) ist, F die Menge der *Funktionen* und R die Menge der *Relationen*:

$$F = \langle\, (f_0)_\aleph,\, ...,\, (f_\gamma)_\aleph,\, ... \,\rangle \text{ für } \gamma < o(\tau),$$

$$R = \langle\, (r_0)_\aleph,\, ...,\, (r_\gamma)_\aleph,\, ... \,\rangle \text{ für } \gamma < p(\tau),$$

Wenn $o(\tau) = 0$ ist, dann existieren keine Funktionen und $\aleph$ heißt *Relational* (oder relationale Struktur). Im Falle von binären Relationen läßt sich die Struktur als Digraph darstellen und man gelangt so zu den sogenannten *Netzen* (z. B. Petrinetze). Die Modellierung der Ablaufplanung mit solchen Strukturen beschreibt Abschnitt 4.1.

Ist hingegen $p(\tau) = 0$, dann existieren nur Operationen. Sind diese partiell, so heißt $\aleph$ *partielle Algebra*, sind sie vollständig, spricht man von einer *universellen Algebra*. Die algebraische Modellierung (z. B. Prozeßalgebra) beschreibt Abschnitt 4.2.

Abbildung 4.1 illustriert den geschilderten Zusammenhang grafisch.

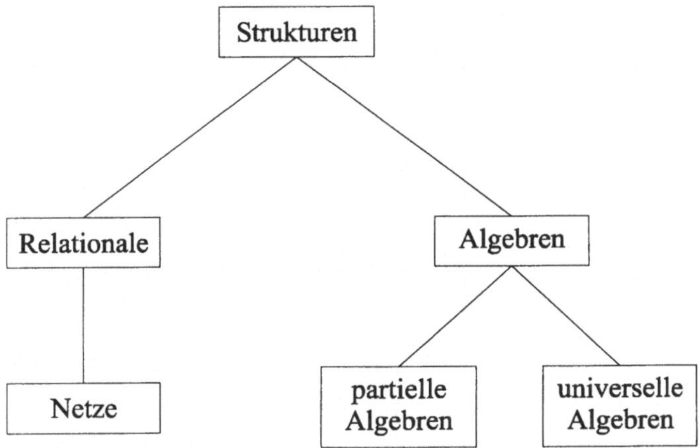

Abbildung 4.1:   Strukturhierarchie der Modelltheorie

4.1.2   Systemtheorie

Der im vorangegangenen Abschnitt vorgestellte Strukturbegriff der Modelltheorie beinhaltet nur Strukturen erster Ordnung, d. h. die Basismenge A kann nicht ihrerseits wieder eine Struktur haben. Diese Einschränkung stellt hohe Anforderungen an den Modellierer, weil er alle relevanten Zusammenhänge zwischen allen beteiligten Objekten auf einer Ebene beschreiben muß, d. h. er kann sein Modellierungsproblem nicht in Teilprobleme dekomponieren. Es ist also notwendig, einen Strukturbegriff höherer Ordnung einzuführen, ohne die Allgemeinheit der Strukturen erster Ordnung zu zerstören, damit über die heterogenen Problemfelder in verschiedenen Zweigen der Wissenschaft hinweg ein gemeinsamer Nenner für die Modellbildung existiert. Vielen Disziplinen gemein ist, daß Objekte und deren Beziehungen untereinander und zur Umwelt untersucht werden. Faßt man Objekte (eventuell heterogener Natur) und deren Beziehungen untereinander zusammen, so gelangt man zum Begriff des *„Systems"*. Betrachtet man dann noch die Umwelt als eigenständiges System (dessen Aufbau in der Regel nicht betrachtet wird) und erlaubt man die Aggregation von Teilsystemen[5], die ebenfalls untereinander verbunden sind, zu größeren Systemen, dann stellen Systeme genau die gewünschten Strukturen höherer Ordnung dar (siehe Abbildung 4.2). Dieser Systembegriff soll nun im folgenden formalisiert werden.

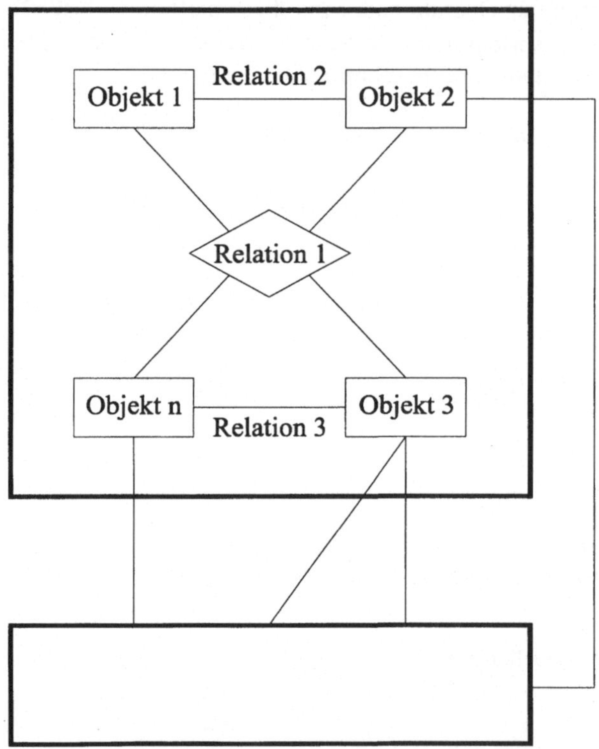

Abbildung 4.2:   Allgemeines System

---

[5]   bzw. (top-down) die Dekomposition von Systemen in Teilsysteme auf jeder Ebene der Beschreibung

Formal ist ein *System*[6] S ein Quadrupel $S = (\alpha, \varphi, \sigma, \pi)$ bestehend aus

$\alpha = \{ A_i \}$	einer Menge von *Attributen*,
$\varphi = \{ F_j \}$	einer Menge von *Funktionen*,
$\sigma = \{ S'_k \}$	einer Menge von *Subsystemen* und
$\pi = \{ P_m \}$	einer Menge von *Relationen*, der sogenannten Struktur[7].

Ein *Attribut* A_i ist eine nichtleere Menge von Eigenschaftsausprägungen. Attribute, die in Relation mit der Außenwelt stehen (d. h. mit Attributen, die nicht zu S gehören), heißen *Inputs* (*I*) bzw. *Outputs* (*O*). Attribute ohne Beziehung zur Umwelt nennt man *Zustände* (*Z*).

Eine *Funktion*[8] F_j ist eine Teilmenge des kartesischen Produktes von Attributen[9]:

$$F_j \subset \times A_i.$$

Ausgezeichnete Funktionen sind der Tabelle 4.1 zu entnehmen[10].

Inputfunktion	Funktion über Inputs	$F_I \subset \times I_i$
Outputfunktion	Funktion über Outputs	$F_O \subset \times O_i$
Zustandsfunktion	Funktion über Zuständen	$F_Z \subset \times Z_i$
Überführungsfunktion	Funktion über Inputs und Zuständen	$F_{\ddot{U}} = Z_i \times I_i \rightarrow Z_i$
Ergebnisfunktion	Funktion über Inputs und Outputs	$F_E = Z_i \times I_i \rightarrow O_i$
Markierungsfunktion	Funktion über Zuständen und Outputs	$F_M = Z_i \times Z_i \rightarrow O_i$

Tabelle 4.1: Systemfunktionen

Ein *Subsystem* S'_k ist wiederum ein System[11]. Die Systemdefinition ist mithin rekursiv.

6	vgl. ROPOHL 1979, S. 57 f.
7	Man beachte, daß der Begriff „Struktur" in der Systemtheorie nur die relationale Komponente bezeichnet, weil diese einen Graphen aufspannt, während hingegen in der Modelltheorie „Struktur" auf das gesamte Gebilde aus Basismenge, Funktionen und Relationen referiert. Ein System ist also eine Meta-Struktur im modelltheoretischen Sinne.
8	Eine Funktion in der allgemeinen Systemtheorie ist im strengen mathematischen Sinne eigentlich eine Relation.
9	vgl. ROPOHL 1979, S. 58
10	vgl. ROPOHL 1979, S. 58
11	vgl. ROPOHL 1979, S. 58

Eine *Relation* P_m modelliert die Beziehungen zwischen den Subsystemen S'_k des Systems S. Da diese Subsysteme wiederum Tupel (α', φ', σ', π') darstellen, ist es mathematisch nicht sehr elegant, die Relation direkt über diesen Subsystemen zu definieren. Statt dessen stellt man die Beziehung über die Attribute der Subsysteme her. Bezeichnet man also mit A'_{ki} das i-te Attribut des k-ten Subsystems, dann ist eine Relation P_m zwischen n Subsystemen gegeben als[12]

$$P_m \subset \times A'_{k,\,i(k)}.$$

Funktionen stellen also Beziehungen *innerhalb* eines Systems dar, Relationen hingegen sind Beziehungen *zwischen* Systemen.

Darüber hinaus kann man noch Begriffe wie Kopplung zwischen Subsystemen, Umgebung eines Systems, Supersystem und Systemhierarchie definieren. Der interessierte Leser sei dazu auf ROPOHL 1979 verwiesen.

Abbildung 4.3 gibt den Aufbau eines Systems grafisch wieder.

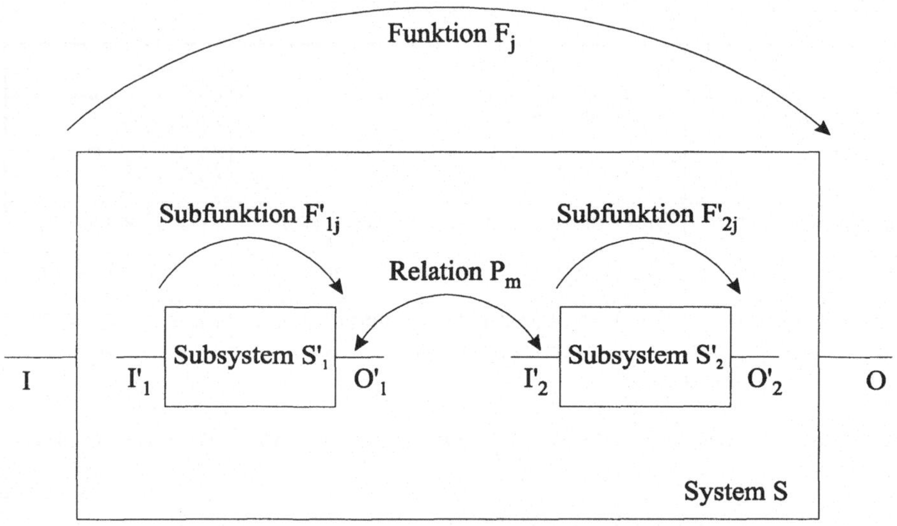

Abbildung 4.3:   Aufbau eines Systems (in Anlehnung an ROPOHL 1979, S. 64)

Ein einfaches Beispiel für ein statisches System ist eine Straße mit einer Kreuzung und einer Einmündung[13] (siehe Abbildung 4.4).

---

[12]   vgl. ROPOHL 1979, S. 59
[13]   Ein ähnliches Beispiel findet man bei PICHLER 1975, S. 28 f.

Gesamtsystem

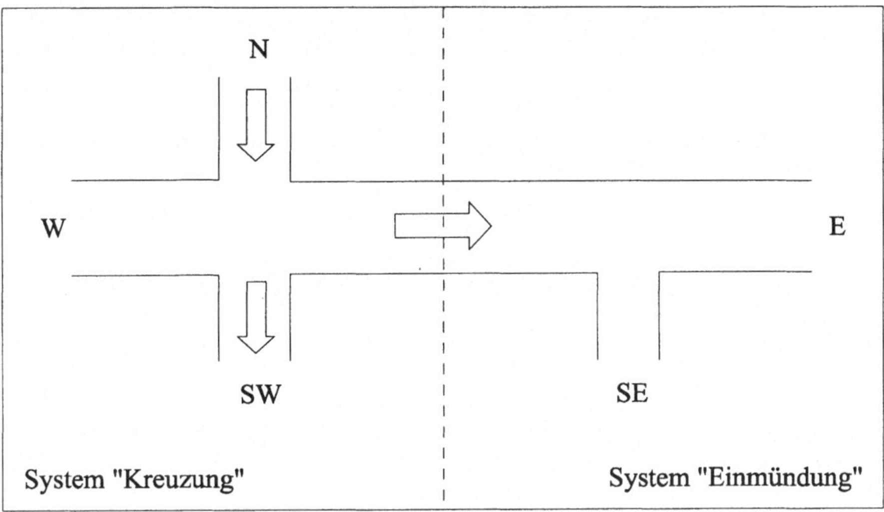

Abbildung 4.4:   Eine Straße mit Kreuzung und Einmündung

Die Hauptstraße verläuft horizontal und ist eine Einbahnstraße mit Verkehr von West nach Ost. Die kreuzende Straße kann nur von Norden nach Süden befahren werden. Um eine Verwechslung des „O" für Output mit dem für Osten zu vermeiden, sind die Himmelsrichtungen in Englisch.

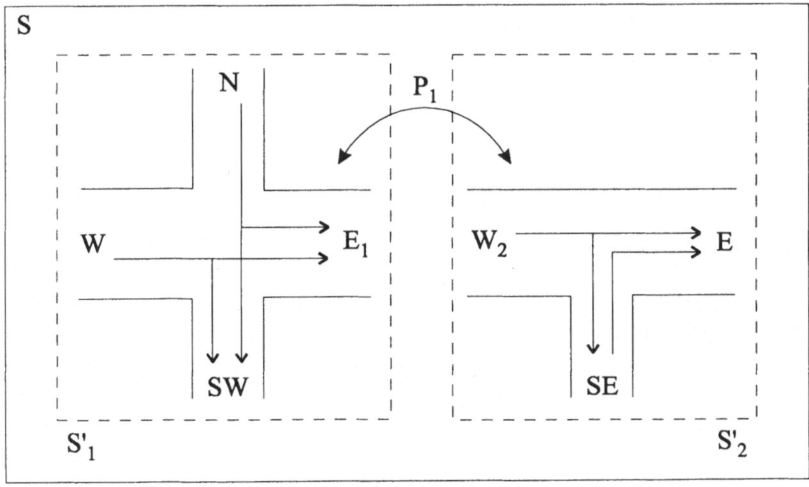

Abbildung 4.5:   Aufteilung des Systems „Hauptstraße" (S) in die Teilsysteme „Kreuzung" (S'_1) und „Einmündung" (S'_2)

Um die Beschreibung des Systems zu vereinfachen, kann man es entlang der gestrichelten Linie „aufschneiden" und somit in die beiden Teilsysteme „Kreuzung" (S'_1) und „Einmündung" (S'_2) zerlegen (siehe Abbildung 4.5). Die Verbindungen zur Umgebung sind entsprechend ihrer Himmelsrichtung gekennzeichnet.

Der Input in das (gesamte) System besteht aus den Stellen, an denen der Verkehr von außen in das System eintreten kann, also

$I = \{$ W, N, SE $\}$.

Analog dazu besteht der Output aus den Orten, an denen die Fahrzeuge das System verlassen können:

$O = \{$ SW, SE, E $\}$.

Für die Teilsysteme $S'_1 = (\{I'_1, O'_1\}, \{F'_1\}, \varnothing, \varnothing)$ und $S'_2 = (\{I'_2, O'_2\}, \{F'_2\}, \varnothing, \varnothing)$ gilt dann entsprechend:

$I'_1 = \{$ N, W $\}$	$I'_2 = \{$ W$_2$, SE $\}$
$O'_1 = \{$ SW, E$_1$ $\}$	$O'_2 = \{$ E, SE $\}$

Die Übergangsfunktionen zwischen Inputs und Outputs der Teilsysteme geben an, von welchem Eingang aus welcher Ausgang erreichbar ist. Sie lauten:

$F'_1 = \{$ (W, E$_1$), (W, SW), (N, SW), (N, E$_1$) $\}$	$F'_2 = \{$ (W$_2$, E), (W$_2$, SE), (SE, E) $\}$

Die Relation P_1 regelt den Verkehr zwischen den Teilsystemen:

$$P_1 \subset O'_1 \times I'_2$$
$$P_1 = \{ (E_1, W_2) \}$$

Die Übergangsfunktion F für das gesamte System

$$S = (\{I, O\}, \{F\}, \{S'_1, S'_2\}, \{P_1\})$$

beschreibt dann alle möglichen Verbindungen. Sie setzt sich zusammen aus dem Verkehr über die Schnittstelle (linker Term) und denjenigen Fahrzeugen, die im selben Teilsystem ein- und austreten (Term in eckigen Klammern):

$$F = F'_1 \circ P_1 \circ F'_2 \cup [(F'_1 \cup F'_2) \cap (I \times O)].$$

Zur Evaluation von F werden zunächst die beiden Kompositionen ausgerechnet (1), dann der Term in eckigen Klammern (2) und schließlich die Vereinigung (3):

(1) $F'_1 \circ P_1 = \{ (W, W_2), (N, W_2) \}$

$\{ (W, W_2), (N, W_2) \} \circ F'_2 = \quad \{ (W, E), (N, E), (W, SE), (N, SE) \}$

(2) $(F'_1 \cup F'_2) \cap (I \times O) = \{ (W, SW), (N, SW), (SE, E) \}$

(3) $F = \{ (W, E), (N, E), (W, SE), (N, SE), (W, SW), (N, SW), (SE, E) \}$

Ein einfaches dynamisches System stellt z. B. ein Kaffeeautomat dar. Er möge eine
Taste für Kaffee und eine für Cappuccino besitzen. Der Preis beträgt 1 Münze für
Kaffee, und 2 Münzen für Cappuccino. Die Überführungsfunktion dieses Automaten
ist in Tabelle 4.2 wiedergegeben. Die negativen Zahlen geben die Anzahl noch einzu-
werfender Münzen an.

Zustand \ Input	Münze	Taste „Kaffee"	Taste „Cappuccino"
Bereit	1 Münze	Kaffee -1	Cappuccino -2
1 Münze	2 Münzen	Bereit	Cappuccino -1
2 Münzen	2 Münzen	Bereit	Bereit
Kaffee -1	Bereit	Kaffee -1	Cappuccino -2
Cappuccino -1	Bereit	Bereit	Cappuccino -1
Cappuccino -2	Cappuccino -1	Kaffee -1	Cappuccino -2

Tabelle 4.2:   Überführungsfunktion des Kaffeeautomaten

Die Tabelle 4.2 ist so zu lesen: Zu Beginn ist der Automat im Zustand „Bereit". Be-
tätigt man die Taste „Cappuccino", dann gelangt man (siehe 1. Zeile, letzte Spalte) in
den Zustand „Cappuccino -2", d. h. der Kunde wünscht Cappuccino, und es fehlen
noch 2 Münzen. Wirft man daraufhin eine Münze ein, dann geht das System (siehe
letzte Zeile, 1. Spalte) in den Zustand „Cappuccino -1" über, d. h. es fehlt nur noch
eine Münze. Falls der Kunde keine weitere Münze hat, könnte er nun auf die Taste
„Kaffee" drücken und der Automat wechselte (unter Ausgabe eines Kaffees, siehe
Tabelle 4.3) in den Anfangszustand „Bereit" zurück.

Aus der Überführungsfunktion läßt sich lediglich ableiten, in welchem Zustand sich
das System befindet. Sie macht keine Aussage über die Ausgaben, die der Automat
vornimmt. Diese Information kann man der Ergebnisfunktion entnehmen. Je nach
Zustand und Eingabe gibt sie an, ob ein Getränk ausgegeben wird, ob zuviel gezahlte
Münzen zurückgegeben werden oder ob keine Ausgabe stattfindet. Die Ergebnisfunktion für den Kaffeeautomaten faßt Tabelle 4.3 zusammen.

Zustand \ Input	Münze	Taste „Kaffee"	Taste „Cappuccino"
Bereit			
1 Münze		Kaffee	
2 Münzen	Münze	Kaffee + Münze	Cappuccino
Kaffee -1	Kaffee		
Cappuccino -1	Cappuccino	Kaffee	
Cappuccino -2			

Tabelle 4.3:   Ergebnisfunktion des Kaffeeautomaten

Zum besseren Verständnis der beiden Tabellen 4.2 und 4.3 sei noch einmal auf folgendes hingewiesen:

- Tabelle 4.2 enthält *Zustände*,

- Tabelle 4.3 enthält *Outputs* !

Ansonsten ist der Aufbau der Tabellen gleich.

Neben der auf den vergangenen Seiten vorgestellten allgemeinen Systemtheorie gibt es je nach Erkenntnisziel in den verschiedenen Disziplinen auch noch spezielle Systemtheorien. Die beiden wichtigsten Vertreter sind dabei die *funktionale* und die *strukturale* Systemtheorie.

Die *funktionale* Systemtheorie ist streng formal und findet vorwiegend in den Naturwissenschaften Anwendung. Sie konzentriert sich, wie der Name bereits andeutet, auf die Systemfunktionen und reduziert damit ein System auf sein Input-Output-Verhalten unter Vernachlässigung interner Systemzustände[14]. Dieser Ansatz ist auf den Umstand zurückzuführen, daß in den naturwissenschaftlich-technischen Disziplinen häufig Systeme untersucht werden, deren interne Zustände nicht direkt beobachtbar sind. Aus diesem Grund versucht man z. B. durch Messung von Eingangswerten und den dazugehörigen Ausgangswerten die Übergangsfunktion[15] zu ermitteln, in der Regel durch Regression mit der vermuteten Systemcharakteristik[16]. Ein wichtiges Anwendungsfeld

---

[14]   zur Theorie allgemeiner Input-Output-Systeme siehe PICHLER 1975, S. 22 ff.

[15]   d. h. die Funktion von Inputs in Outputs $g: I \rightarrow O$

[16]   Z. B. könnte man in einer ersten Näherung für den Temperaturverlauf nach dem Einschalten eines Ofens eine asymptotische e-Kurve annehmen (sogenannte PT1-Charakteristik). Eine genauere Messung ergäbe dann vielleicht eine anfängliche Zeit ohne Temperatursteigerung (sogenannte Totzeit), die eher einen PT2-Verlauf nahelegt, usw.

für diese Form der Systemtheorie ist z. B. die (physikalische) Signaltheorie[17]. In der Betriebswirtschaft kommt die funktionale Systemtheorie in erster Linie im Rahmen der sogenannten Betriebskybernetik[18] zum Einsatz.

Die *strukturale* Systemtheorie hingegen betont die internen Zusammenhänge (Relationen) eines Systems, also deren Struktur. Sie herrscht vor allem in den Geistes- und Gesellschaftswissenschaften vor und verzichtet häufig auf eine formale Darstellung der Beziehungen[19]. Dies liegt darin begründet, daß die Komponenten des Systems (z. B. Parteien einer Gesellschaft oder Abteilungen eines Unternehmens) zwar beobachtet werden können, aber keine vollständige Beschreibung des Systemzustandes möglich ist (zu viele Zustandsvariablen) und/oder Zustandsvariablen nicht oder nur sehr schwer meßbar sind. Daher begnügt man sich in diesen Disziplinen mit qualitativen Aussagen über Systemzusammenhänge. Funktionale Aspekte sind in der strukturalen Systemtheorie auch vorhanden, jedoch hat hier der Funktionsbegriff eine andere Bedeutung. Während er in der allgemeinen und funktionalen Systemtheorie deskriptiven Charakter hat, wird er in der strukturalen Systemtheorie im teleologischen Sinne benutzt. Zur Erläuterung des Unterschieds soll das folgende Beispiel dienen.

Ein Naturwissenschaftler würde die Funktion eines Geldautomaten in etwa folgendermaßen beschreiben (deskriptiv):

„Die Inputs Scheckkarte, Geheimnummer und Angabe des gewünschten Geldbetrags werden transformiert in den Output des geforderten Betrags bei gültigen Eingabedaten."

Ein Betriebswirtschaftler hingegen verstünde wahrscheinlich unter der Funktion dieses Automaten eher den Nutzen, den dieser der „Umwelt" stiftet (teleologisch):

„Die Funktion des Geldautomaten ist die Bereitstellung von Bargeld rund um die Uhr über die üblichen Schalterzeiten hinaus. Daraus resultieren ein verbesserter Kundenservice und eine Entlastung des Schalterpersonals (eventuell Einsparung von Personalkosten)."

Nach diesem allgemeinen Überblick über Modell- und Systemtheorie ist der Gegenstand der nächsten beiden Abschnitte 4.2 und 4.3 die Vorstellung von Modellen nebenläufiger Systeme. Dort wird sowohl der Modellbegriff (z. B. in den algebraischen Theorien des Abschnitts 4.3) als auch der Systembegriff (z. B. bei den Transitionssystemen in 4.2.3 und 4.2.4) eine bedeutende Rolle spielen.

---

[17]   vgl. z. B. UNBEHAUEN 1993
[18]   vgl. z. B. SCHIEMENZ 1982
[19]   vgl. z. B. KRIEGER 1996

4.2   Modelle auf der Basis relationaler Strukturen (Netze)

In Abschnitt 4.1.1 wurde bereits erwähnt, daß die Struktur $\langle A; \varnothing, R \rangle$ als Relational oder Netz bezeichnet wird. Netze können ebensogut auch systemtheoretisch als „flache" Systeme betrachtet werden, deren Attributmenge nur aus einem Attribut, nämlich der Basismenge, besteht. Subsysteme existieren nicht:

Netz = ($\{A\}, R, \varnothing, \varnothing$).

Abschnitt 4.2.1 führt den Netzbegriff anhand eines gängigen Beispiels aus dem Bereich der Wirtschaftsinformatik ein. Für die Modellierung nebenläufiger Prozesse werden dann in 4.2.2 zunächst die Kahn-Netze, und in 4.2.3 und 4.2.4 schließlich die globalen bzw. lokalen Transitionssysteme vorgestellt.

4.2.1   Einführung

Im Bereich der Datenmodellierung sind die sogenannten *ER-Diagramme*[20] die bedeutendste Anwendung von Netzen. Da sie in der Wirtschaftsinformatik weit verbreitet und somit hinlänglich bekannt sind, stellen sie ein geeignetes Beispiel zur Einführung des Netzbegriffes dar. Formal entstehen ER-Diagramme, indem man die Basismenge A eines allgemeinen Netzes als Menge von Entitäten E auffaßt. ER-Diagramme sind also nur eine semantische Spezialisierung von allgemeinen Netzen, syntaktisch besteht kein Unterschied:

ER-Diagramm = $\langle E; \varnothing, R \rangle$.

Als Beispiel für ein ER-Diagramm seien die Entitäten *Kunde*, *Lieferant* und *Ware* angeführt:

E = { *Kunde, Lieferant, Ware* }.

Sie stehen in den Beziehungen „*liefert*" und „*besitzt*":

R = { *liefert, besitzt* }.

„*liefert*" ist dabei eine ternäre Relation über allen Entitäten (ein Lieferant liefert eine Ware an einen Kunden), „*besitzt*" hingegen ist nur eine binäre Relation zwischen *Ware* und *Kunde* (bzw. auch zwischen *Ware* und *Lieferant*):

liefert $\subset$ *Lieferant* $\times$ *Ware* $\times$ *Kunde*

---

20   Entity-Relationship (vgl. CHEN 1979)

besitzt $\subset$ (*Lieferant* $\times$ *Ware*) $\cup$ (*Kunde* $\times$ *Ware*)

Das dazugehörige ER-Diagramm zeigt Abbildung 4.6.

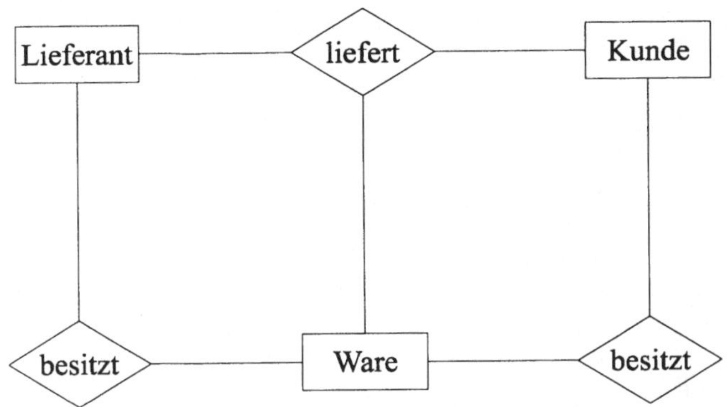

Abbildung 4.6:   Beispiel für ein ER-Diagramm

4.2.2   Kahn-Netze

Nach dem einführenden Beispiel des letzten Abschnitts soll nun auf die Netzmodelle eingegangen werden, die der eigentliche Gegenstand der Betrachtung sind: Netze nebenläufiger Systeme. Den Anfang macht dabei das einfachste Modell für Nebenläufigkeit, die sogenannten *Kahn-Netze*[21] von Gilles Kahn. Die Knoten des Netzes werden durch Funktionen beschrieben, die Kanten stellen die Datenflüsse zwischen Knoten dar. Eine Funktion (ein Knoten) kann, wie in der Mathematik auch, beliebig viele Parameter (Eingangsdatenströme) haben, aber nur einen Funktionswert (Ausgangsdatenstrom). Rückkopplungen im Netzwerk sind dabei erlaubt. Dadurch kann mit diesen Netzen eine nicht triviale Klasse von Systemen modelliert werden. Das Verhalten des gesamten Systems kann nun errechnet werden, indem man die Funktionsgleichungen für jeden ausgehenden Datenstrom aufstellt und das resultierende Gleichungssystem löst. Für das System S aus Abbildung 4.7 lautet das Gleichungssystem mit 2 Gleichungen und 2 Unbekannten (h, z):

$$\left| \begin{array}{l} h = F_2(\, x, F_1(\, h, y\,)\,) \\ z = F_3(\, h, F_1(\, h, y\,)\,) \end{array} \right.$$

Sind die Funktionen F_1, F_2 und F_3 bekannt, so kann hieraus die Systemgleichung

$$z = S(\, x, y\,)$$

---

leicht ermittelt werden.

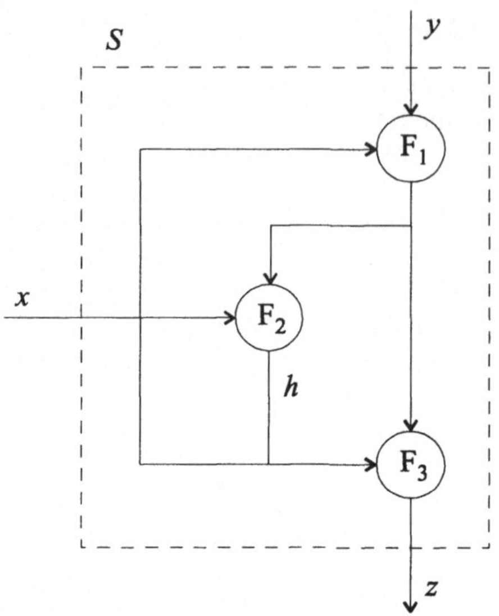

Abbildung 4.7:   Kahn-Netz nach MILNER 1985, S. 9

Ein Beispiel für ein einfaches Kahn-Netz enthält Abbildung 4.8. Dieses Netz erzeugt exakt die Menge aller natürlichen Zahlen. Dieselbe Menge wird in Abschnitt 4.3.1 auf algebraische Art definiert (Peano-Algebra). Dies ermöglicht es, die beiden konkurrierenden Ansätze, nämlich „Netze" und „Algebren", miteinander zu vergleichen.

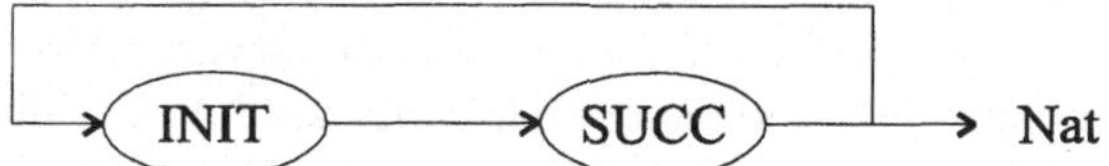

Abbildung 4.8:   Kahn-Netz für die natürlichen Zahlen

Die Gleichungen für die Funktionen in den beiden Knoten sind[22]:

$$\text{INIT}(x) \quad = 0 \, . \, x$$

$$\text{SUCC}(x) \quad = \text{first}(x) + 1 \, . \, \text{SUCC}(\text{rest}(x))$$

Dabei ist:

first(x . y) = x,
rest(x . y) = y.

---

[22]   Die Elemente der Datenströme werden durch Punkte getrennt.

Die Gleichung für das System „Nat" der natürlichen Zahlen kann man nun einfach aus Abbildung 4.8 ablesen. Sie ergibt sich aus der Aneinanderreihung von „INIT" (Initialisiere mit 0) und „SUCC" (Nachfolger = successor) mit einer Rückkopplung zu „INIT":

Nat = SUCC(INIT (Nat))

Diese rekursive Gleichung soll nun durch iteratives Einsetzen für die ersten Glieder der Folge gelöst werden („first" bezeichnet dabei das erste Glied einer Folge, „rest" die übrige Sequenz):

$$
\begin{aligned}
\text{Nat} \quad &= \text{SUCC(INIT (Nat))} &&\mid \text{INIT(Nat) = 0 . Nat} \\
&= \text{SUCC(0 . Nat)} &&\mid \text{SUCC}(x) = \ldots \\
&= \text{first[0 . Nat] + 1 . SUCC[rest(0 . Nat)]} \\
&= 0 + 1 . \text{SUCC(Nat)} \\
&= 1 . \text{SUCC(Nat)} &&\mid \text{Nat = SUCC(INIT(Nat))} \\
&= 1 . \text{SUCC(SUCC(INIT(Nat)))} &&\mid \text{SUCC(INIT(Nat)) = } \ldots \\
& &&\text{sh. erste und fünfte Zeile} \\
&= 1 . \text{SUCC(1 . SUCC(Nat))} &&\mid \text{SUCC}(x) = \ldots \\
&= 1 . \text{first[1.SUCC(Nat)] +} \\
&\quad\ \ 1 . \text{SUCC(rest[1.SUCC(Nat)])} \\
&= 1 . 1 + 1 . \text{SUCC(SUCC(Nat))} \\
&= 1 . 2 . \text{SUCC(SUCC(Nat))} &&\mid \text{in analoger Weise} \\
&= 1 . 2 . 3 . \text{SUCC(SUCC(SUCC(Nat)))} &&\mid \text{usw.} \\
&= 1 . 2 . 3 . 4 . 5 \ldots &&\text{q. e. d.}
\end{aligned}
$$

Wie bereits erwähnt, wird also genau die Menge aller natürlichen Zahlen von dem Kahn-Netz in Abbildung 4.8 erzeugt. Dieses einfache Beispiel deutet bereits an, daß eine Reihe von Systemen elegant mit Kahn-Netzen modelliert werden kann. Um diesen Typ von Netzen aber mit anderen vergleichen zu können, muß man die Modellierung von Nebenläufigkeit bei Kahn-Netzen der bei anderen Netzen (z. B. bei Transitionssystemen) gegenüberstellen.

Bei den Kahn-Netzen wird Nebenläufigkeit durch Nicht-Determinismus modelliert. Dies wird erreicht, indem Daten aus mehreren Leitungen an einem Knoten zusammentreffen können. Um das Datum, das als nächstes verarbeitet wird, zu bestimmen, muß der Knoten also auf nicht-deterministische Weise zwischen den Leitungen wählen. Dies wiederholt sich beim nächsten Datum auf die gleiche Art usw.

Bei den Transitionssystemen hingegen wird Nebenläufigkeit durch Unabhängigkeit ausgedrückt. Bei den globalen Transitionssystemen (siehe nächsten Abschnitt) wird

diese durch die Einführung von Teilzuständen erreicht, bei Petrinetzen durch lokale
Transitionen (siehe Abschnitt 4.2.4).

4.2.3   Globale Transitionssysteme

Für die Modellierung nebenläufiger Prozesse sind Transitionssysteme[23] von großer
Bedeutung. Ein *Transitionssystem* (labeled transition system) besteht aus einer Menge
von *Zuständen* Q, einem ausgezeichneten Zustand q_0 (Startzustand), einer Menge von
Ereignissen Σ und einer Transitionsrelation Δ:

$$TS = (\, Q, q_0, \Sigma, \Delta\,),$$

$$q_0 \in Q,$$

$$\Delta \subset Q \times (\Sigma \cup \{\varepsilon\,\}) \times Q.$$

Eine *Transition*

$$q \xrightarrow{\ \sigma\ } q' \ \text{mit}\ (\, q, \sigma, q'\,)$$

bedeutet also, daß das System bei Eintritt des Ereignisses σ vom Zustand q in den Zustand q' übergeht. „ε" ist dabei das „leere" Ereignis und beschreibt einen nicht-deterministischen Übergang, d. h. das System kann eine ε-Transition jederzeit ohne äußeren
Anlaß (also ohne den Eintritt eines Ereignisses) vollführen. Abbildung 4.9 zeigt ein
einfaches Transitionssystem. Für ein anschaulicheres Beispiel sei auf den Kaffeeautomaten des Abschnitts 4.1.2 verwiesen, dem ein Transitionssystem zugrundeliegt
(man vernachlässige die Ergebnisfunktion).

Eine mögliche Sequenz von Übergängen des Systems aus Abbildung 4.9 wäre:

$$q_0 \xrightarrow{\ \varepsilon\ } q_3 \xrightarrow{\ \sigma\ } q_3 \xrightarrow{\ \sigma\ } q_4 \xrightarrow{\ \rho\ } q_0 \ \cdots$$

Die Folge von Ereignissen einer solchen Übergangsfolge nennt man eine „Spur"
(trace) des Systems. Dabei wird das leere Ereignis nicht mitgezählt:

$$\sigma\,\sigma\,\rho \ \cdots$$

Jede Spur stellt also einen Aspekt des Systemverhaltens[24] dar, nämlich einen möglichen „Ablauf" dieses Systems. Die Menge aller möglichen Spuren eines Systems
beschreibt somit das System exakt und vollständig[25].

---

[23]   vgl. WINSKEL und NIELSEN 1993, S. 8 ff.

[24]   vgl. Abschnitt 4.4.2

[25]   vgl. die Trace-Theorie nach MAZURKIEWICZ 1984

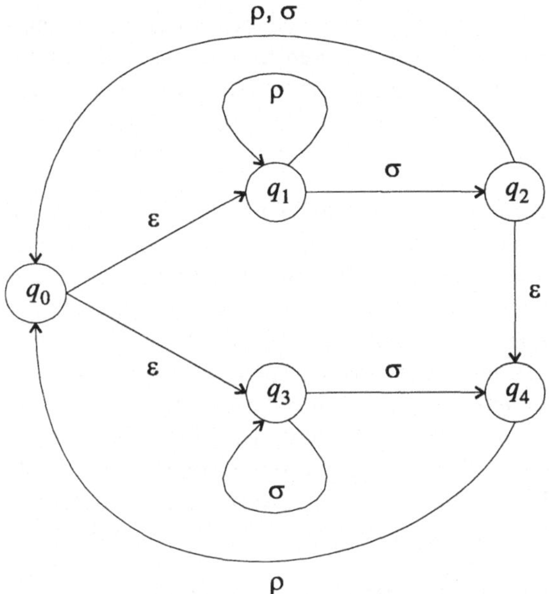

Abbildung 4.9:   Globales Transitionssystem

Um Nebenläufigkeit adäquat zu modellieren, müssen die gewöhnlichen Transitionssysteme allerdings zu *nebenläufigen Transitionssystemen* (concurrent transition
systems, CTS[26]) erweitert werden. Man nehme z. B. einmal an, die Ereignisse *a* und *b*
seien nebenläufig, d. h. sie können unabhängig voneinander geschehen (vgl. Abbildung 4.10).

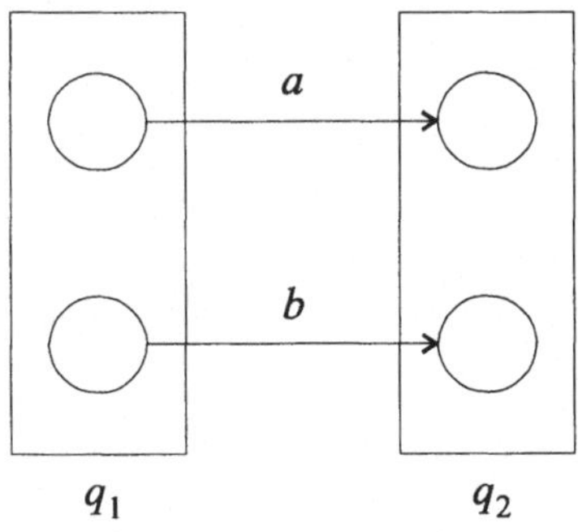

Abbildung 4.10:   Unabhängige Ereignisse

---

[26]   vgl. STARK 1989

Zu Beginn befindet sich das System in Zustand q_1, hier angedeutet durch die Zusammenfassung der beiden Teilzustände. Findet eines der beiden Ereignisse, z. B. *a* statt, dann wechselt das obere Teilsystem in den Teilzustand von q_2. Aber erst wenn beide Ereignisse eingetreten sind (egal in welcher Reihenfolge), befindet sich das System vollständig in Zustand q_2.

Diese Idee der Teilzustände und der dadurch bedingten lokalen Transitionen wird im nächsten Abschnitt bei der Behandlung der Petrinetze noch einmal aufgegriffen. Hier soll jedoch angestrebt werden, ohne eine solche Aufteilung von Zuständen auszukommen. De facto bedeutet dies, daß die Parallelität der Ereignisse in sequentieller Form dargestellt werden muß. Vernachlässigt man den Fall, daß die beiden Ereignisse gleichzeitig auftreten (*co-occurrence*), so gibt es für das Beispiel aus Abbildung 4.10 nur zwei Möglichkeiten, *a* und *b* sequentiell zu reihen: Entweder tritt zuerst *a* ein und dann *b* oder umgekehrt. Bei längeren, nebenläufigen Sequenzen wächst allerdings die Anzahl möglicher Anordnungen exponentiell. Dennoch ist dieses sogenannte „*Interleaving*" die Basis vieler Modelle nebenläufiger Prozesse[27], weil die Reduktion von parallelen auf sequentielle Strukturen zu eleganten mathematischen Modellen führt.

In CTS wird dieses Interleaving über den Residualoperator „$\downarrow$" eingeführt:

$$a \downarrow b$$

bedeutet dabei z. B.: *a* nach *b*. Für den in Abbildung 4.10 gezeigten Fall ergibt sich dann das CTS-Netz aus Abbildung 4.11.

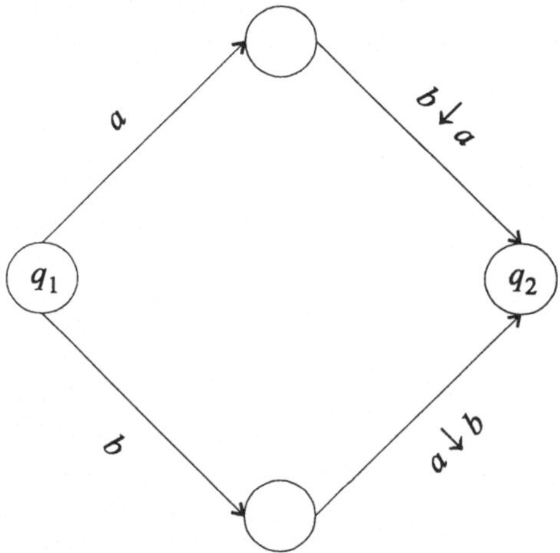

Abbildung 4.11:   CTS-Netz für unabhängige Ereignisse „*a*" und „*b*"

---

[27]   vgl. z. B. auch die algebraischen Methoden in Abschnitt 4.3.4

Bei der hier dargestellten Formen von Transitionssystemen werden, wie bereits erwähnt, die Elemente von Σ als Ereignisse gedeutet. Betrachtet man diese Elemente jedoch als „elementare Aktionen", so sind Transitionssysteme auch hervorragend geeignet, um bei algebraischen Modellen die Semantik von Prozessen operational zu definieren. Der Startzustand des Transitionssystems entspricht dann dem gesamten Prozeß. Durch die Ausführung einer elementaren Aktion geht dieser Prozeß in einen neuen Prozeß über usw. (siehe Abschnitt 4.3.5.2).

Transitionssysteme stellen seit Beginn der Erforschung nebenläufiger Systeme die bedeutendste Klasse von Modellen dar. Da jedoch die kombinatorische Explosion von Interleaving-Varianten die Übersichtlichkeit von globalen (CTS-)Netzen stark negativ beeinflußt, stellen insbesondere für die Modellierung praxisnaher Systeme die lokalen Transitions-Netze (z. B. Petrinetze) eine interessante Alternative dar. Allerdings darf nicht übersehen werden, daß die einzelnen Knoten dieser Netze nur Teilzuständen entsprechen und somit die Komplexität nur in die Analysephase[28] verlagert wird.

4.2.4   Lokale Transitionssysteme (Petrinetze)

Petrinetze gehen zurück auf die Dissertation „Kommunikation mit Automaten" von Carl Adam Petri[29] aus dem Jahre 1962. Heute subsumiert man unter diesem Begriff eine ganze Reihe von *lokalen Transitionssystemen* und den ihnen zugrundeliegenden Netzen wie z. B. Bedingungs/Ereignis-Systeme (B/E-Systeme), Stellen/Transitionen-Netze (S/T-Netze) und Netze höherer Ordnung mit Individuen als Marken wie z. B. die Prädikat/Ereignis-Netze. Die beiden folgenden Abschnitte stellen die B/E-Systeme (4.2.4.1) und S/T-Netze (4.2.4.2) vor. Die Semantik dieser Netze ist dann Gegenstand von Abschnitt 4.2.4.3.

4.2.4.1   B/E-Systeme

Als einführendes Beispiel für die Modellierung mit Petrinetzen soll die Organisation einer *Bibliothek* dienen. Der Einfachheit halber sei angenommen, daß Bestellung, Abholung und Rückgabe von Büchern über drei separate Theken abgewickelt werden. Es existieren zwei Geschäftsprozesse, nämlich Ausleihe und Rückgabe. Intern bestehe die Bibliothek aus einem Bücherlager und einer Kartei entliehener Bücher. Von anderen Bibliotheksleistungen wie Vorbestellung, Recherche, Fernleihe etc. sei hier abgesehen. Die geschilderte Organisation wird durch das Netz der Abbildung 4.12 wiedergegeben.

---

[28]   d. h. die Berechnung des Markierungs- / Erreichbarkeitsgraphen
[29]   vgl. PETRI 1962

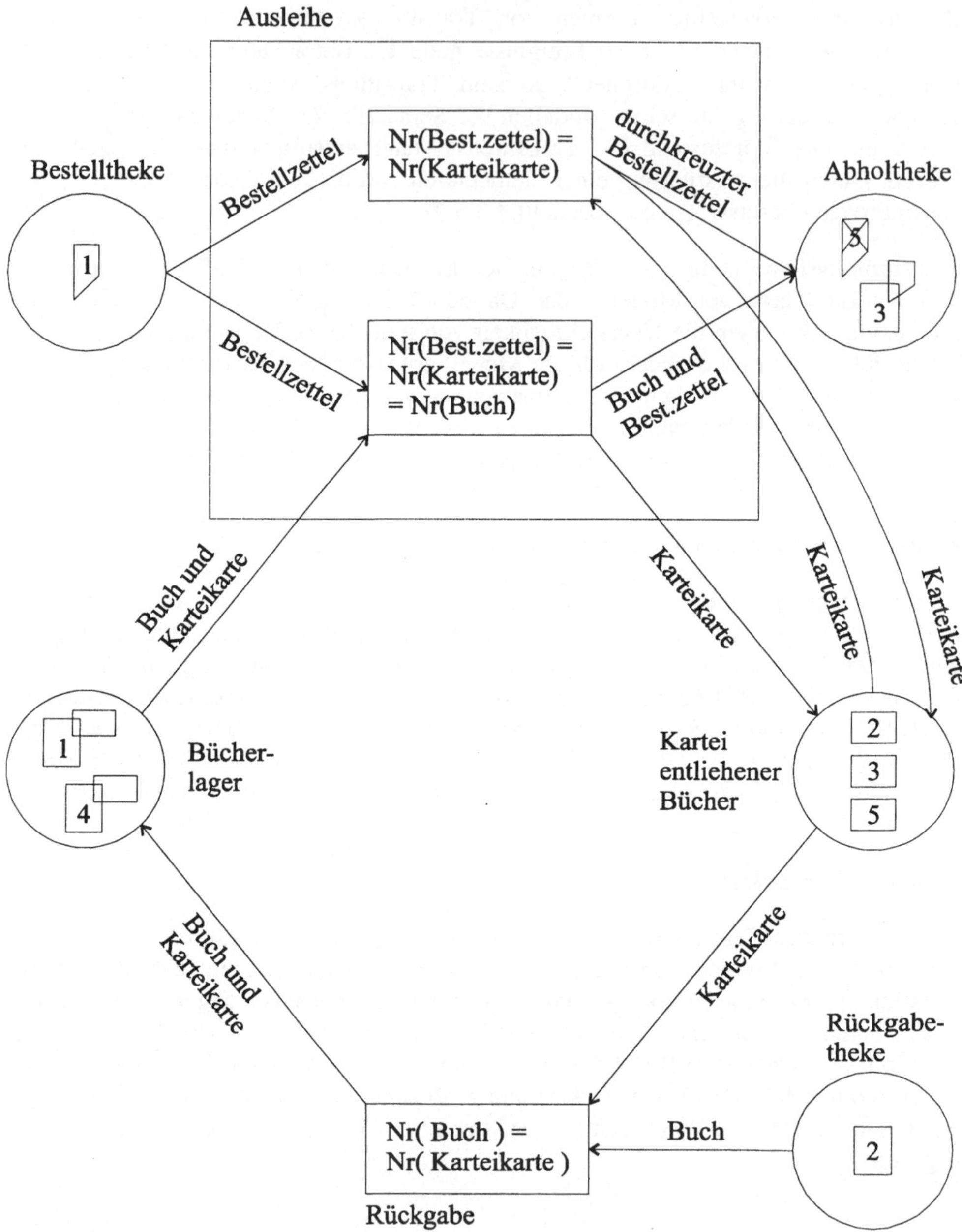

Abbildung 4.12:   Eine einfache Bibliotheksorganisation nach REISIG 1991b, S. 15

Hat ein Kunde einen Bestellzettel ausgefüllt, so gibt er ihn an der Bestelltheke ab. Diese ist wie die beiden anderen Theken, das Bücherlager und die Kartei eine sogenannte passive Komponente des Systems (eine „Stelle" in Petrinetz-Terminologie). Passive Komponenten werden grafisch durch Kreise dargestellt. Objekte, die sich in den Stellen befinden können, werden als „Marken" bezeichnet. Im Beispiel sind dies Bestellzettel, Karteikarten und Bücher. Auf die Abgabe des Bestellzettels hin wird nun der Geschäftsprozeß „Ausleihe" angestoßen. Dieser Prozeß besteht aus zwei „Transitionen", die den beiden Ereignissen „Buch ist am Lager" (untere Transition) und „Buch ist bereits entliehen" (obere Transition) entsprechen. Eine Transition ist eine aktive Komponente und wird durch ein Rechteck symbolisiert (manchmal auch nur durch einen Balken). Eine Transition kann „schalten" (oder „feuern"), wenn alle Vorbedingungen erfüllt sind, d. h., wenn alle Stellen, von denen eine Kante auf diese Transition weist, die notwendigen Marken enthalten.

Das Netz in Abbildung 4.12 stellt gewissermaßen eine Momentaufnahme dar. Zum abgebildeten Zeitpunkt sind die Bücher 1 und 4 noch am Lager, und 2 und 5 wurden bereits vor einiger Zeit ausgeliehen. Ein weiterer Kunde hat versucht, Buch 5 auszuleihen. Da es bereits entliehen ist, bekommt er den durchkreuzten Bestellzettel an der Abholtheke zurück. Des weiteren wurde soeben Buch 3 entliehen. Es liegt an der Abholtheke für den Entleiher bereit. Eine Bestellung für Buch 1 liegt vor und muß noch bearbeitet werden.

Da sowohl die Marken „Buch 1" und „Karteikarte 1" vorhanden sind (Stelle Bücherlager) als auch die Marke „Bestellzettel für 1" (Stelle Bestelltheke), sind die Vorbedingungen der unteren Transition erfüllt. Sie schaltet also und gibt die genannten Marken an die Ausgangsstellen weiter, und zwar das Buch 1 und den Bestellzettel an die Abholtheke und die Karteikarte 1 an die Kartei.

Marken	Erläuterung	Beispiel
einfache Marke (maximal 1)	Eine Stelle ist markiert oder unmarkiert, d. h. die zugehörige Bedingung ist wahr oder falsch.	Bedingungs/Ereignis-Systeme
einfache Marken (beliebig viele)	Eine Stelle enthält $n \geq 0$ gleichartige Marken.	Stellen-Transitionen-Netze
strukturierte Marken (beliebig viele)	Es existieren Marken verschiedener Art zur Repräsentation unterschiedlicher Objekte.	Prädikat/Transitionen-Netze

Tabelle 4.4:   Klassen von Petrinetzen

Das geschilderte Netz ist intuitiv leicht verständlich und macht den geneigten Leser sehr schnell mit den wesentlichen Grundzügen der Petrinetze vertraut. Aus formaler

Sicht jedoch handelt es sich bereits um ein Petrinetz höherer Ordnung mit strukturierten Marken. Die Gesamtheit aller Petrinetze kann man nach Art und Anzahl der Marken grob in drei Klassen einteilen (siehe Tabelle 4.4).

In *B/E-Systemen* repräsentiert jede Stelle eines Netzes eine *Bedingung*. Zu jedem Zeitpunkt ist eine Teilmenge der Gesamtheit aller Bedingungen erfüllt. Diese nennt man einen *Fall* (case c). Die Transitionen bedeuten Ereignisse (e). Ein *Ereignis e* kann in einem gegebenen Fall c eintreten, wenn die Vorbedingungen von e (eingehende Kanten der Transition) zu c gehören und die Nachbedingungen (ausgehende Kanten der Transition) nicht. Man sagt dann auch, e ist c-aktiviert. Durch das Schalten einer *aktivierten Transition* werden die Vorbedingungen unerfüllt und die Nachbedingungen erfüllt (Komplementbildung).

Formal ist das zugrundeliegende *B/E-Netz N* definiert als:

$$N = (B, E; F)^{30}.$$

Dabei ist:

B:	die Menge von Bedingungen,
E:	die Menge von Ereignissen und
$F \subset B \times E \cup E \times B$:	die Flußrelation (zwischen Bedingungen und Ereignissen).

Des weiteren sei festgelegt:

$\bullet e = \{ b \in B \mid (b, e) \in F \}$	ist der Vorbereich des Ereignisses e (die Vorbedingungen),
$e \bullet = \{ b \in B \mid (e, b) \in F \}$	ist der Nachbereich von Ereignis e (die Nachbedingungen),
$c \subset B$	ist ein Fall und

$$e \text{ ist } c\text{-aktiviert} \iff \bullet e \subset c \ \wedge \ e \bullet \subset B \setminus c.$$

Durch das Schalten einer Transition (Eintritt von Ereignis e) im Fall c entsteht der Folgefall c':

$$c' = (c \setminus \bullet e) \cup e \bullet.$$

Man schreibt dann:

$$c \,[e\rangle\, c'$$

und spricht „c geht durch e in c' über". Dieser Vorgang ist in Abbildung 4.13 grafisch dargestellt für $\{a, b\} \,[e\rangle\, \{c, d\}$.

---

30 Die folgenden Definitionen sind REISIG 1991b, S. 20 entnommen, außer Vor- und Nachbereich (a. a. O., S. 17).

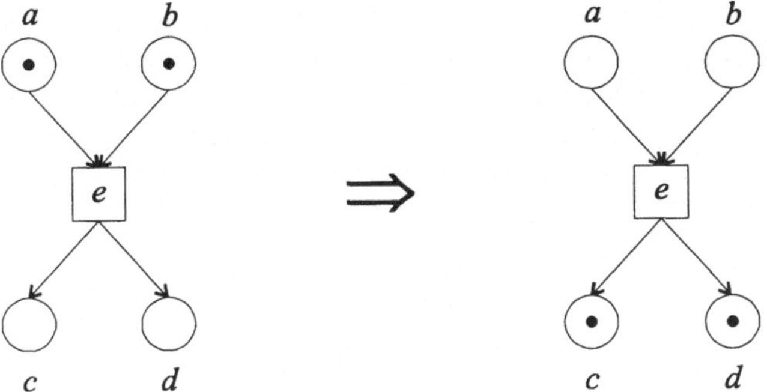

Abbildung 4.13:   Schalten einer Transition $\{a, b\}\ [e\rangle\ \{c, d\}$

Um von einem B/E-Netz zu einem *B/E-System* zu kommen[31], muß man lediglich noch eine sogenannte *Fallklasse C* angeben. Diese ist so zu wählen, daß sie eine Äquivalenzklasse der Erreichbarkeitsrelation R ist:

$$R = (\,r \cup r^{-1}\,)^{*},$$

$$r = \{\ (c_1, c_2)\ |\ c_1\,[G\rangle\,c_2\ \},$$

wobei G die Zusammenfassung unabhängiger Transitionen zu einem Schritt ist.

Bei gegebener Anfangsmarkierung gibt es nur genau ein C. Das entsprechende B/E-System ist dann also das 4-Tupel

$$S = (\,B, E;\ F, C\,).$$

In Abbildung 4.14 sind beispielhaft zwei bedeutende Fälle nebenläufiger Systeme wiedergegeben, links das *Erzeuger/Verbraucher-System*, rechts das *2-Philosophen-System*.

Bei dem Erzeuger/Verbraucher-System handelt es sich um einen Sender und einen Empfänger, die zum Zwecke der Kommunikation synchronisiert werden müssen, ansonsten aber unabhängig voneinander arbeiten. Die Fallklasse für dieses Beispiel ist:

$$C = \{\ \{s, e\}, \{z, v\}, \{s, v\}, \{z, e\}\ \}.$$

Das 2-Philosophen-System beschreibt einen Tisch, an dem 2 Philosophen[32] sitzen, die immer abwechselnd essen und denken. Da es nur eine Gabel gibt, kann immer nur höchstens ein Philosoph essen. Die Gabel ist also eine gemeinsame Ressource. Im

---

31   Die Definitionen zu B/E-Systemen stammen aus REISIG 1991b, S.23 f.
32   In der Literatur sind es in der Regel 5 Philosophen.

abgebildeten Zustand denken beide, und die Gabel ist verfügbar. Greift nun einer zur Gabel, dann schaltet die entsprechende untere Transition, und die Gabel ist dem gemeinsamen Zugriff entzogen. Der Philosoph mit der Gabel ißt dann, und der andere muß weiter denken. Nach seiner Mahlzeit legt er die Gabel wieder zurück (Schalten der oberen Transition) und stellt damit den ursprünglichen Zustand wieder her. Hier existieren also lediglich 3 Fälle:

$C = \{ \{G\}, \{1\}, \{2\} \}$.

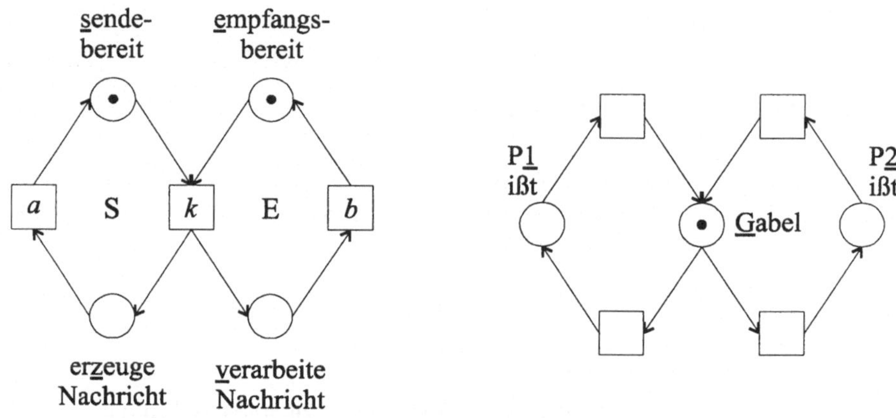

Abbildung 4.14:   Erzeuger/Verbraucher-System und 2-Philosophen-System

4.2.4.2   S/T-Netze

Stellen/Transitionen-Netze[33] stellen eine Erweiterung der B/E-Netze für beliebig viele Marken dar. Sie sind immer dann erforderlich, wenn Kapazitäten modelliert werden sollen. Um eine beliebige Anzahl Marken in jeder Stelle zuzulassen, führt man den Begriff der Markierung ein. Eine *Markierung* ist eine Funktion, die für jede Stelle die Anzahl in ihr enthaltener Marken angibt:

$M: S \to Nat$.

Ein *S/T-Netz* ist dann nichts weiter als ein B/E-Netz mit einer anfänglichen Markierung M_0:

$N = (S, T; F, M_0)$,

wobei $(S, T; F)$ ein B/E-Netz ist, S sind die *Stellen*, T die *Transitionen*.

---

[33]   vgl. REISIG 1991b, S. 70 ff.

Ebenfalls analog zu den B/E-Netzen definiert man:

$t \in T$ ist M-aktiviert $\Leftrightarrow \forall s \in \bullet t$: $M(s) \geq 1$

Durch das Schalten einer Transition t gelangt man von der Markierung M zur Folgemarkierung M':

$$M' = \begin{cases} M(s)-1, \text{falls } s \in \bullet t \setminus t \bullet \\ M(s)+1, \text{falls } s \in t \bullet \setminus \bullet t \\ M(s), \text{sonst} \end{cases}$$

Man schreibt dann: $M\,[t\rangle\,M'$ für „Markierung M geht durch Transition t in M' über".

Als Beispiel dient ein einfaches Lager (siehe Abbildung 4.15). Die anfängliche Markierung ist:

$M_0(f) = 4,$
$M_0(b) = 0.$

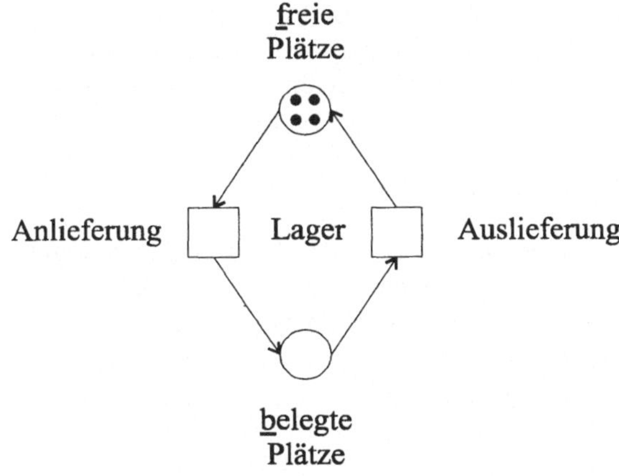

Abbildung 4.15:   Einfaches Lager als S/T-Netz mit M_0 = { $(f, 4)$, $(b, 0)$ }

Das dargestellte Lager faßt maximal 4 Objekte (z. B. Container). Im abgebildeten Zustand ist das Lager leer und hat somit noch 4 freie Plätze. Bei jeder Anlieferung eines Containers wird eine Marke von der oberen in die untere Stelle verschoben, d. h. ein freier Platz wird belegt:

{ $(f, 4)$, $(b, 0)$ } $[Anlieferung\rangle$ { $(f, 3)$, $(b, 1)$ }

Sind alle 4 Marken in der unteren Stelle, kann keine weitere Anlieferung mehr erfolgen, weil die Transition „Anlieferung" aufgrund der leeren Vorstelle nicht aktiviert ist.

Das Lager enthält dann 4 Container und ist somit voll. Jede Auslieferung befördert Marken in der umgekehrten Richtung zur oberen Stelle, d. h. sie macht einen belegten Platz frei. Enthält die untere Stelle keine Marken mehr, so ist das Lager leer (keine belegten Plätze) und es kann keine weitere Auslieferung mehr stattfinden. Die beiden Stellen führen also Buch über die Anzahl freier und belegter Plätze. Ihre Summe ist stets 4, weil in dem dargestellten Netz keine Marken vernichtet oder erzeugt werden können (für jede Transition gilt: Anzahl eingehender Kanten = Anzahl ausgehender Kanten).

Die bisher behandelten Netztypen ließen nur einfache Marken zu. Daher konnte nur der Ablaufaspekt von (Informations-)Systemen abgebildet werden. Für praktische Anwendungen ist jedoch die Modellierung des Informationsflusses ebenso wichtig. Zu diesem Zweck entwickelte man Netze, deren Marken Individuen (Objekte) sind. Beispiele für solche Netze sind die Prädikat/Transitionen-Netze[34], die Relationennetze[35] und die gefärbten Petrinetze[36].

4.2.4.3   Semantik von Petrinetzen

Bisher wurde lediglich die syntaktische Ebene der Petrinetze behandelt. Der vorliegende Abschnitt befaßt sich mit der Frage, welche Ereignisse in welcher Reihenfolge auftreten können (siehe Abschnitt 4.2.4.3.2) und welche Zustände das System prinzipiell erreichen kann (Abschnitt 4.2.4.3.1). Diese Fragen zielen auf die semantische Ebene ab.

4.2.4.3.1   Erreichbarkeitsgraphen (TS-Semantik)

Erreichbarkeitsgraphen besitzen einen Knoten für jeden Zustand des zugrundeliegenden Petrinetzes. Die gerichteten Kanten dieses Graphen geben an, welche Folgezustände von jedem Zustand aus erreichbar sind (daher der Name) oder, anders ausgedrückt, welche Zustandsübergänge möglich sind. Es handelt sich also um globale Transitionssysteme[37] (TS). D. h., die Erreichbarkeitsrelation induziert auf dem Petrinetz eine TS-Semantik.

In B/E-Systemen ist die Menge aller Zustände (d. h. Fälle) des Systems durch die Fallklasse C bereits a priori gegeben. Man muß also nur noch untersuchen, von welchen Fällen aus welche Folgefälle erreichbar sind. Die entsprechende Erreichbarkeitsrelation R ist ebenfalls bereits implizit in C enthalten[38]. Der Erreichbarkeitsgraph eines B/E-Systems heißt *Fallgraph*. Für das Erzeuger/Verbraucher-System aus Abbildung 4.14 ist der Fallgraph in Abbildung 4.16 wiedergegeben.

---

[34]   vgl. GENRICH 1987
[35]   vgl. REISIG 1983
[36]   vgl. JENSEN 1981
[37]   vgl. Abschnitt 4.2.3
[38]   vgl. 4.2.4.1

Schwieriger gestaltet sich die Situation bei den S/T-Netzen. Der Erreichbarkeitsgraph kann hier aufgrund der prinzipiell unbeschränkten Anzahl von Marken im allgemeinen Fall unendlich sein. Dies warf Fragen bezüglich der Komplexität des Erreichbarkeitsproblems[39] auf. Aus diesem Grund konzentrierte sich ein großer Teil der Petrinetzforschung in den 70er Jahren auf dieses Problem. Aber erst im Jahre 1982 bewies Kosaraju, daß die Erreichbarkeit entscheidbar ist[40].

Um die Schwierigkeit der potentiellen Unendlichkeit von Erreichbarkeitsgraphen zu umgehen, entwickelte man die sogenannten *Überdeckungsgraphen* (coverability graphs)[41]. Die Grundidee dieser Graphen ist es, Markierungen, die einander überdecken, in einem Knoten zusammenzufassen. Der dadurch entstehende Graph ist immer endlich und gibt alle möglichen Schaltfolgen des Petrinetzes an. Er gibt jedoch keine Auskunft über den genauen Zustand (also die Markierung) des Systems.

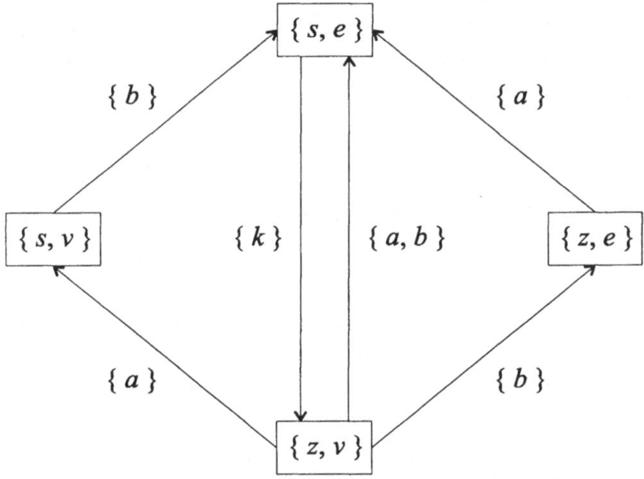

Abbildung 4.16:   Fallgraph des Erzeuger/Verbraucher-Systems aus Abbildung 4.14,
s = sendebereit, e = empfangsbereit,
z = erzeuge Nachricht, v = verarbeite Nachricht,
a = Nachricht erzeugt, b = Nachricht verarbeitet,
k = Kommunikation von Sender und Empfänger

Für das Lager aus Abbildung 4.15 ist die Markenzahl begrenzt. Den endlichen Erreichbarkeitsgraphen für dieses Netz zeigt Abbildung 4.17. Die Rechtecke enthalten die Markierung, $f \rightarrow 4$ bedeutet also $M(f) = 4$.

---

[39]   Das Erreichbarkeitsproblem besteht in der Frage, ob eine beliebige Markierung M eines endlichen S/T-Netzes N erreichbar ist.

[40]   vgl. KOSARAJU 1982

[41]   vgl. z. B. JANTZEN und VALK 1980, S. 171

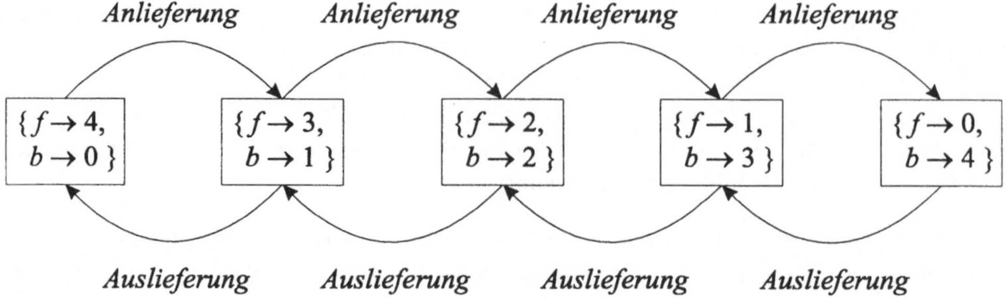

Abbildung 4.17:   Erreichbarkeitsgraph des Lagers aus Abbildung 4.15 (f = frei, b = belegt)

4.2.4.3.2   Kausalnetze (Prozeß-Semantik)

Ein weiterer Ansatz zur Semantik von Petrinetzen besteht darin, die kausalen Abhängigkeitsstrukturen in B/E-Systemen aufzudecken. Um dies zu erreichen, muß man diejenigen Substrukturen eliminieren, die den ursächlichen Zusammenhang zerstören. Dies sind im einzelnen[42]:

1. Zyklen: Falls ein Kreis von a nach b und wieder zurück nach a existiert, wäre a Ursache von b und umgekehrt. Dies ist ein Widerspruch. Zyklen sind also in kausalen Strukturen unzulässig.

2. Verzweigte Stellen: Geht von einer Stelle mehr als eine Kante aus, so kann eine Marke in dieser Stelle den Weg über eine beliebige dieser Kanten nehmen. Diese Auswahl ist nicht deterministisch und somit auch nicht kausal.

Kreisfreie B/E-Systeme mit unverzweigten Stellen nennt man *Kausalnetze*[43] (occurrence nets, causal nets). Ein beispielhaftes Kausalnetz zeigt Abbildung 4.18.

Kausalnetze stellen eine kausale Halbordnung dar (siehe auch Abschnitt 4.3.3). Diese Halbordnung ist eine irreflexive und transitive Relation '$\prec$' über der Basismenge $B \cup E$. Zusätzlich definiert man die Relationen $\underline{\text{li}}$ (linear) für geordnete Elemente von $B \cup E$ und $\underline{\text{co}}$ (concurrent) für ungeordnete Elemente[44]:

$$x\, \underline{\text{li}}\, y \iff x \prec y \ \lor\ y \prec x \ \lor\ x = y,$$

$$x\, \underline{\text{co}}\, y \iff \lnot(x \prec y \ \lor\ y \prec x).$$

---

[42]   vgl. BEST und FERNANDEZ 1988, S. 61
[43]   vgl. FERNANDEZ und THIAGARAJAN 1984
[44]   vgl. BEST und FERNANDEZ 1988, S. 7 f.

Eine *Linie* ist dann eine maximale Menge von Elementen, die in der Beziehung l̲i̲ stehen. Ein *Schnitt* ist eine maximale Menge von Elementen in Relation c̲o̲. Eine *Scheibe* eines Kausalnetzes ist ein Schnitt, der nur B-Elemente (Kreise) enthält. Sie repräsentiert eine „Momentaufnahme" des Systems. Das Netz in Abbildung 4.18 hat 5 Schnitte, 3 Scheiben und 3 Linien.

Schnitte: $\{ b_1, b_2 \}$, $\{ e_1, b_2 \}$, $\{ b_2, b_3, b_4 \}$, $\{ e_2, b_4 \}$, $\{ b_4, b_5 \}$

Scheiben: $\{ b_1, b_2 \}$, $\{ b_2, b_3, b_4 \}$, $\{ b_4, b_5 \}$

Linien: $\{ b_2, e_2, b_5 \}$, $\{ b_1, e_1, b_3, e_2, b_5 \}$, $\{ b_1, e_1, b_4 \}$

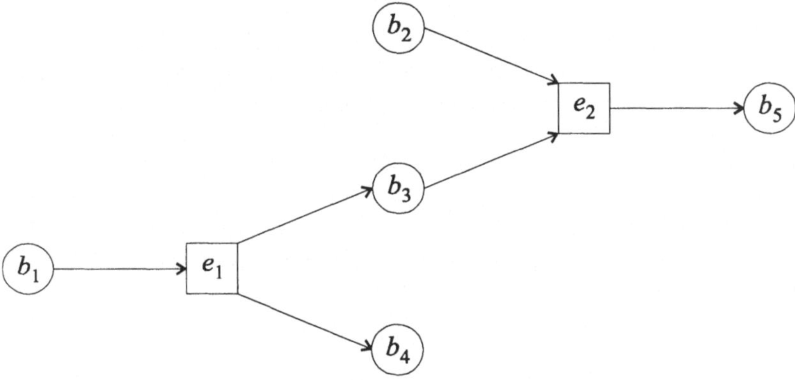

Abbildung 4.18:   Kausalnetz

Aufbauend auf den Kausalnetzen kann man nun für beliebige Petrinetze Prozesse definieren. Die Menge aller Prozesse (in der Regel sind es unendlich viele) ist dann die Semantik des Petrinetzes und beschreibt dieses vollständig. Intuitiv kann man sich einen Prozeß als ein mögliches „Ablaufen" des Netzes vorstellen, also eine Durchführung des Markenspiels beginnend bei der anfänglichen Markierung. Ein Prozeß wird im Kontext von Petrinetzen üblicherweise definiert als ein etikettiertes Kausalnetz (labeled occurrence net).

Ein etikettiertes Kausalnetz (K, l) besteht aus einem Kausalnetz $K = (B, E; F')$, und einer Etikettenfunktion $l: K \to N$. Es stellt genau dann einen *Prozeß*[45] des zugrundeliegenden Petrinetzes

$N = (S, T; F, M_0)$[46]

---

45   vgl. BEST und FERNANDEZ 1988, S. 63
46   Die Definition eines Prozesses ist hier zwar für ein S/T-Netz angegeben, sie läßt sich aber ohne Probleme auch auf B/E-Systeme übertragen (man erinnere sich, daß ein B/E-Netz lediglich ein S/T-Netz mit maximal einer Marke pro Stelle ist).

dar, wenn folgende Bedingungen gelten:

Min(K) ist eine Scheibe von K,   d. h. K beginnt mit einer Scheibe.

K ist diskret bezüglich Min(K),   d. h. jeder Knoten des Kausalnetzes hat einen
                                                 endlichen Abstand zu allen Startknoten.

$l(B) \subset S$ und $l(E) \subset T$,   d. h. jede Bedingung wird einer Stelle zuge-
                                                 ordnet und jedes Ereignis einer Transition.

$\forall e \in E$: $l(\bullet e) = \bullet l(e) \wedge l(e\bullet) = l(e)\bullet$,   d. h. die Nachbarschaften der korrespondie-
                                                 renden Ereignisse und Transitionen sind in
                                                 beiden Netzen gleich.

$\forall s \in S$: $M_0(s) = |l^{-1}(s) \cap \text{Min}(K)|$,   d. h. für jede anfängliche Marke in einer
                                                 Stelle des zugrundeliegenden Petrinetzes
                                                 existiert ein Startknoten im Kausalnetz.

Für das Erzeuger/Verbraucher-System und die 2 Philosophen (B/E-Systeme, Abbildung 4.14) gibt Abbildung 4.19 jeweils einen möglichen Prozeß an. Ein Prozeßbeispiel
für ein S/T-Netz enthält Abbildung 4.20 für das Lager aus Abbildung 4.15. Man
beachte, daß es für jede Marke ein Teilnetz gibt. Die Knoten f (bzw. b) stehen hier also
nur für *einen* freien (bzw. belegten) Platz.

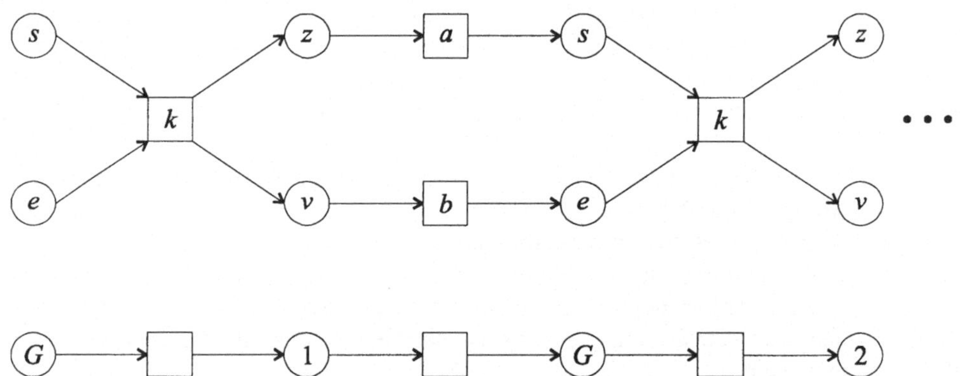

Abbildung 4.19:   Prozesse für Erzeuger/Verbraucher- und 2-Philosophen-System,
                   s = sendebereit, e = empfangsbereit,
                   z = erzeuge Nachricht, v = verarbeite Nachricht,
                   a = Nachricht erzeugt, b = Nachricht verarbeitet,
                   k = Kommunikation, G = Gabel verfügbar (= niemand ißt),
                   1 / 2 = Philosoph 1 / 2 ißt

Transitionssystem- und Prozeßsemantik, die in diesem Abschnitt vorgestellt wurden,
sind auf eine große Klasse von Modellen nebenläufiger Systeme anwendbar, so z. B.
auch auf die algebraischen Modelle (siehe Abschnitt 4.3.5). Darüber hinaus existieren
jedoch noch eine Reihe weiterer Semantiken, die eine differenziertere Betrachtung der

Systeme zulassen. Der interessierte Leser sei in diesem Zusammenhang z. B. auf
MESEGUER, MONTANARI und SASSONE 1992 verwiesen.

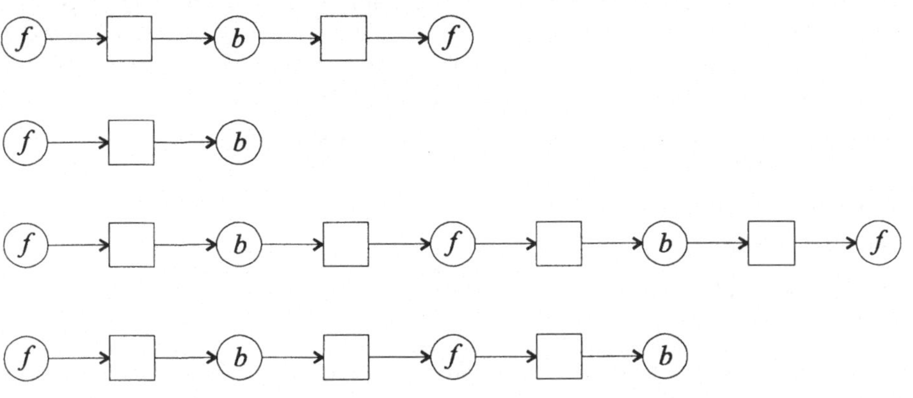

Abbildung 4.20:   Prozesse für das Lagernetz (f = Platz frei, b = Platz belegt)

4.3   Modelle auf der Basis operationaler Strukturen (Algebren)

Der, neben den Netzen, zweite interessante Spezialfall von Strukturen sind Algebren

$\langle A; F, \varnothing \rangle$.

Die Funktionen in F werden in der Algebra üblicherweise *Operationen* genannt. Man
bezeichnet daher Algebren auch als operationale Strukturen. Auch eine Algebra kann
selbstverständlich als System mit einer Ebene dargestellt werden:

Algebra = ({A}, F, $\varnothing$, $\varnothing$).

Ein einführendes Beispiel für Algebren gibt Abschnitt 4.3.1. Die folgenden Abschnitte
beschäftigen sich dann mit Algebren für nebenläufige Systeme. In Abhängigkeit von
der formalen Ausprägung des Prozeßbegriffes in den einzelnen Theorien unterscheidet
man zwischen Algebren, die auf Prozessen als Halbordnungen über Zuständen (4.3.2),
Ereignissen (4.3.3) oder atomaren Aktionen (4.3.4) aufbauen. Letztere sind die sogenannten Prozeßalgebren, von denen eine, genannt PA, die Grundlage der Prozeßtheorie
der Ablaufplanung bildet.

Abschnitt 4.3.5 behandelt schließlich Ansätze zur Beschreibung der Semantik von
Prozeßalgebren.

4.3.1   Einführung

In Abschnitt 4.2.1 wurden die Netze anhand der natürlichen Zahlen eingeführt. Die ursprüngliche Definition der natürlichen Zahlen wurde jedoch lange vor der Entwicklung der Netzmodelle in Form einer *Algebra*[47] gegeben. Peano zeigte 1891, daß fünf Axiome genügen, um die Menge *Nat* exakt und eindeutig festzulegen[48]:

1.	0 ist eine natürliche Zahl.	$0 \in Nat$
2.	Jede natürliche Zahl n hat genau einen Nachfolger n'.	$\forall n \in Nat:\ \exists n':\ n' = \mathrm{succ}(n)$
3.	0 ist nicht Nachfolger einer natürlichen Zahl.	$\forall n \in Nat:\ 0 \neq \mathrm{succ}(n)$
4.	Jede natürliche Zahl ist Nachfolger höchstens einer Zahl.	$\forall n \in Nat:\ n = \mathrm{succ}(n') = \mathrm{succ}(n'') \;\Rightarrow\; n' = n''$
5.	Von allen Mengen, die 1 - 4 erfüllen, ist *Nat* die kleinste.	

Tabelle 4.5:   Peano-Axiome

Aufbauend auf der Nachfolgerbeziehung können dann die Addition und Subtraktion, und wiederum darauf basierend die Multiplikation und Division, mit wenigen Axiomen definiert werden. Als Beispiel seien hier nur die Axiome der Addition erwähnt:

A1: $x + 0 = x$

A2: $x + \mathrm{succ}(y) = \mathrm{succ}(x + y)$

Aus den Peano-Axiomen ist induktiv ableitbar, daß jede natürliche Zahl als (möglicherweise mehrfacher) Nachfolger von „0" darstellbar ist. Die Konstante „0" und der monadische[49] Operator „succ" induzieren also die Menge *Nat*. Die algebraische Schreibweise der Zahlen 2 und 3 lautet daher z. B.:

2 = succ(succ(0))

3 = succ(succ(succ(0)))

Und die Summe dieser Zahlen berechnet nach A1 und A2 ist:

3 + 2 = succ(succ(succ(0))) + succ(succ(0)) | A1

---

[47]   der sogenannten Peano-Algebra
[48]   vgl. GELLERT, KÜSTNER, HELLWICH und KÄSTNER 1986, S. 72
[49]   d. h. einstellige

$$= \mathrm{succ}[\ \mathrm{succ}(\ \mathrm{succ}(\ \mathrm{succ}(0)\ )\ )\ +\ \mathrm{succ}(0)\ ] \qquad |\,\mathrm{A1}$$

$$= \mathrm{succ}(\ \mathrm{succ}[\ \mathrm{succ}(\ \mathrm{succ}(\ \mathrm{succ}(0)\ )\ )\ +\ 0\ ]\ ) \qquad |\,\mathrm{A2}$$

$$= \mathrm{succ}(\ \mathrm{succ}(\ \mathrm{succ}(\ \mathrm{succ}(\ \mathrm{succ}(0)\ )\ )\ )\ ) \qquad |\,\mathrm{Peano}$$

$$= 5$$

Wie dieses einfache Beispiel bereits erkennen läßt, dienen Algebren in der Regel der Spezifikation von Systemen und den ihnen zugrundeliegenden *abstrakten Datentypen*[50] (ADTs). Die natürlichen Zahlen sind z. B. ein solcher ADT. Um die Lesbarkeit und Einsetzbarkeit algebraischer Spezifikationen auch für größere Beispiele zu garantieren, wird hier eine Notation in Anlehnung an die von Ehrig und Mahr[51] gewählt. Die Lesbarkeit wird dabei durch Verwendung von reservierten Worten anstatt Formelzeichen erreicht (sorts, opns, ...). Den Einsatz bei komplexeren Systemen gewährleistet die modulare Struktur; so können einmal definierte ADTs zur Definition neuer ADTs und Systeme benutzt werden.

Eine algebraische *Spezifikation* (equational specification) besteht danach aus einer *Signatur* und aus *Gleichungen* (*Axiomen*). Die Signatur ihrerseits setzt sich zusammen aus *Sorten*[52] (Mengen) und *Operationen*[53] (Funktionen) auf diesen Sorten (inklusive der Stelligkeit der Operationen). Die Gleichungen[54] bestehen aus jeweils zwei *Termen* (linke und rechte Seite). Ein Term ist ein Ausdruck, der aus Konstanten, Variablen und Operationen entsprechend ihrer Stelligkeit zusammengesetzt ist. Die Spezifikation der natürlichen Zahlen mit der Addition lautet also[55]:

<u>sorts:</u>	*Nat*
<u>consts:</u>	0
<u>opns:</u>	succ: *Nat* $\rightarrow$ *Nat*
	$+$: *Nat* $\times$ *Nat* $\rightarrow$ *Nat*
<u>eqns:</u>	$x + 0 = x$
	$x + \mathrm{succ}(y) = \mathrm{succ}(x + y)$

Tabelle 4.6:   Algebra der natürlichen Zahlen mit der Addition

---

[50]   vgl. EHRIG und MAHR 1985

[51]   vgl. EHRIG und MAHR 1985

[52]   reserviertes Wort: „<u>sorts</u>"

[53]   Das reservierte Wort für Operationen ist „<u>opns</u>". Konstanten werden dabei üblicherweise ebenfalls als (nullstellige) Operationen betrachtet. Hier werden sie jedoch gesondert aufgeführt, um die „intuitive" Verständlichkeit der Notation zu erhöhen (reserviertes Wort: „<u>consts</u>").

[54]   reserviertes Wort: „<u>eqns</u>"

[55]   In der Notation der universellen Algebra (siehe 4.1.1 und den Anfang von 4.3) lautete die Peano-Algebra mit Addition unter Vernachlässigung der leeren Relationenmenge (*Nat*; {*succ*, +}).

Gemäß der gängigen Konventionen werden auch im folgenden zweistellige Operationen in Infix-Notation und alle anderen in Präfix-Schreibweise (mit geklammerten Argumenten) notiert. Die Variablen x und y stehen für beliebige, syntaktisch korrekte Terme über der Signatur und sind allquantifiziert, d. h., die Gleichungen gelten für jede Variablenbelegung.

Nach dieser einführenden Darstellung der algebraischen Methodik gehen die nun folgenden Abschnitte auf die *Algebren nebenläufiger Systeme* ein. Nach der Art und Weise, wie Nebenläufigkeit in diesen Modellen ausgedrückt wird, unterscheidet man grundsätzlich zwei verschiedene Ansätze[56]:

- Prozesse als *halbgeordnete Mengen* und

- Prozesse als *totalgeordnete Mengen* (Sequenzen).

Die fundamentalen Objekte der Modelle auf der Basis von Halbordnungen sind entweder Zustände (siehe 4.3.2) oder Ereignisse (4.3.3). Nebenläufigkeit ist in den Ereignismodellen ein Primitiv: Zwei Ereignisse sind nebenläufig, wenn sie nicht geordnet sind.

Demgegenüber gehen die Sequenzmodelle von atomaren Aktionen aus, über die eine lineare (d. h. totale) Ordnung gestülpt wird. Die Aktionen sind also sequentiell geordnet. Die *Nebenläufigkeit* (Operator „$\|$") wird dann durch Nicht-Determinismus ausgedrückt, in der Regel mittels des Operators „+"[57]. Sie ist dadurch kein Primitiv, sondern entsteht durch Verschachtelung (*Interleaving*) der Sequenzen. Dieser Ansatz kann auf die Formel

CONCURRENCY = SEQUENTIALITY + NON-DETERMINISM

reduziert werden. Sind also a und b nebenläufige Aktionen, so wird bei wiederholter Ausführung des Prozesses $a \parallel b$ ein ums andere Mal entweder a vor b beobachtet werden können oder umgekehrt:

$$a \parallel b = a\,b + b\,a.$$

Aber auch die gleichzeitige Ausführung von a und b kann von Bedeutung sein, z. B. bei einer synchronen Kommunikation. Um diese Gleichzeitigkeit (*co-occurrence*) korrekt wiedergeben zu können und damit der „echten" Nebenläufigkeit halbgeordneter Modelle näherzukommen, hat man diese Theorien noch um einen sogenannten Kommunikationsoperator erweitert (in der Regel ein einfacher senkrechter Balken):

CONCURRENCY = SEQUENTIALITY + NON-DETERMINISM + CO-OCCURRENCE.

---

[56]   vgl. z. B. CHERKASOVA 1989, S. 1 f.

[57]   „$a + b$" bedeutet die (nicht-deterministische) Auswahl zwischen a und b (gelesen: „a oder b").

Für die parallelen Prozesse a und b bedeutet das also:

$$a \parallel b = a\,b + b\,a + a \mid b.$$

Mit Algebren dieser Art setzt sich Abschnitt 4.3.4 auseinander.

4.3.2   Prozesse als Halbordnungen über Zuständen

Ein frühes algebraisches Modell nebenläufiger Systeme wurde bereits in den siebziger Jahren von Winkowski in Form der *Algebra partieller Sequenzen* (APS) entwickelt[58]. Basis dieses Ansatzes sind Systemzustände, genauer die Fälle eines B/E-Systems. Über diesen werden Prozesse als etikettierte *Halbordnungen über Zuständen* (labeled, partially ordered sets; l. p. o. sets) definiert. Eine *etikettierte Halbordnung*[59] ist ein Tripel

$$(X, \leq, l)$$

mit der partiellen Ordnung „$\leq$" über der Basismenge X und der Etikettenfunktion

$$l: X \rightarrow L,$$

für die gilt:

$$l(x) = l(y) \;\Rightarrow\; x \leq y \;\vee\; y \leq x.$$

Winkowski bezeichnet diese Halbordnungen als Prozesse oder auch *partielle Sequenzen*. Die Bedingungen $b \in B$ eines B/E-Systems sind die einfachsten partiellen Sequenzen, die sogenannten trivialen Prozesse:

$$(\{b\}, \varnothing, id)^{60}.$$

Ein Ereignis $e \in E$ wird dargestellt als eine Ordnung, in der alle Vorbedingungen des Ereignisses vor allen Nachbedingungen kommen. Dies entspricht der partiellen Sequenz:

$$(\bullet e \cup e\bullet, \bullet e \times e\bullet, id),$$

wobei „$\times$" für das kartesische Produkt steht..

---

[58]   vgl. WINKOWSKI 1977 und 1979

[59]   vgl. WINKOWSKI 1977, S. 188

[60]   „*id*" ist die Identität: $id(x) = x$.

Abbildung 4.21 zeigt Beispiele von Petrinetzelementen und den korrespondierenden Halbordnungen.

Unabhängig von Petrinetzen können für die so definierten Prozesse sequentielle und parallele Verknüpfungen algebraisch definiert werden. Zu diesem Zweck müssen zunächst die Begriffe Quelle und Ziel eines Prozesses eingeführt werden.

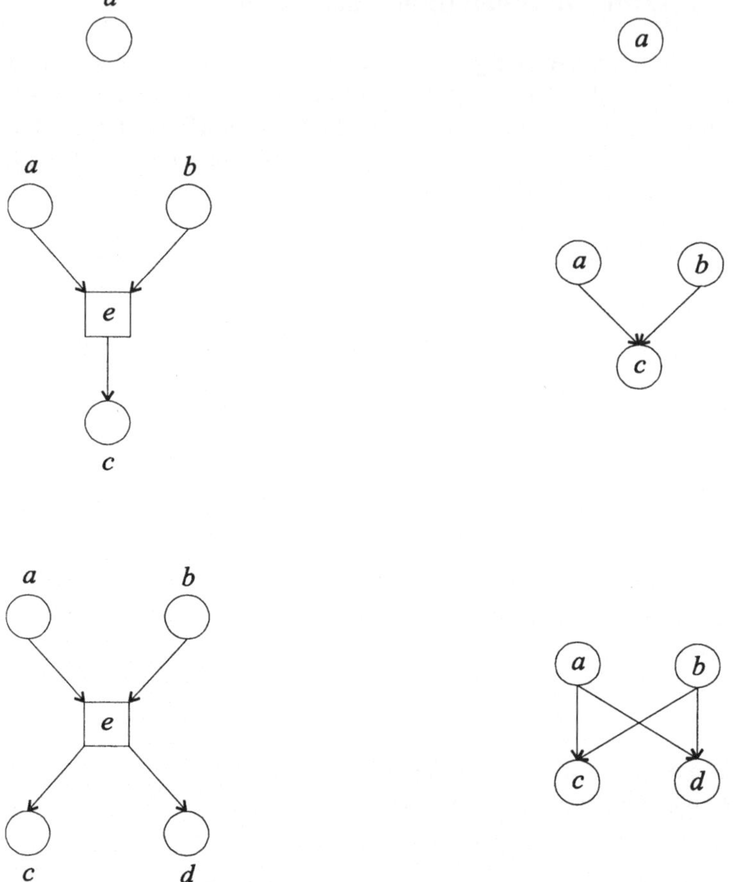

Abbildung 4.21:   Halbordnungen (rechts) zu einfachen Petrielementen (links)

Die *Quelle* ∂_0 eines Prozesses sind seine Startzustände, also die minimalen Elemente von X. Das *Ziel* ∂_1 sind dann die maximalen Elemente von X (Endzustände)[61].

---

[61]   vgl. WINKOWSKI 1977, S. 188

$$\min(X) = \{\, x_0 \in X \mid \neg\exists\, x \in X\!: x \leq x_0 \wedge x \neq x_0 \,\}$$

$$\max(X) = \{\, x_0 \in X \mid \neg\exists\, x \in X\!: x_0 \leq x \wedge x \neq x_0 \,\}$$

$$\partial_0(X, \leq, l) = (\,\min(X), \leq\!\mid\!\min(X), l\!\mid\!\min(X)\,)^{62}$$

$$\partial_1(X, \leq, l) = (\,\max(X), \leq\!\mid\!\max(X), l\!\mid\!\max(X)\,)$$

Die Quelle ist also der Anknüpfungspunkt für Vorgängerprozesse, das Ziel die Verbindungsstelle zu Nachfolgerprozessen. Damit können nun zwei Prozesse p_1 und p_2 zur Sequenz $p_1 \cdot p_2$ verknüpft werden, wenn Ziel von p_1 und Quelle von p_2 übereinstimmen, wenn also die Endzustände von p_1 die Anfangszustände von p_2 sind. Die Hintereinanderreihung selbst ist dann definiert als das „Zusammenlegen" der erwähnten End- und Anfangszustände:

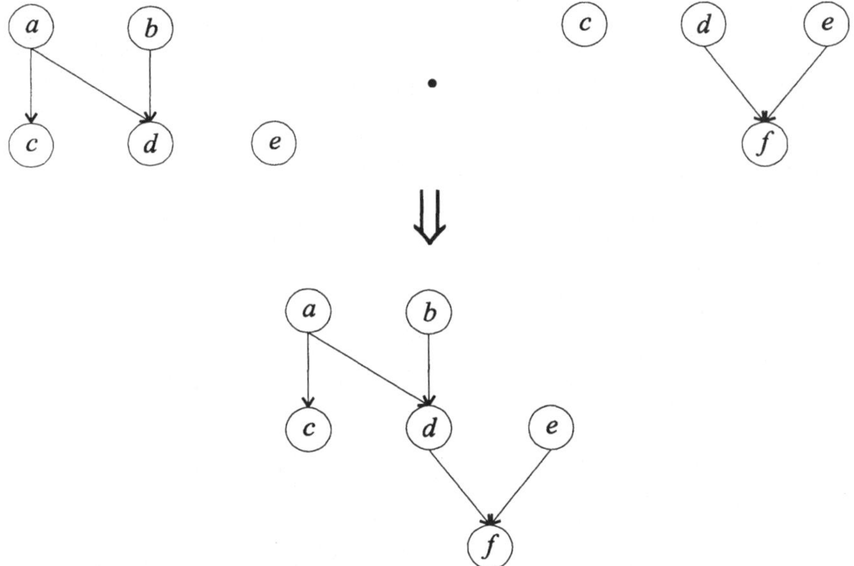

Abbildung 4.22:   Sequenz partieller Sequenzen

Für $p_1 = (X_1, \leq_1, l_1)$ und $p_2 = (X_2, \leq_2, l_2)$ ist die *sequentielle Verknüpfung*[63]:

$$p_1 \cdot p_2 = (X, \leq, l)$$

definiert, falls gilt: $\partial_1(p_1) = \partial_0(p_2)$.

Dabei sind:

---

[62]   Der vertikale Balken bedeutet die Einschränkung der Relation/Funktion auf die Menge „min(X)".

[63]   vgl. WINKOWSKI 1977, S. 189

$$X = \{1\} \times X_1 \ \cup \ \{2\} \times [\, X_2 \setminus \min(X_2) \,],$$

$$(\,1, x\,) \le (\,1, y\,) \ \Leftrightarrow \ x \le_1 y,$$

$$(\,2, x\,) \le (\,2, y\,) \ \Leftrightarrow \ x \le_2 y,$$

$$(\,1, x\,) \le (\,2, z\,) \ \Leftrightarrow \ x \le_1 y \le_2 z,$$

$$l(\,1, x\,) = l_1(x),\ l(\,2, x\,) = l_2(x).$$

Eine beispielhafte Sequenz zeigt Abbildung 4.22.

Analog existiert die *parallele Komposition*[64] unabhängiger (also disjunkter) Prozesse p_1 und p_2:

$$p_1 \,\|\, p_2 = (\,X, \le, l\,),$$

falls

$$l_1(X_1) \cap l_2(X_2) = \varnothing.$$

Ähnlich der sequentiellen Reihung gilt dann:

$$X = \{1\} \times X_1 \ \cup \ \{2\} \times [\, X_2 \setminus \min(X_2) \,],$$

$$(\,1, x\,) \le (\,1, y\,) \ \Leftrightarrow \ x \le_1 y,$$

$$(\,2, x\,) \le (\,2, y\,) \ \Leftrightarrow \ x \le_2 y,$$

$$(\,1, x\,) \le (\,2, z\,) \ \Leftrightarrow \ x \le_1 y \le_2 z,$$

$$l(\,1, x\,) = l_1(x),$$

$$l(\,2, x\,) = l_2(x).$$

Ein Beispiel für Parallelität zeigt Abbildung 4.23.

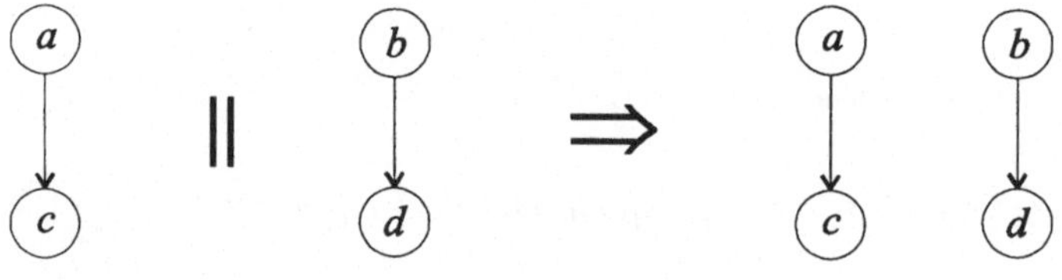

Abbildung 4.23:   Parallelität partieller Sequenzen

Durch sequentielle und parallele Komposition werden aus einfachen partiellen Sequenzen komplexere aufgebaut. Die Menge aller partiellen Sequenzen *PS* mit den

---

64   vgl. WINKOWSKI 1977, S. 189

monadischen Operatoren ∂_0 und ∂_1 und den dyadischen Sequenz und Nebenläufigkeit bildet die Algebra der partiellen Sequenzen (APS)[65]:

<u>sorts:</u>	PS
<u>consts:</u>	$0 = (\emptyset, \emptyset, \emptyset)$
<u>opns:</u>	$\partial_0, \partial_1 : PS \to PS$
	$\cdot, \parallel : PS \times PS \to PS$
<u>eqns:</u>	$\partial_0(\partial_0(x)) = \partial_0(x)$
	$\partial_1(\partial_0(x)) = \partial_0(x)$
	$\partial_1(\partial_1(x)) = \partial_1(x)$
	$\partial_0(\partial_1(x)) = \partial_1(x)$
	$\partial_0(x) = \partial_0(x \cdot y)$
	$\partial_1(y) = \partial_1(x \cdot y)$
	$\partial_0(x) \cdot x = x$
	$x \cdot \partial_1(x) = x$
	$(x \cdot y) \cdot z = x \cdot (y \cdot z)$
	$x \parallel y = y \parallel x$
	$(x \parallel y) \parallel z = x \parallel (y \parallel z)$
	$x \parallel 0 = x$
	$\partial_0(x \parallel y) = \partial_0(x) \parallel \partial_0(y)$
	$\partial_1(x \parallel y) = \partial_1(x) \parallel \partial_1(y)$
	$x \cdot x' \parallel y \cdot y' = (x \parallel y) \cdot (x' \parallel y')$

Tabelle 4.7:   Algebra der partiellen Sequenzen

Die Algebra partieller Sequenzen geht von lokalen Teilzuständen (Bedingungen) von Systemen aus. Dies setzt voraus, daß das zugrundeliegende System bereits modelliert und seine interne Struktur somit bekannt ist. Ist dies nicht gegeben (z. B. bei komplexen Realwelt-Systemen), muß man auf Beobachtungen des Systemverhaltens zurückgreifen. Eine Beobachtung ist dabei der Ausgang eines Experiments an einem System. Ein neuerer Ansatz, der sogenannte Sequenzenkalkül (sequential calculus) nach von

---

[65]   vgl. WINKOWSKI 1977, S. 190 f.

Karger und Hoare[66], erklärt Systeme anhand der gemachten Beobachtungen auf der Basis eines reduzierten Relationenkalküls.

Die bisher vorgestellten algebraischen Modelle gründeten sich alle auf Zustände. Der nächste Abschnitt zeigt nun, daß man auf der Grundlage von Ereignissen als elementaren Objekten interessanterweise zu ganz ähnlichen Strukturen gelangt, nämlich wieder zu (etikettierten) Halbordnungen. Dies verdeutlicht erneut den Dualismus zwischen Zuständen und Ereignissen, der bereits im dritten Kapitel im Rahmen der Netzwerkmethoden anklang. Bei Netzplänen ist es nämlich ebenfalls prinzipiell unerheblich, ob die Vorgänge in den Knoten stehen und die Ereignisse an den Kanten (MPM) oder umgekehrt (CPM).

4.3.3   Prozesse als Halbordnungen über Ereignissen

Stellt man Ereignisse statt Zustände in den Mittelpunkt der Betrachtung, dann kommt man zum Prozeß als *Halbordnung über Ereignissen*, der sogenannten etikettierten Ereignisstruktur[67] (labeled event structure, LES). Die Etiketten entsprechen dabei Aktionen. Wird eine Aktion a mehrfach ausgeführt, so entspricht jede Ausführung einem (anderen) Ereignis[68]. Jedes dieser verschiedenen Ereignisse erhält aber dasselbe Etikett a[69]. Die Struktur des LES entsteht durch die kausalen Abhängigkeiten[70] zwischen Ereignissen. Eine Kante von Ereignis e_1 zu Ereignis e_2 bedeutet also, daß e_2 nicht stattfinden kann, bevor e_1 sich ereignet hat. Jedes Ereignis hat endlich viele Ursachen. Zusätzlich definiert man noch eine symmetrische Konfliktrelation „#", die einer (nicht-deterministischen) Auswahl entspricht[71]. „e_1 # e_2" heißt: Wenn e_1 zuerst eintritt, können danach weder e_2 noch seine Nachfolger stattfinden (und umgekehrt). Die beiden Ereignisse schließen also einander aus.

Die nun folgenden formalen Definitionen der dargestellten Sachverhalte entstanden in Anlehnung an SASSONE, NIELSEN und WINSKEL 1993, S. 87. Danach ist eine *etikettierte Ereignisstruktur* ein 5-Tupel

---

66   vgl. VON KARGER und HOARE 1995

67   vgl. WINSKEL 1987a

68   Man beachte, daß auch hier ein Ereignis als Prozeß- oder genauer Aktionsinstanz betrachtet wird (vgl. Abschnitt 2.2).

69   In erster Linie möchte man eigentlich die Struktur der Aktionen beschreiben. Wählt man aber die Aktionen als Basismenge, so kann ein Element (also eine Aktion) mehrfach in dieser Menge vorkommen. In gewöhnlichen Mengen ist dies aber nicht zulässig. Man muß daher den Übergang zu Multimengen machen und kommt so zu den sogenannten „Pomsets" (partially ordered multi-sets). Formal entstehen sie durch Zusammenfassung aller isomorphen, d. h. von der Aktionenstruktur her gestaltgleichen, aber im Bezug auf die zugrundeliegende Ereignisstruktur verschiedenen, LES zu einer Äquivalenzklasse. Ein Beispiel für ein Modell basierend auf Pomsets gibt PRATT 1986.

70   Relation „≤"

71   also dem „+" der Prozeßalgebra (vgl. 4.3.4)

$LES = (\ E, \#, \leq, l, A\ )$, wobei

E	die Menge der *Ereignisse*,
$\# \subset E \times E$	eine irreflexive, symmetrische Relation (*Konfliktrelation*),
$\leq\, \subset E \times E$	eine partielle Ordnung (*Kausalität*),
A	eine Menge von Etiketten (*Aktionen*) und
$l: E \to A$	eine Etikettenfunktion ist.

Für die Vorgänger (Ursachen) eines Ereignisses e schreibt man kurz $\lfloor e \rfloor$:

$$\lfloor e \rfloor = \{\ e' \in E \mid e' \leq e\ \}.$$

Für ein LES fordert man:

$\forall e \in E: \|\lfloor e \rfloor\| < \infty$ Jedes Ereignis hat endlich viele Ursachen.

$\forall e, e', e'': e \# e' \wedge e' \leq e'' \Rightarrow e \#$ Der Ausschluß eines Ereignisses betrifft auch
e'' seine Nachfolger (conflict heredity).

Die *Nebenläufigkeit* wird ausgedrückt durch die Relation co[72]:

$co = E^2 \setminus (\leq\, \cup \geq\, \cup\, \#)$ Zwei Ereignisse sind nebenläufig, wenn sie
                                       kausal unabhängig und nicht konfliktär sind.

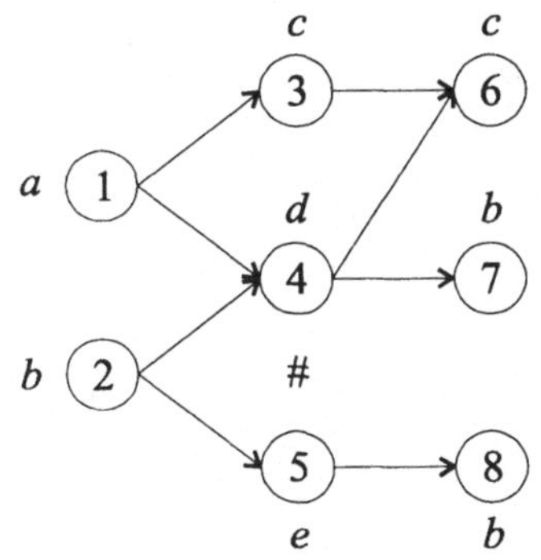

Etikettierter Ereignisgraph

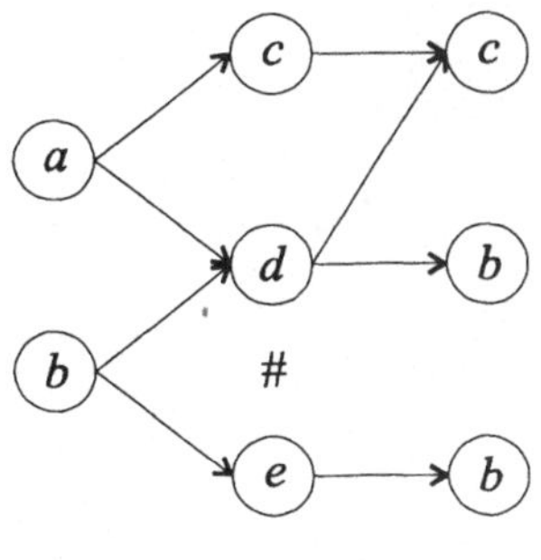

Aktionsgraph

Abbildung 4.24:   Ereignisgraph und Aktionsgraph eines LES

---

72   Man beachte, daß die Nebenläufigkeit in Ereignisstrukturen nur ein abgeleitetes Konzept ist, während sie bei den algebraischen Modellen im engeren Sinne (siehe 4.3.4) als systemkonstituierend betrachtet wird.

Die Abbildung 4.24 (links) zeigt als Beispiel den Graph der Halbordnung einer mit Aktionen etikettierten Ereignisstruktur (Ereignisgraph). Die Ereignisse werden durch Nummern repräsentiert, Aktionen durch Buchstaben. Da man im Grunde genommen vorrangig an der kausalen Struktur der Aktionen interessiert ist, wird in der Literatur üblicherweise von den Ereignissen abstrahiert und statt dessen das Etikett in den Knoten geschrieben. Man erhält dann einen *Aktionsgraphen*, wie ihn Abbildung 4.24 (rechts) wiedergibt.

Um den engen Zusammenhang zu den Zustandsmodellen aus Abschnitt 4.3.2 zu zeigen, kann man auch für Ereignisstrukturen den Begriff des Systemzustands definieren. Man nennt einen solchen *Zustand* im LES-Kontext eine *Konfiguration* $c \subset E$. Sie ist die Historie aller Ereignisse, die im gegenwärtigen Zustand bereits eingetreten sind. Es muß also gelten[73]:

$\forall e \in c: \lfloor e \rfloor \subset c$ Alle Vorgänger eines Ereignisses sind in der Konfiguration.

$\neg \exists e_1, e_2 \in c:\ e_1 \# e_2$ Eine Konfiguration enthält keine konfliktären Ereignisse.

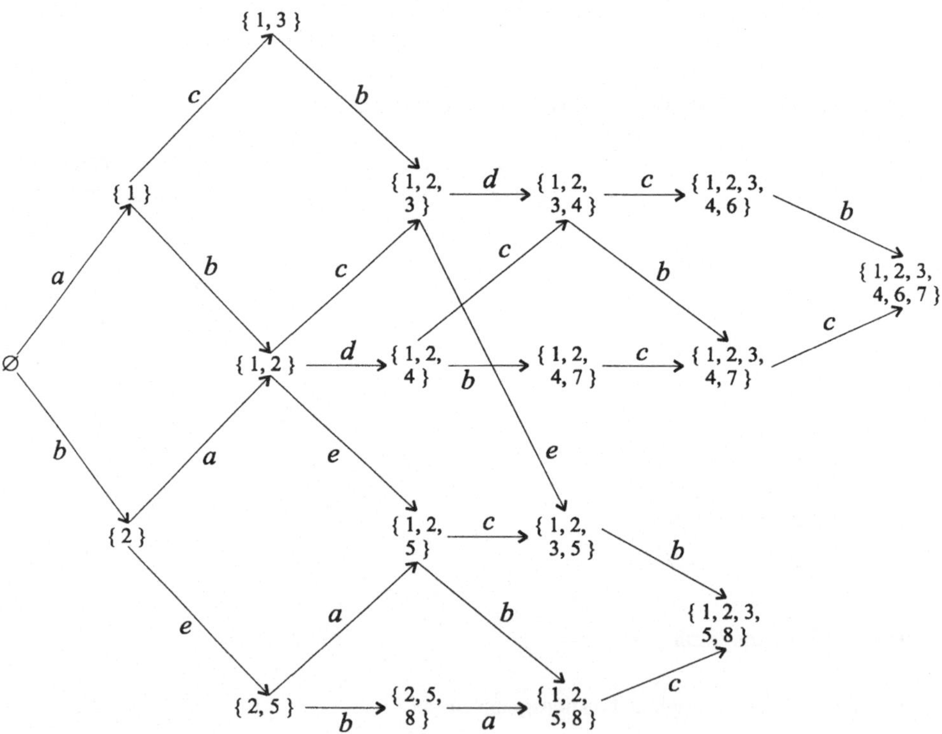

Abbildung 4.25:   Konfigurationen der Ereignisstruktur aus Abbildung 4.24

---

[73]   vgl. SASSONE, NIELSEN und WINSKEL 1993, S. 88

Für das LES aus Abbildung 4.24 zeigt Abbildung 4.25 die Menge aller Konfigurationen. Sie bildet das Transitionssystem, das zum LES korrespondiert.

Durch das Eintreten eines Ereignisses geht das System in eine neue Konfiguration über, die zusätzlich zu den Ereignissen der alten Konfiguration noch dieses soeben eingetretene Ereignis enthält.

Eine Ereignisstruktur heißt deterministisch (dLES), wenn sie es nicht zuläßt, daß in einer Konfiguration sich zwei verschiedene Instanzen derselben Aktion ereignen könnten (i. e. aktiviert sind). Ein Ereignis e ist aktiviert in einer Konfiguration c, in Formelzeichen $c \vdash e$, wenn gilt[74]:

$e \notin c$ das Ereignis hat sich noch nicht ereignet,

$\lfloor e \rfloor \setminus \{e\} \subset c$ alle Ursachen sind bereits eingetreten und

$e' \# e \Rightarrow e' \notin c$ das Ereignis steht nicht in Konflikt mit den bisher eingetretenen.

Die Einschränkung für ein deterministisches LES ist infolgedessen[75]:

$$\forall e,e' \in E: \ c \vdash e \ \wedge \ c \vdash e' \ \wedge \ l(e) = l(e') \ \Rightarrow \ e = e'.$$

Das LES in Abbildung 4.24 ist deterministisch. Die beiden Aktionen c (Ereignisse 3 und 6) folgen aufeinander und können daher nicht zum selben Zeitpunkt stattfinden. Dasselbe gilt für die b-Aktionen 2 und 7 bzw. 2 und 8. Die Instanzen 7 und 8 von b erzeugen ebenfalls keinen Nicht-Determinismus, weil sie in Konflikt sind.

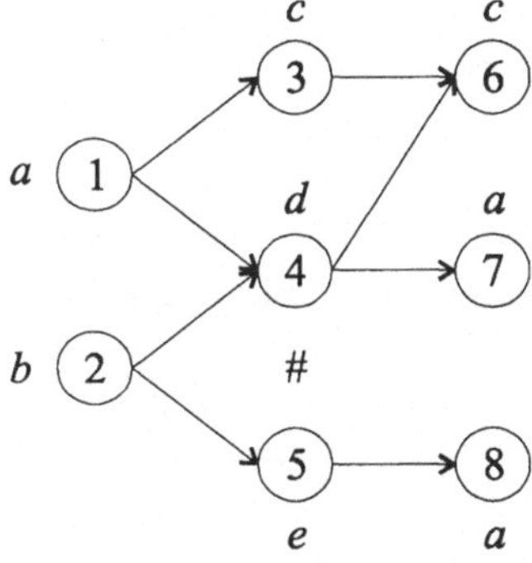

Abbildung 4.26:	Nicht-deterministische Ereignisstruktur

Eine Ereignisstruktur, die nicht deterministisch ist, zeigt Abbildung 4.26. Sie ist mit der deterministischen Struktur in Abbildung 4.24 weitgehend identisch. Es wurden

---

[74]	vgl. SASSONE, NIELSEN und WINSKEL 1993, S. 88
[75]	vgl. SASSONE, NIELSEN und WINSKEL 1993, S. 88

lediglich die beiden terminalen b-Aktionen durch a-Aktionen ersetzt. Dies bewirkt eine nicht mehr deterministische Situation in Konfiguration { 2, 5 }, in der sowohl a (1) als auch a (8) eintreten könnten.

Aufbauend auf den Ereignisstrukturen können nun analog zu den Zustandsmodellen (z. B. Algebra der partiellen Sequenzen) ebenfalls Prozesse und Verknüpfungen zwischen ihnen definiert werden. Im Unterschied zu jenen gibt es hier zusätzlich zu den Operationen Sequenz und Nebenläufigkeit noch die Summation[76], d. h. Auswahl, zwischen zwei Prozessen. Darüber hinaus entfallen bei der Sequenzbildung die Verknüpfungselemente, also die Übereinstimmung der Endzustände des Vorgängers mit den Anfangszuständen des Nachfolgers. Die Sequenz zweier Prozesse ist also in jedem Fall definiert.

Die *Auswahloperation* $p = p_1 + p_2$ legt fest, daß entweder Prozeß p_1 oder Prozeß p_2 ausgeführt wird. p_1 und p_2 schließen also einander aus. Auf der Ebene der Ereignisse bedeutet das, daß alle Ereignisse von p_1 in Konflikt stehen mit denen von p_2. Da die Nachfolger konfliktärer Ereignisse qua definitione ebenfalls konfliktär sind, genügt es, das Konfliktsymbol „#" für die Startereignisse von p_1 und p_2 anzugeben. Übereinstimmende Anfangssequenzen werden dabei „zusammengelegt" (siehe Abbildung 4.27).

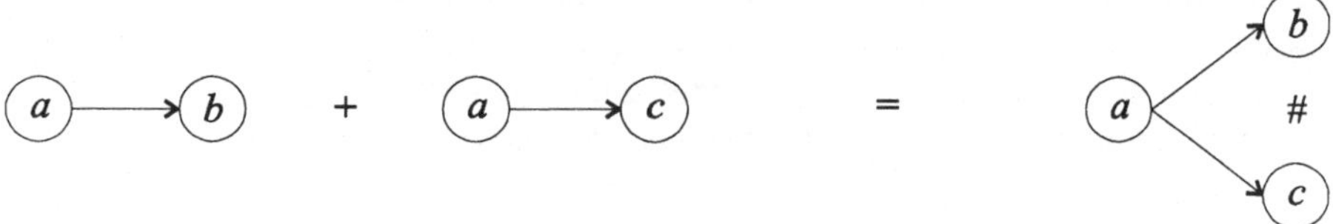

Abbildung 4.27:   Summe zweier Ereignisstrukturen

Bei der *Parallelität* $p = p_1 \,\|\, p_2$ werden die Prozesse konfliktfrei nebeneinander angeordnet. Ansonsten wird ähnlich wie bei der Summe verfahren (siehe Abbildung 4.28).

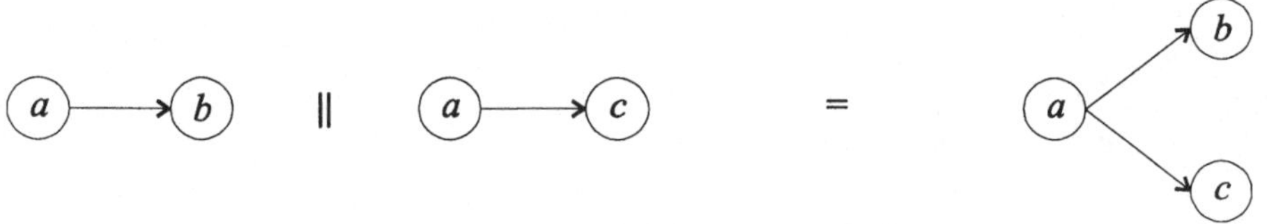

Abbildung 4.28:   Parallelität zweier Ereignisstrukturen

---

[76]   Die formalen Definitionen der Verknüpfungen auf Ereignisstrukturen bleiben hier unerwähnt. Sie sind z. B. in RENSINK 1995, S. 165 f. enthalten.

Die *Sequenz* $p = p_1 \cdot p_2$ ist hingegen eine komplexere Operation. Zunächst werden die Endereignisse von p_1 (also die Ereignisse ohne Nachfolger) entlang der Konfliktrelation in konsistente Gruppen[77] partitioniert. Die Gruppen sind maximal in dem Sinne, daß jede Hinzunahme eines weiteren Elements die Konfliktfreiheit in dieser Gruppe zerstören würde. Für jede Gruppe wird nun eine Kopie von p_2 angefertigt. Jedes Ereignis einer solchen Kopie wird jedem Ereignis der zugehörigen Gruppe aus p_1 nachgeordnet (siehe Abbildung 4.29).

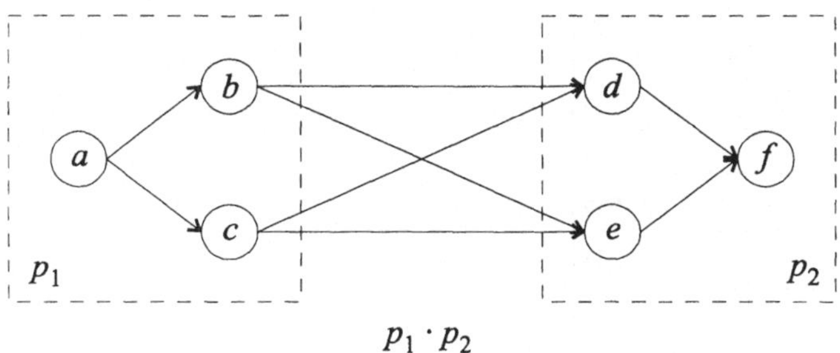

$$p_1 \cdot p_2$$

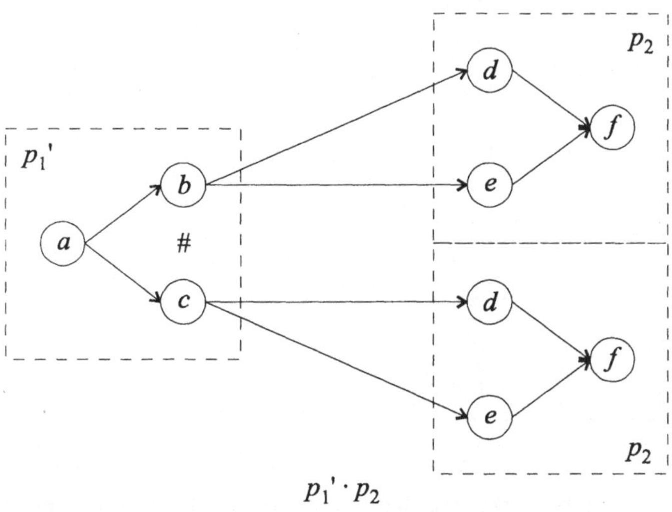

$$p_1' \cdot p_2$$

Abbildung 4.29:   Sequenz zweier Ereignisstrukturen

Die Operationen Summe, Parallelität und Sequenz induzieren nun eine algebraische Struktur auf den Ereignisstrukturen. Für deterministische Ereignisstrukturen ist eine

---

77   D. h., die Elemente einer Gruppe sind untereinander konfliktfrei.

solche Algebra namens Ax durch die folgenden Axiome über den Aktionen A spezifiziert[78]:

<u>sorts:</u>	A	
<u>consts:</u>	δ, ε[79]	
<u>opns:</u>	$+, \cdot, \parallel : A \times A \rightarrow A$	
<u>eqns:</u>	$\delta + x = x$	(1)
	$(x + y) + z = x + (y + z)$	(2)
	$x + y = y + x$	(3)
	$x + x = x$	(4)
	$\varepsilon \cdot x = x$	(5)
	$x \cdot \varepsilon = x$	(6)
	$(x \cdot y) \cdot z = x \cdot (y \cdot z)$	(7)
	$\varepsilon \parallel x = x$	(8)
	$(x \parallel y) \parallel z = x \parallel (y \parallel z)$	(9)
	$x \parallel y = y \parallel x$	(10)
	$\delta \cdot x = \delta$	(11)
	$x \cdot \delta = x \parallel \delta$	(12)
	$(x + y) \cdot z = x \cdot z + y \cdot z$	(13)
	$x \cdot (y + z) = x \cdot y + x \cdot z$	(14)
	$x \parallel (y + z) = x \parallel y + x \parallel z$	(15)
	$x \cdot (y \parallel z) = x \cdot y \parallel x \cdot z$	(16)

Tabelle 4.8:   Algebra Ax

Vorausgreifend sei an dieser Stelle bemerkt, daß diese Axiome eine große Ähnlichkeit zu denen der Prozeßalgebra aufweisen[80]. Dennoch existieren aber auch wesentliche Unterschiede. Die Axiome 14 und 16 von Ax sind im Rahmen der Prozeßalgebra

---

[78]   vgl. RENSINK 1995, S. 163

[79]   „δ" ist der Deadlock, also der Prozeß, der keine Aktion mehr ausführen kann und daher blockiert. „ε" ist die erfolgreiche Beendigung, also der leere Prozeß, der keine Aktion mehr ausführen muß.

[80]   vgl. Abschnitt 4.3.4

weder Axiome noch lassen sie sich als Gesetze ableiten. Die Unterschiede im einzelnen:

- Axiom 8 ist ein Lemma in der Prozeßalgebra[81], Axiome 9[82], 10[83] und 12[84] sind Theoreme.

- Axiom 14 gilt in Ax nur aufgrund des Determinismus der zugrundegelegten Ereignisstrukturen. In der Prozeßalgebra gilt es nicht (siehe Abschnitt 4.3.4.1).

- Axiom 16 gilt in der Prozeßalgebra nicht, weil es keine Zusammenlegung präfixgleicher paralleler Prozesse gibt. Die rechte Seite der Gleichung würde also interpretiert als eine doppelte Ausführung von Prozeß x im Unterschied zu der einfachen Durchführung auf der linken Seite.

4.3.4 Prozesse als lineare Halbordnungen über atomaren Aktionen (Prozeßalgebren)

In den beiden vorangegangenen Abschnitten wurden die Aktionen, die Prozesse konstituieren, auf elementarere Konzepte wie Ereignisse und Zustände zurückgeführt. Dies erlaubte zwar eine korrekte Behandlung aller Phänomene, die im Zusammenhang mit nebenläufigen Systemen auftreten, erforderte aber auch einen anspruchsvollen mathematischen Formalismus. Zu Beginn der 80er Jahre untersuchte man daher die Reduktion dieses Formalismus auf die wesentlichen Bestandteile. Im Mittelpunkt standen dabei die folgenden Ansätze:

- Abstraktion von den zugrundeliegenden Zuständen und Ereignissen, indem man die Theorie unmittelbar auf den atomaren Aktionen aufbaut, die ja der eigentliche Gegenstand der Betrachtung (auch in den Zustands- und Ereignismodellen) sind.

- Erzwingung einer linearen Ordnung, damit Prozesse als einfache algebraische Terme bestehend aus alternativen Sequenzen dargestellt werden können. Dies wird in der Regel mittels eines sogenannten Shuffle- oder Merge-Operators erreicht, der die Halbordnung der Aktionen zu linearen Sequenzen verschachtelt (Interleaving).

Modelle, in denen diese Ansätze umgesetzt wurden, nennt man *Prozeßalgebren*. Beispiele für solche Algebren sind CSP (Communicating Sequential Processes) von Hoare[85], CCS (Calculus of Communicating Systems) von Milner[86], Meije von

---

[81] vgl. BAETEN und WEIJLAND 1990, S. 77

[82] vgl. BAETEN und WEIJLAND 1990, S. 71

[83] vgl. BAETEN und WEIJLAND 1990, S. 69 (ohne Beweis)

[84] vgl. BAETEN und WEIJLAND 1990, S. 75

[85] vgl. HOARE 1978

[86] vgl. MILNER 1980

Boudol[87], Projektionsalgebren[88], AFP_1[89] und AFP_2[90] (Algebra of Finite Processes) von Cherkasova und die Prozeßalgebra (PA bzw. ACP[91]) von Bergstra und Klop[92].

Von den genannten Modellen fanden CCS, CSP und PA/ACP in der Literatur die meiste Beachtung. Im folgenden wird jedoch nur die Prozeßalgebra PA/ACP im Detail vorgestellt. Da die anderen Prozeßalgebren eine große Ähnlichkeit zur ACP aufweisen und keine darüber hinausgehenden Konzepte enthalten[93], wird auf ihre Darstellung hier verzichtet und auf die angegebene Literatur verwiesen. Lediglich CCS und CSP werden in Abschnitt 4.3.4.6 mit ACP kontrastiert.

Die Darstellung der Prozeßalgebra nach Bergstra/Klop beginnt in 4.3.4.1 mit der Basis-Prozeßalgebra (BPA), die die grundlegenden Operatoren Sequenz und Auswahl für atomare Aktionen und Prozesse einführt. Abschnitt 4.3.4.2 fügt dem zwei spezielle Aktionen für erfolgreiche und erfolglose Beendigung von Prozessen hinzu. Im Anschluß daran wird dieser Formalismus dann um den Merge-Operator, der Nebenläufigkeit ausdrückt, zur allgemeinen Prozeßalgebra PA erweitert (siehe Abschnitt 4.3.4.3). Um das gleichzeitige Stattfinden von Aktionen (co-occurrence), das in den Zustands- oder Ereignismodellen in natürlicher Weise vorhanden ist, auch im prozeßalgebraischen Kontext ausdrücken zu können, wird danach in Abschnitt 4.3.4.5 die Algebra PA mithilfe des Kommunikationsoperators zur ACP (Algebra of Communicating Processes) ausgebaut. Damit kann man ansonsten parallel laufende Prozesse an bestimmten Stellen zur Synchronisation zwingen (in Petrinetzen wird dies über eine gemeinsame Transition geregelt). Abschließend wird, wie bereits erwähnt, ACP mit den konkurrierenden Algebren CCS und CSP verglichen.

4.3.4.1 BPA (Basic Process Algebra)

Die Basisobjekte der *BPA* sind die sogenannten „*atomaren Aktionen*" aus einer Menge A (im folgenden mit Kleinbuchstaben aus dem Anfang des Alphabets bezeichnet):

$$A = \{\ a, b, c, \dots\ \}.$$

Atomare Aktionen sind dabei Prozesse im Sinne des Abschnitts 2.1.4, d. h., sie bewirken Zustandsübergänge (die in der PA jedoch nicht explizit modelliert werden), sind selbst unsichtbar, haben keine zeitliche Dauer und können beliebig häufig ausgeführt werden (sind also dem Charakter nach eine Menge von Ereignissen). Sie sind die

---

[87] vgl. BOUDOL 1985

[88] vgl. EHRIG, PARISI-PRESICCE, BOEHM, RIECKHOFF, DIMITROVICI und GROSSE-RHODE 1990

[89] vgl. CHERKASOVA und KOTOV 1990

[90] vgl. CHERKASOVA 1990

[91] Algebra of Communicating Processes

[92] vgl. BERGSTRA und KLOP 1982

[93] Für CCS und PA z. B. weisen Bergstra und Klop auf den starken Zusammenhang zwischen den beiden Algebren hin (vgl. BERGSTRA und KLOP 1984, S. 110).

kleinsten, nicht mehr zerlegbaren Prozesse und somit Bestandteil der Menge P aller *Prozesse*:

$A \subset P$.

Auf dieser Menge A sind nun die beiden Basisoperatoren Sequenz und Auswahl wie folgt definiert:

$a \cdot b$ bedeutet, Aktion a muß vor Aktion b ausgeführt werden.

$a + b$ heißt, daß entweder Aktion a oder Aktion b ausgeführt wird.

Diese Operatoren fungieren als Prozeßkonstruktoren, d. h., man kann mit ihnen aus einfachen Prozessen (also auch Aktionen) komplexere Prozesse konstruieren. Damit wird sowohl der Definitionsbereich von A auf P ausgedehnt als auch eine rekursive Definition der Menge P gegeben:

$x, y \in P \implies x \cdot y, x + y \in P$.

Ein Beispiel für einen *Prozeßterm* ist:

$a(bc + d)(a + b)$.

Klammern werden, wo es ohne Verwechslung möglich ist, weggelassen, ebenso das Multiplikationszeichen; „·" bindet stärker als „+". Im Beispiel wird also zunächst a ausgeführt, danach entweder die Sequenz bc oder Aktion d. Zum Abschluß wird noch eine Auswahl zwischen a und b getroffen und die gewählte Aktion exekutiert.

sorts:	A, P $A \subseteq P$	
consts:	A	
opns:	$\cdot, + : P \times P \rightarrow P$	
eqns:	$x + y = y + x$	A1
	$(x + y) + z = x + (y + z)$	A2
	$x + x = x$	A3
	$(x + y) \cdot z = x \cdot z + y \cdot z$	A4
	$(x \cdot y) \cdot z = x \cdot (y \cdot z)$	A5

Tabelle 4.9:   Algebra BPA nach BAETEN und WEIJLAND 1990, S. 16

Die algebraische Spezifikation von BPA ist in Tabelle 4.9 wiedergegeben. Die Variablen x, y und z sind wie üblich allquantifiziert. In Tabelle 4.10 werden die Axiome dann näher erläutert.

A1:	Axiom A1 besagt, daß eine Auswahl zwischen x und y dasselbe ist wie eine Auswahl zwischen y und x.	„+" ist kommutativ.
A2:	Bei einer Auswahl aus 3 Alternativen ist es gleichgültig, ob man zuerst zwischen den ersten beiden entscheidet und das Resultat mit der dritten vergleicht, oder ob man zunächst aus den beiden letzten Alternativen eine wählt und diese dann der ersten gegenüberstellt. Dieses Axiom stellt ein interessantes Analogon zur Entscheidungstheorie[94] dar. Es ist nämlich äquivalent zur Gültigkeit des Ordnungsaxioms $(x \prec y \vee y \prec x)$ und des Transitivitätsaxioms $(x \prec y \prec z \Rightarrow x \prec z)$[95] nach Luce und Raiffa[96].	„+" ist assoziativ.
A3:	Die Auswahl zwischen identischen Alternativen stellt keine „echte" Entscheidung im eigentlichen Sinne dar.	„+" ist idempotent.
A4:	Die Auswahl zwischen den Sequenzen $x\,z$ und $y\,z$ kommt einer Entscheidung zwischen den Präfixen x und y gefolgt von Prozeß z gleich.	„·" ist rechts-distributiv über „+".
A5:	In $(x\,y)\,z$ folgt z auf die Sequenz $x\,y$ und somit auf y als letzten Prozeß dieser Sequenz. Der Ausdruck bezeichnet somit also einfach die Sequenz $x\,y\,z$, ebenso $x\,(y\,z)$.	„·" ist assoziativ.

Tabelle 4.10:   Erläuterung der Axiome der BPA

Man beachte, daß BPA das Axiom für Links-Distributivität von „·" über „+"

$$x \cdot (y + z) \;=\; x \cdot y + x \cdot z$$

nicht enthält ! Der Grund hierfür liegt darin, daß dieses Axiom den Determinismus von Prozessen zerstören bzw. einführen kann. Man sieht das sehr deutlich, wenn man den Ausdruck auf der rechten Seite der Gleichung als Ereignisstruktur betrachtet: Die beiden mit x etikettierten, aber verschiedenen Ereignisse sind beide zum Startzeitpunkt aktiviert (Konfiguration $\varnothing$). Um die Aktion x auszuführen, existieren also zwei unterschiedliche Wege, zwischen denen eine nicht-deterministische Auswahl getroffen werden muß. Auf der linken Seite der Gleichung hingegen herrscht eine deterministi-

---

[94]   vgl. LAUX 1991
[95]   Wäre nämlich $x \prec y \prec z \prec x$, dann würde die linke Seite von A2 zu „z" evaluieren und die rechte zu „x" !
[96]   vgl. LUCE und RAIFFA 1957

sche Situation, weil es nur ein x-Ereignis gibt[97]. Baeten und Weijland[98] weisen aber darauf hin, daß es dennoch Gründe geben kann, dieses Axiom in speziellen Prozeßalgebren hinzuzunehmen, wenn es erforderlich ist. In Kapitel 6 wird eine solche Situation für die Prozeßtheorie der Ablaufplanung postuliert.

Die Axiome von BPA werden in der Regel dazu benutzt, die *Äquivalenz von Prozessen* zu beweisen. So kann z. B. die Gültigkeit der folgenden Gleichung

$$a(ba) + (ab + b)a = ba + (ab)a$$

durch Anwendung der Axiome A4, A2, A5, A3, A1 (in dieser Reihenfolge) nachgewiesen werden. Die *Ableitung* gestaltet sich im Detail wie folgt:

$$
\begin{aligned}
a(ba) + (ab + b)a & & &| \text{A4} \\
= a(ba) + [(ab)a + ba] & & &| \text{A2} \\
= [a(ba) + (ab)a] + ba & & &| \text{A5} \\
= [(ab)a + (ab)a] + ba & & &| \text{A3} \\
= (ab)a + ba & & &| \text{A1} \\
= ba + (ab)a & & &\text{q. e. d.}
\end{aligned}
$$

Solche Theorembeweise[99] sind im allgemeinen Fall nicht entscheidbar, d. h., es existiert kein Algorithmus, der, gegeben einen Satz von Axiomen, jede Gleichung (i. e. jedes Theorem) in diesem Kalkül beweisen oder widerlegen kann und im Falle der Gültigkeit die entsprechende Ableitung wiedergibt.

Nun möchte man aber bestimmte Ableitungen, wie z. B. die von Normalformen, operationalisieren und muß dazu zumindest ihre Entscheidbarkeit garantieren. Um dies zu erreichen, geht man von der allgemeinen Algebra zu einem sogenannte *Termersetzungssystem*[100] über, indem man die Gleichheitszeichen in geeigneter Weise durch Pfeile ersetzt und so die Richtung für die Substitution von Subtermen vorgibt. Axiom A3 z. B. könnte also entweder so

$$x + x \rightarrow x$$

oder so

---

97   Man kann die Ungleichheit der beiden Seiten auch „intuitiver" über den unterschiedlichen Zeitpunkt der Entscheidungen erklären: Rechts muß sofort entschieden werden, in welchen Zweig man sich begibt, links kann diese Entscheidung auf den Zeitpunkt nach der Ausführung von „x" verschoben werden; somit können etwaige entscheidungsrelevante Ergebnisse des Prozesses „x" berücksichtigt werden.

98   vgl. BAETEN und WEIJLAND 1990, S. 17

99   vgl. BIBEL 1982

100   vgl. BAETEN und WEIJLAND 1990, S. 10

$$x \rightarrow x + x$$

als Termersetzungsregel interpretiert werden.

Damit ein solches Termersetzungssystem eine Normalform generiert, muß es zwei Eigenschaften besitzen: es muß streng normalisierend und konfluent sein.

Ein Termersetzungssystem heißt *streng normalisierend*, wenn keine unendlichen Ableitungen möglich sind:

$$t_0 \rightarrow t_1 \rightarrow t_2 \rightarrow \ldots$$

Auf die zweite Interpretation von A3 trifft dies z. B. nicht zu, wohl aber auf die erste.

Ein Termersetzungssystem ist *konfluent* (oder man sagt auch es besitzt die Church-Rosser- oder *Diamant-Eigenschaft*), wenn folgendes gilt[101]: Ausgehend von einem beliebigen Term t gelangt man, indem man die Anwendung der Termersetzungsregeln solange wiederholt, wie dies möglich ist, immer zum selben Resultat t', unabhängig davon, in welcher Reihenfolge die Regeln angewendet werden. Zwei mögliche, verschiedene Wege sind in Abbildung 4.30 skizziert. Da die resultierende Form t' eindeutig ist, nennt man sie Normalform von t.

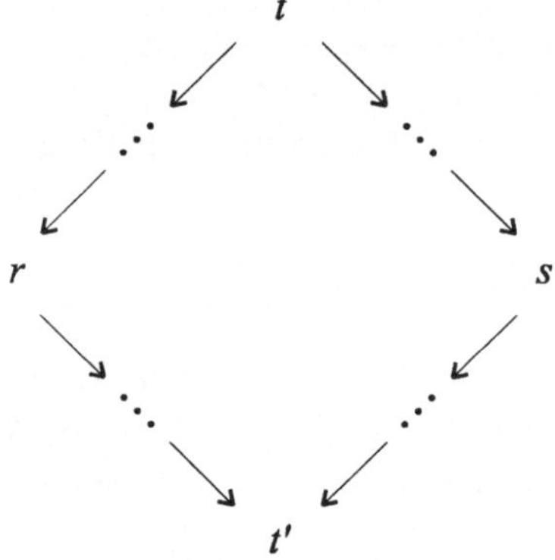

Abbildung 4.30:   Diamant-Eigenschaft

In BPA bilden die Axiome A4 und A5 ein solches streng normalisierendes Termersetzungssystem mit der Diamant-Eigenschaft, wenn man sie in folgender Weise als Termersetzungsregeln interpretiert[102]:

---

[101]   vgl. BAETEN und WEIJLAND 1990, S. 12
[102]   vgl. BAETEN und WEIJLAND 1990, S. 18

$$(x + y) \cdot z \;\rightarrow\; x \cdot z + y \cdot z$$

$$(x \cdot y) \cdot z \;\rightarrow\; x \cdot (y \cdot z)$$

Die daraus abgeleitete Normalform heißt *Kopfnormalform* (head normal form, HNF), weil ihre Terme die folgende Gestalt haben[103]:

$$t = a_1\, t_2 + \ldots + a_n\, t_n + b_1 + \ldots + b_m,$$

wobei die a_i und b_i atomare Aktionen und die t_i Terme sind. Den Kopf bildet also immer eine atomare Aktion, danach kann ein geklammerter Ausdruck kommen, dessen Subterme t_i dann wieder einen atomaren Kopf haben und so weiter. Für das Beispiel

$$(a + b)(a + b)c$$

lautet die HNF dementsprechend:

$$a(ac + bc) + b(ac + bc).$$

4.3.4.2 $BPA_{\delta\varepsilon}$ (BPA mit Deadlock und Termination)

In realen, nebenläufigen Systemen kann es zu sogenannten Verklemmungen (Deadlocks) kommen. Es handelt sich dabei um einen Systemzustand, in dem mindestens ein Prozeß an der Ausführung weiterer Aktionen auf unbeschränkte Zeit gehindert wird[104]. Er tritt z. B. auf, wenn ein Prozeß die Ressource A belegt und für seine nächste Aktion B (und weiterhin A) benötigt und gleichzeitig ein anderer Prozeß die Ressource B bindet und auf A wartet, um fortfahren zu können. Auch dieser zweite Prozeß kann die von ihm gebundene Ressource B nicht freigeben. Die beiden Prozesse blockieren sich somit also gegenseitig auf unbegrenzte Zeit und können nur durch einen Eingriff von außen beendet werden.

Um einen *Deadlock* in BPA darstellen zu können, erweitert man die Signatur um eine Konstante δ, die einen solchen Prozeß, der nie terminiert, bezeichnet. Für das Pendant zum Deadlock, also die erfolgreiche Termination eines Prozesses, wird ebenfalls eine neue Konstante ε, eingeführt. Man nennt ε auch den „*leeren Prozeß*", weil er keine Aktionen mehr ausführen muß. Die so erweiterte Algebra heißt $BPA_{\delta\varepsilon}$. Ihre Spezifikation enthält Tabelle 4.11[105]. Entfernt man ε bzw. δ aus der Spezifikation, so erhält man BPA_{δ} bzw. BPA_{ε}.

---

[103]   vgl. BAETEN und WEIJLAND 1990, S. 17
[104]   Es handelt sich bei der hier gegebenen Definition um ein Deadlock im weiteren Sinne. In der Betriebssystemtheorie z. B. sind immer mindestens zwei Prozesse an einem Deadlock beteiligt.
[105]   vgl. BAETEN und WEIJLAND 1990, S. 22 f.

sorts:	A, P	$A \subset P$
consts:	$A \cup \{\, \delta, \varepsilon \,\}$	
opns:	opns(BPA)	
eqns:	eqns(BPA)	
	$x + \delta = x$	A6
	$\delta \cdot x = \delta$	A7
	$x \cdot \varepsilon = x$	A8
	$\varepsilon \cdot x = x$	A9

Tabelle 4.11:   Algebra BPA$_{\delta\varepsilon}$

Erläuterungen zu den Axiomen:

- Nach Axiom A6 wird jede Alternative dem Deadlock vorgezogen, weil dieser keine Option zur Durchführung einer Aktion mehr besitzt, während jene noch ablauffähig ist.

- Axiom A7 besagt, daß der Nachfolger eines Prozesses, der nie terminiert, nicht erreicht werden kann.

- A8 und A9 schließlich geben an, daß ein Prozeß ohne Aktionen einer Sequenz auch nichts hinzufügt, weder als Vorgänger noch als Nachfolger.

Es sei bereits an dieser Stelle vorweggenommen, daß δ und ε eine bedeutende Rolle in der Prozeßtheorie der Ablaufplanung spielen. So steht etwa δ für einen ungültigen Ablaufplan, und ε fungiert als Platzhalter für die leere Sequenz. Die Verwendung von ε ermöglicht in vielen Fällen eine elegantere und kompaktere Darstellung des Axiomensystems von Theorien, die auf der Prozeßalgebra aufbauen (vgl. Kapitel 7 und 8).

4.3.4.3   PA (Process Algebra)

Die Prozeßterme der BPA erlauben im Grunde genommen bereits eine Darstellung aller möglichen Abläufe[106]. Jedoch wäre die Einführung eines Operators für Parallelität wünschenswert (gewissermaßen als ein Makro), um nicht alle Ablaufvarianten, die die Nebenläufigkeit in Bezug auf die Reihenfolge zwischen Aktionen verschiedener Prozesse beinhaltet, „manuell" spezifizieren zu müssen. Zur Erklärung dieser Situation möge das folgende Schaubild dienen:

---

[106]   Daß PA und BPA die gleiche Ausdrucksmächtigkeit haben, wird in BAETEN und WEIJLAND 1990, S. 72 bewiesen.

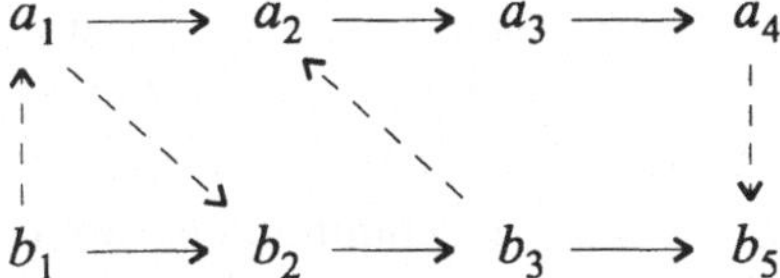

Abbildung 4.31:   Interleaving nebenläufiger Prozesse

In Abbildung 4.31 werden die beiden Prozesse p_1 (Sequenz der a_i) und p_2 (Sequenz der b_i) nebenläufig zu einem Prozeß p zusammengefaßt. Dies bewirkt, daß in der Ausgangslage (ohne die gestrichelten Kanten) die Aktionen der beiden Prozesse nur halbgeordnet sind: Die Aktionen des ehemaligen p_1 sind unter sich total geordnet, ebenso die von p_2. Aber keine Aktion von p_1 steht in irgendeiner Ordnungsbeziehung zu einer Aktion von p_2. Die Prozeßalgebra fordert aber eine totale Ordnung aller Aktionen von p. Um dies zu erreichen, schafft man einen Subterm für jede mögliche Vervollständigung der Halbordnung (eine ist in Abbildung 4.31 durch gestrichelte Linien angedeutet). Eine solche Vervollständigung entspricht auf der Ebene der Terme einer Ineinanderschachtelung (*Interleaving*) der beiden Terme von p_1 und p_2, also im abgebildeten Beispiel der Sequenz

$b_1 \, a_1 \, b_2 \, b_3 \, a_2 \, a_3 \, a_4 \, b_4.$

Die „Summe"[107] aller möglichen Verschachtelungen entspricht dann dem BPA-Term von p.

sorts:	P, A	$A \subset P$
consts:	A	
opns:	opns(BPA)	
	$\|, \mathbb{L} : P \times P \to P$	
eqns:	eqns(BPA)	
	$x \| y = x \mathbb{L} y + y \mathbb{L} x$	M1
	$a \mathbb{L} x = a\,x$	M2
	$a\,x \mathbb{L} y = a\,(x \| y)$	M3
	$(x + y) \mathbb{L} z = x \mathbb{L} z + y \mathbb{L} z$	M4

Tabelle 4.12:   Algebra PA

---

[107]   Gemeint ist die Verkettung der Subterme mithilfe des Auswahloperators „+".

Dieser Vorgang muß nun nur noch algebraisch spezifiziert werden. Das Resultat ist in Tabelle 4.12 wiedergegeben[108]. Der Doppelbalken ist der neue *Operator für Nebenläufigkeit* (merge). Man beachte, daß in der Definition zusätzlich der Hilfsoperator ⌊⌊ (left-merge[109]) eingeführt wird, um die Anzahl der Axiome zu minimieren. Beide neuen Operatoren binden stärker als „+", aber schwächer als „·". Das Symbol a steht für eine beliebige atomare Aktion.

Ersetzt man in den Axiomen M1 bis M4 die Gleichheitszeichen durch Pfeile von links nach rechts, dann kommt man zu einem Termersetzungssystem für die zielgerichtete Expansion des Merge-Operators. Die Expansion erzeugt alle verschachtelten Ablaufvarianten als BPA-Ausdrücke und eliminiert so den *Merge-Operator*[110]. Am Beispiel der nebenläufigen Sequenzen ab und cd sei dies gezeigt:

$$a\,b \parallel c\,d \qquad\qquad\qquad |\,\text{M1}$$
$$= a\,b \lfloor\!\lfloor c\,d + c\,d \lfloor\!\lfloor a\,b \qquad |\,\text{M3, M3}$$
$$= a\,(b \parallel c\,d) + c\,(d \parallel a\,b) \qquad |\,\text{M1, M1}$$
$$= a\,(b \lfloor\!\lfloor c\,d + c\,d \lfloor\!\lfloor b) + c\,(d \lfloor\!\lfloor a\,b + a\,b \lfloor\!\lfloor d) \qquad |\,\text{M2, M2}$$
$$= a\,(b\,c\,d + c\,d \lfloor\!\lfloor b) + c\,(d\,a\,b + a\,b \lfloor\!\lfloor d) \qquad |\,\text{M3, M3}$$
$$= a\,(b\,c\,d + c\,(d \parallel b)) + c\,(d\,a\,b + a\,(b \parallel d)) \qquad |\,\text{M1, M1}$$
$$= a\,(b\,c\,d + c\,(d \lfloor\!\lfloor b + b \lfloor\!\lfloor d)) + c\,(d\,a\,b + a\,(b \lfloor\!\lfloor d + d \lfloor\!\lfloor b)) \qquad |\,\text{M2} \times 4$$
$$= a\,(b\,c\,d + c\,(d\,b + b\,d)) + c\,(d\,a\,b + a\,(b\,d + d\,b))$$

Der aufgelöste Term enthält 6 Alternativen und ist bereits in Kopfnormalform.

4.3.4.4   Rekursion

Bei der Modellierung realer Systeme treten immer wieder Situationen auf, in denen Prozesse über eine unbegrenzte Zeit hinweg ablaufen. Man denke z. B. an das System „Unternehmen", bei dessen Gründung üblicherweise nicht von vornherein beschlossen wird, das Unternehmen nach einer festgelegten Anzahl von Geschäftsprozessen wieder aufzulösen. Ein weiteres Beispiel ist ein Bankkonto. Auch hier wird die Bank, zumindest bezüglich der Einzahlungen, keinen maximalen Betrag und keine Obergrenze für die Anzahl von Transaktionen, die über dieses Konto abgewickelt werden, vorschreiben. Solche Prozesse sind prinzipiell unendlich und können somit nicht mit den bisher

---

[108]   vgl. BAETEN und WEIJLAND 1990, S. 68

[109]   Der Left-Merge ist mit dem normalen Merge identisch, nur muß die erste durchgeführte Aktion aus dem linken Operanden stammen.

[110]   Daß dies so ist, ist Gegenstand des Eliminationstheorems. Den Beweis dieses Theorems findet man in BAETEN und WEIJLAND 1990, S. 70. Dort wird auch die Assoziativität des Merge-Operators nachgewiesen (S. 71).

vorgestellten endlichen Prozeßtermen spezifiziert werden. Eine elegante Möglichkeit, *unendliche Prozesse* zu beschreiben, ohne die Einfachheit des algebraischen Ansatzes aufgeben zu müssen, bietet die Rekursion[111]. Durch sie kann ein Prozeßterm sich auf sich selbst beziehen und sich quasi immer wieder selbst „anstoßen". Zur Illustration dieses Vorgangs möge ein einfaches Beispiel dienen: Ein Kaffeeautomat akzeptiert eine Münze (m) und gibt dann Kaffee (k) aus:

$$m \cdot k.$$

Beim nächsten Kunden wiederholt sich dieser Vorgang von neuem, so daß nun insgesamt folgende Sequenz ausgeführt wurde:

$$m \cdot k \cdot m \cdot k.$$

Möchte man das Verhalten des Automaten über seine gesamte, unbegrenzte Lebensdauer beschreiben, so kann dies nicht mehr in Form einer Aufzählung geschehen. Man bezeichnet daher einfach den gesamten Prozeß z. B. mit X und bezieht sich bei der Wiederholung des Vorgangs auf eben dieses X:

$$X = m \cdot k \cdot X$$

Setzt man diese Gleichung einmal in das X auf der rechten Seite ein, so erhält man:

$$X = m \cdot k \cdot m \cdot k \cdot X$$

Wiederholt man das Einsetzen unendlich häufig, dann gelangt man zur Lösung dieser rekursiven Gleichung, die genau dem gewünschten Resultat entspricht:

$$X = m \cdot k \cdot m \cdot k \cdot m \cdot k \cdot m \cdot k \cdot m \cdot k \cdot \ldots$$

Daß dies auch mit nebenläufigen Systemen funktioniert, zeigt das folgende Beispiel. Das bereits erwähnte Bankkonto (K) soll dabei in vereinfachter Weise modelliert werden. Es werde angenommen, daß stets ein fester Betrag (eine Geldeinheit GE) eingezahlt (*ein*) oder abgehoben (*aus*) wird, eine Überziehung des Kontos ist nicht erlaubt:

$$K = ein \cdot (K \parallel aus) + ein \cdot aus$$

Zu Beginn ist das Konto leer (Saldo = 0), und es muß auf jeden Fall zuerst eine Einzahlung erfolgen. Danach könnte die erste Auszahlung erfolgen. Unabhängig davon wird aber auch ein neuer Kontoprozeß auf dem Saldoniveau 1 GE aufgelegt, der wiederum eine Einzahlung und eine Auszahlung zuläßt und so weiter. Man beachte,

---

[111] Es kann an dieser Stelle nur eine rudimentäre Einführung in die Thematik gegeben werden. Eine ausführliche Darstellung der Rekursion findet der geneigte Leser in BAETEN und WEIJLAND 1990, S. 25 ff.

daß jeder neue K-Prozeß immer mit einer Einzahlung beginnt und daß die Anzahl Einzahlungen und Auszahlungen immer gleich ist. Beides zusammen garantiert, daß der Saldo nie negativ werden kann und bei Auflösung des Kontos null ist. Der Merge-Operator sorgt schließlich dafür, daß, abgesehen von diesen Einschränkungen, Ein- und Auszahlungen in beliebiger Reihenfolge getätigt werden können und, wegen der Rekursion, auch beliebig häufig.

ein · ein · aus · ein · ein · aus · aus · ein · aus · ...

ist z. B. der Beginn einer möglichen Folge von Transaktionen, also einer möglichen Ineinanderschachtelung der Lösung obiger Gleichung.

4.3.4.5   ACP (Algebra of Communicating Processes)

In der Einleitung zu Abschnitt 4.3.4 wurde bereits erwähnt, daß es das bisherige Modell der Prozeßalgebra nicht gestattet, die gleichzeitige (synchrone) Ausführung von Aktionen darzustellen. Da im prozeßalgebraischen Kontext keine Pufferspeicher existieren, setzt die Kommunikation zweier Aktionen aber immer deren Synchronisation voraus: Sender und Empfänger müssen also zum gleichen Zeitpunkt die zu kommunizierende Information austauschen. Um also Kommunikation beschreiben zu können, muß man die Menge aller Aktionen A unterscheiden in solche, die einen Kommunikationspartner benötigen, und solche, die unabhängig sind. Man tut dies, indem man eine eine Teilmenge H von A als Menge von Kommunikationsteilaktionen festlegt. Des weiteren gibt man auch eine *Kommunikationsfunktion* γ über $A \times A$ an, und zwar so, daß γ nur für zusammengehörige Kommunikationspartner definiert ist. Als Funktionswert legt man die Aktion fest, die die Zusammenfassung der Partner zu einer einzigen *Kommunikationsaktion* repräsentiert:

$$\gamma(\,send(\,I\,),\,receive(\,I\,)\,) \;=\; comm(\,I\,),$$

wobei $send(\,I\,),\,receive(\,I\,) \in H$ und $comm(\,I\,) \in A \setminus H$.

Die Aktion $send(\,I\,)$ möchte eine Information I übertragen, und $receive(\,I\,)$ möchte diese Information empfangen. Aber nur wenn beide Aktionen gemeinsam stattfinden, kommt es auch zu einer Kommunikation. Man bezeichnet in diesem Fall den gesamten Vorgang als Aktion $comm(\,I\,)$. Diese Aktion steht somit für den Austausch der Information I zwischen Sender und Empfänger. In ihr gehen die beiden Kommunikationspartner auf.

Im Unterschied dazu sind aber z. B.

$$\gamma(\,send(\,I\,),\,receive(\,J\,)\,) \text{ und } \gamma(\,send(\,I\,),\,send(\,I\,)\,) \text{ undefiniert,}$$

im ersten Fall, weil gesendete und empfangene Nachricht nicht übereinstimmen, und im zweiten Fall, weil zwei Sender nicht miteinander kommunizieren können.

In den prozeßalgebraischen Termen taucht diese Kommunikationsfunktion selbst jedoch nicht explizit auf. Statt dessen notiert man die synchrone Ausführung zweier Aktionen mit einem speziellen Merge-Operator (communication merge), einem einfachen Balken. So bedeutet beispielsweise

$$a \mid b,$$

daß a und b synchron ausgeführt werden sollen.

In Abhängigkeit von γ definiert man diesen *Kommunikations-Merge* wie folgt:

$$a \mid b = \gamma(a, b), \text{ falls } \gamma(a, b) \text{ definiert ist,}$$

$$a \mid b = \delta, \text{ sonst.}$$

Gemäß dieser Definition ist also z. B.

$$s \mid r = \gamma(s, r) = c,$$

d. h. die synchrone Ausführung von s und r liefert die Kommunikationsaktion c.

Ist aber γ undefiniert, so kann keine Kommunikation der beiden Aktionen stattfinden und die beiden Prozesse sind blockiert:

$$s \mid s = \delta, \text{ wenn } \gamma(s, s) \text{ undefiniert ist.}$$

Atomare Aktionen wie *send* (s) und *receive* (r) sind also nur sinnvoll, wenn sie synchronisiert mit ihrem jeweiligen Pendant ausgeführt werden. Eine alleinige Durchführung von z. B. s ist jedoch nicht möglich. Um alle einzelnen Vorkommen solcher Aktionen aus einem Term zu eliminieren, benennt man sie einfach in δ um. Für diese Umbenennung (renaming)[112] führt man einen sogenannten *Kapselungsoperator* (encapsulation operator) ∂_H ein, der alle „halben" Aktionen (also die Elemente aus H), die ohne ihren Partner auftreten, in einen Deadlock umwandelt.

Damit sind alle Voraussetzungen für ACP, die Algebra kommunizierender Prozesse, geschaffen. Die algebraische Spezifikation von ACP[113], befindet sich in Tabelle 4.13[114].

---

112   vgl. BAETEN und BERGSTRA 1988
113   vgl. BERGSTRA und KLOP 1986
114   vgl. BAETEN und WEIJLAND 1990, S. 94

sorts:	P, A $\qquad\qquad\qquad\quad$ $A \subset P$	
consts:	$A \cup \{\, \delta \,\}$	
opns:	opns(PA)	
	$\gamma\colon A \times A \to A$	
	$\mid\colon P \times P \to P$	
	$\partial_H\colon P \to P$	
eqns:	eqns(BPA_δ)	
	$a \mid b \;=\; \gamma(a, b)$ $\qquad\qquad$ falls γ definiert	CF1
	$a \mid b \;=\; \delta$ $\qquad\qquad$ falls γ undefiniert	CF2
	$x \parallel y \;=\; x \,\mathbin{\rlap{\parallel}{\lfloor}}\, y + y \,\mathbin{\rlap{\parallel}{\lfloor}}\, x + x \mid y$	CM1
	$a \,\mathbin{\rlap{\parallel}{\lfloor}}\, x \;=\; a\,x$	CM2
	$a\,x \,\mathbin{\rlap{\parallel}{\lfloor}}\, y \;=\; a\,(x \parallel y)$	CM3
	$(x + y) \,\mathbin{\rlap{\parallel}{\lfloor}}\, z \;=\; x \,\mathbin{\rlap{\parallel}{\lfloor}}\, z + y \,\mathbin{\rlap{\parallel}{\lfloor}}\, z$	CM4
	$a\,x \mid b \;=\; (a \mid b)\,x$	CM5
	$a \mid b\,x \;=\; (a \mid b)\,x$	CM6
	$a\,x \mid b\,y \;=\; (a \mid b)\,(x \parallel y)$	CM7
	$(x + y) \mid z \;=\; x \mid z + y \mid z$	CM8
	$x \mid (y + z) \;=\; x \mid y + x \mid z$	CM9
	$\partial_H(a) \;=\; a$ $\qquad\qquad$ falls $a \notin H$	D1
	$\partial_H(a) \;=\; \delta$ $\qquad\qquad$ falls $a \in H$	D2
	$\partial_H(x + y) \;=\; \partial_H(x) + \partial_H(y)$	D3
	$\partial_H(x\,y) \;=\; \partial_H(x) \cdot \partial_H(y)$	D4

Tabelle 4.13:   Algebra ACP

Zum Abschluß sei noch einmal die Expansion des Merge-Operators in ACP an der Synchronisierung der beiden Prozesse *as* und *rb* illustriert. Die kommunizierenden Prozesse sind *s* und *r*, also

$$H = \{\, s, r \,\}.$$

Die Kommunikationsfunktion γ ist nur für dieses Paar definiert:

$$\gamma(s, r) = \gamma(r, s) = c.$$

Daraus und aus dem Axiomensystem ergibt sich die folgende Ableitung:

$$
\begin{aligned}
\partial_H(a\,s \parallel r\,b) =\quad & \qquad\qquad\qquad\qquad && |\,\text{CM1} \\
& \partial_H[\,a\,s \parallel\!\!\!\lfloor\, r\,b + r\,b \parallel\!\!\!\lfloor\, a\,s + a\,s\,|\,r\,b\,] && |\,\text{CM3, CM3} \\
& \partial_H[\,a\,(s \parallel r\,b) + r\,(b \parallel a\,s) + a\,s\,|\,r\,b\,] && |\,\text{D3, D3} \\
& \partial_H[\,a\,(s \parallel r\,b)\,] + \partial_H[\,r\,(b \parallel a\,s)\,] + \partial_H(a\,s\,|\,r\,b) && |\,\text{D4} \\
& \partial_H[\,a\,(s \parallel r\,b)\,] + \partial_H(r)\cdot\partial_H(b \parallel a\,s) + \partial_H(a\,s\,|\,r\,b) && |\,\text{D2} \\
& \partial_H[\,a\,(s \parallel r\,b)\,] + \delta\cdot\partial_H(b \parallel a\,s) + \partial_H(a\,s\,|\,r\,b) && |\,\text{A7} \\
& \partial_H[\,a\,(s \parallel r\,b)\,] + \delta + \partial_H(a\,s\,|\,r\,b) && |\,\text{A6} \\
& \partial_H[\,a\,(s \parallel r\,b)\,] + \partial_H(a\,s\,|\,r\,b) && |\,\text{CM7} \\
& \partial_H[\,a\,(s \parallel r\,b)\,] + \partial_H[\,(a\,|\,r)\cdot(s \parallel b)\,] && |\,\text{CF2} \\
& \partial_H[\,a\,(s \parallel r\,b)\,] + \partial_H[\,\delta\cdot(s \parallel b)\,] && |\,\text{A7} \\
& \partial_H[\,a\,(s \parallel r\,b)\,] + \partial_H(\delta) && |\,\text{D1} \\
& \partial_H[\,a\,(s \parallel r\,b))\, + \delta && |\,\text{A6} \\
& \partial_H[\,a\,(s \parallel r\,b)\,] && |\,\text{D4} \\
& \partial_H(a)\cdot\partial_H(s \parallel r\,b) && |\,\text{D1} \\
& a\cdot\partial_H(s \parallel r\,b) && |\,\text{CM1} \\
& a\cdot\partial_H[\,s \parallel\!\!\!\lfloor\, r\,b + r\,b \parallel\!\!\!\lfloor\, s + s\,|\,r\,b\,] && |\,\text{CM2, CM3} \\
& a\cdot\partial_H[\,s\,r\,b + r\,(b \parallel s) + s\,|\,r\,b\,] && |\,\text{D3, D3} \\
& a\cdot[\,\partial_H(s\,r\,b) + \partial_H[\,r\,(b \parallel s)\,] + \partial_H(s\,|\,r\,b)\,] && |\,\text{D4, D4} \\
& a\cdot[\,\partial_H(s)\cdot\partial_H(r\,b) + \partial_H(r)\cdot\partial_H(b \parallel s) + \partial_H(s\,|\,r\,b)\,] && |\,\text{D2, D2} \\
& a\cdot[\,\delta\cdot\partial_H(r\,b) + \delta\cdot\partial_H(b \parallel s) + \partial_H(s\,|\,r\,b)\,] && |\,\text{A7, A7} \\
& a\cdot[\,\delta + \delta + \partial_H(s\,|\,r\,b)\,] && |\,\text{A6, A6} \\
& a\cdot\partial_H(s\,|\,r\,b) && |\,\text{CM6} \\
& a\cdot\partial_H[\,(s\,|\,r)\,b\,] && |\,\text{CF1} \\
& a\cdot\partial_H(c\,b) && |\,\text{D4} \\
& a\cdot\partial_H(c)\cdot\partial_H(b) && |\,\text{D1, D1}
\end{aligned}
$$

$$a\,c\,b$$

Da r und s nur gleichzeitig als Kommunikationsaktion c ausgeführt werden können, ist acb die einzig mögliche Sequenz. Betrachtet man die nebenläufigen Prozesse as und rb, dann ist dies auch unmittelbar ersichtlich (siehe Abbildung 4.32).

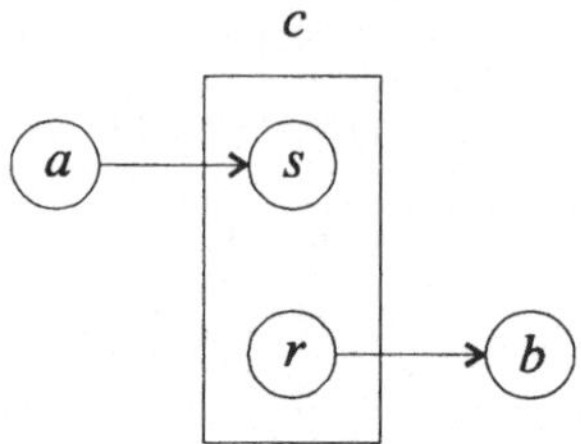

Abbildung 4.32:   Kommunikation der Prozesse „as" und „rb"

Zum Abschluß dieses Abschnitts seien zum Vergleich mit den Petrinetzen das *Erzeuger/Verbraucher-System* (*EVS*) und das *2-Philosophen-System* (*2PS*) mit ACP modelliert (siehe Abbildung 4.14 in 4.2.4.1). Beim *EVS* besteht die Kommunikation k aus der Sendeaktion k_1 und der Empfangsaktion k_2. Erzeugung und Verbrauch einer Nachricht werden mit a bzw. b bezeichnet. Zunächst werden Sender und Empfänger unabhängig voneinander modelliert. Im dargestellten Zustand ergibt sich:

$$S = k_1 \cdot a \cdot S = k_1\,a\,k_1\,a\,k_1\,a \ldots$$

$$E = k_2 \cdot b \cdot E = k_2\,b\,k_2\,b\,k_2\,b \ldots$$

Für das gesamte System erhält man mit $H = \{k_1, k_2\}$ und $\gamma(k_1, k_2) = k$:

$$EVS = \partial_H(\,S \parallel E\,)$$

$$= k(\,a \cdot b \cdot EVS + b \cdot a \cdot EVS\,)$$

$$= k(\,a\,b + b\,a\,)\,k(\,a\,b + b\,a\,) \ldots$$

Auch die Philosophen des *2PS* werden zunächst unabhängig voneinander beschrieben. Wenn man den Beginn und das Ende der Mahlzeit eines Philosophen mit b bzw. e bezeichnet, so gilt:

$$P1 = b_1 \cdot e_1$$

$$P2 = b_2 \cdot e_2$$

Und das vollständige System wird beschrieben durch:

$$2PS = (\,P1 + P2\,) \cdot 2PS = (\,b_1\,e_1 + b_2\,e_2\,) \cdot (\,b_1\,e_1 + b_2\,e_2\,) \cdot \ldots$$

4.3.4.6　Vergleich mit anderen Prozeßalgebren

Gegenstand des vorliegenden Abschnitts ist der Vergleich[115] der Prozeßalgebra ACP mit CCS von Milner[116] und CSP von Hoare[117]. Aufgrund der Verwandtschaft der Ansätze wird hier von den formalen Aspekten abstrahiert und lediglich auf Unterschiede und Gemeinsamkeiten der Modelle hingewiesen. Die größte Ähnlichkeit besteht zwischen ACP und *CCS*. Baeten und Weijland betrachten ACP_τ (siehe weiter unten) sogar als eine Remodularisierung von CCS[118]. An der Oberfläche scheinen jedoch die Unterschiede zu überwiegen. Dies beginnt bereits bei den atomaren Aktionen: In CCS gibt es zu jeder atomaren Aktion a ein Komplement $\bar{a}$. Nur zwischen diesen beiden ist eine Kommunikation möglich; eine Synchronisierung von a und $\bar{a}$ läuft dabei „im Stillen" ab (silent step), kann also nicht von außen beobachtet werden (Abstraktion). Einen solchen „stillen Schritt" bezeichnet man mit dem Symbol τ, einer ausgezeichneten atomaren Aktion. Die Aktion τ kann auch in ACP eingeführt werden. Die entsprechende erweiterte Algebra heißt ACP_τ.

Die Sequenzbildung ist in CCS eingeschränkt auf eine sogenannte Präfix-Multiplikation '.': Nur eine atomare Aktion kann einer Sequenz vorangestellt werden. Der PA-Operator $\|$ wird in CCS lediglich anders notiert (als einfacher Balken), hat aber hier wie dort die gleiche Bedeutung, ebenso, notationsgleich, der Auswahloperator +. Auch Kapselung ∂ (ACP) und Restriktion „\" (CCS) unterscheiden sich nur notationell: $\partial_{\{a,\bar{a}\}}(x) \cong x \setminus a$.

Die beiden wesentlichen Unterschiede sind jedoch erkenntnistheoretischer bzw. semantischer Natur. Zum einen ist der Ausgangspunkt der Theoriebildung bei den Konkurrenten von ACP verschieden:

„This group of process theories differs in an important respect from process algebra as treated in this book, and that is that they all start from one specific model and try to find laws that hold in this model, whereas we start from a set of laws and try to find models for them."[119]

Das heißt also: ACP ist eine axiomatische Theorie, die als Vorlage für algebraische Modelle dient, während hingegen CCS schon ein feststehendes algebraisches Modell ist.

Zum anderen ist der Systembegriff in ACP und CCS unterschiedlich. CCS geht davon aus, daß ein System eine unendliche Lebensdauer hat, bei ACP können auch finite

---

[115]　vgl. VAN GLABBEEK 1986
[116]　vgl. MILNER 1989
[117]　vgl. HOARE 1985
[118]　vgl. BAETEN und WEIJLAND 1990, S. 221
[119]　vgl. BAETEN und WEIJLAND 1990, S. 221

Prozesse dargestellt werden. Dies kommt sehr deutlich in den Aktionen δ (ACP) und *NIL* (CCS) zum Ausdruck. Beide bedeuten die erfolglose Beendigung eines Prozesses. Während aber in CCS jeder Prozeßterm mit *NIL* aufhört, ist δ in ACP fakultativ. Ein CCS-Prozeß kann also nur laufen oder blockieren, denn er ist unendlich (i. e. ohne erfolgreiche Beendigung).

Aus dem Gesagten folgt, daß der Term

$$a\,s \parallel r\,b \qquad\qquad \text{(ACP)}$$

aus dem vorangegangenen Abschnitt mit

$$a\,c \mid \bar{c}\ b \qquad\qquad \text{(CCS)}$$

äquivalent ist.

CSP, der zweite Konkurrent, stimmt bezüglich des Systembegriffs mit CCS überein, jedoch nennt Hoare die erfolglose Beendigung *STOP*. Atomare Aktionen treten nicht komplementär auf, weil in CSP jede Aktion *a* mit sich selbst kommuniziert. Die resultierende Aktion heißt wiederum *a*. Auch CSP kennt nur die Präfix-Multiplikation „→", hat aber sowohl für die Auswahl als auch für die parallele Verknüpfung je zwei Operatoren. Bei der Auswahl wird unterschieden zwischen einer externen, deterministischen Wahl „□" und einer internen, nicht-deterministischen Selektion „⊓". Der PA-Operator für parallele Verknüpfung mit Kommunikation wird in CSP in zwei Operatoren aufgeteilt: ein dreifacher Balken für die reine Verschachtelung und ein Doppelbalken für die reine Kommunikation.

Sei also der ACP-Term

$$a\,b + b\,a$$

gegeben. Dann lautet der entsprechende CSP-Ausdruck:

$$a \rightarrow b \rightarrow STOP \ \square \ b \rightarrow a \rightarrow STOP.$$

Man beachte, daß die Verwendung von „□" anstelle von „+" nur aufgrund der deterministischen Situation möglich ist. Bei dem nicht-deterministischen ACP-Term

$$a\,b + a\,c$$

muß daher eine systeminterne Auswahl zwischen *b* und *c* getroffen werden:

$$a \rightarrow (\,b \rightarrow STOP \ \sqcap \ c \rightarrow STOP\,).$$

4.3.5 Semantik von Prozeßalgebren

In diesem Abschnitt wird die Semantik von algebraischen Prozeßmodellen untersucht. Der Begriff der Semantik ist dabei in der „Concurrency Theory"-Literatur unterschiedlich belegt.

Einerseits versteht man darunter die Zusammenfassung von Prozeßtermen in Gruppen von gleichartigen Prozessen, den sogenannten Äquivalenzklassen. Man definiert also nicht direkt, was ein bestimmter Term bedeutet, sondern man stellt nur fest, daß er dieselbe Bedeutung wie ein anderer (Referenz-)Prozeß hat. Die zugrundeliegende Äquivalenzrelation hängt dabei von der Art des Modells ab. ACP basiert auf der Bisimulation (vgl. Abschnitt 4.3.5.1); CCS verwendet die Beobachtungsäquivalenz[120] (observational equivalence) und CSP die Fehlersemantik (failure semantics)[121].

Auf der anderen Seite befinden sich die „echten" Semantiken, d. h. es wird jedem Term ein Objekt eines anderen, sogenannten Referenzmodells zugewiesen. Dieses Objekt ist die Bedeutung des Terms. Dies setzt natürlich voraus, daß die Semantik des Referenzmodells bekannt ist. In der Regel verwendet man daher für die Referenzmodelle etablierte Objekte wie Funktionen, Prozeß- oder Transformationsgraphen[122] oder Transitionssysteme.

Nutzt man den Funktionenbegriff aus der Mathematik als Referenz, dann spricht man von einer *denotationalen Semantik*[123]. Dieser Ansatz war bei rein sequentiellen Systemen sehr verbreitet, ist aber nur mit einem aufwendigen mathematischen Apparat auf nebenläufige Prozesse übertragbar[124] und findet daher in der Literatur keine nennenswerte Beachtung.

Im Kontrast dazu steht die *operationale Semantik*. Sie bildet jede Aktion des algebraischen Modells auf eine Operation einer abstrakten Maschine ab. Sie gibt also an, wann welche Aktionen durchgeführt werden können. Geeignete Referenzmodelle sind hier Prozeßgraphen (Transformationsgraphen) oder Transitionssysteme. Letztere bildeten unter anderem die Semantik von Halbordnungen über Ereignissen[125] und von CCS[126], erstere greift Abschnitt 4.3.5.2 auf.

---

[120] vgl. GRAF und SIFAKIS 1984

[121] vgl. PHILLIPS 1987

[122] vgl. 4.3.5.2

[123] vgl. STOY 1977

[124] vgl. DE BAKKER und ZUCKER 1982

[125] vgl. BOUDOL und CASTELLANI 1986

[126] vgl. BOUDOL und CASTELLANI 1988a und CORRADINI, FERRARI und MONTANARI 1990

4.3.5.1   Bisimulation

In der Prozeßalgebra ist *Bisimulation*[127] definiert als eine Relation über Prozeßtermen. Man sagt, ein Prozeßterm t_1 bisimuliert einen Term t_2, i. e.

$$t_1 \equiv_{BS} t_2,$$

wenn jede Aktion a, die t_1 ausführen kann, auch in t_2 möglich ist und umgekehrt:

$$t_1 \xrightarrow{a} t_1' \quad \Rightarrow \quad t_2 \xrightarrow{a} t_2',$$

$$t_2 \xrightarrow{a} t_2' \quad \Rightarrow \quad t_1 \xrightarrow{a} t_1'$$

und wenn dies auch für die neuen Terme wieder gilt (Rekursion):

$$t_1' \equiv_{BS} t_2'.$$

$a \xrightarrow{a} \surd$			
$x \xrightarrow{a} x' \quad \Rightarrow$	$x+y \xrightarrow{a} x'$	und	$y+x \xrightarrow{a} x'$
$x \xrightarrow{a} \surd \quad \Rightarrow$	$x+y \xrightarrow{a} \surd$	und	$y+x \xrightarrow{a} \surd$
$x \xrightarrow{a} x' \quad \Rightarrow$	$xy \xrightarrow{a} x'y$		
$x \xrightarrow{a} \surd \quad \Rightarrow$	$xy \xrightarrow{a} y$		
$x \xrightarrow{a} x' \quad \Rightarrow$	$x \parallel y \xrightarrow{a} x' \parallel y$	und	$y \parallel x \xrightarrow{a} y \parallel x'$
$x \xrightarrow{a} \surd \quad \Rightarrow$	$x \parallel y \xrightarrow{a} y$	und	$y \parallel x \xrightarrow{a} y$
$x \xrightarrow{a} x' \quad \Rightarrow$	$x \parallel\!\!\!\lfloor y \xrightarrow{a} x' \parallel y$		
$x \xrightarrow{a} \surd \quad \Rightarrow$	$x \parallel\!\!\!\lfloor y \xrightarrow{a} y$		

Tabelle 4.14:   Aktionsbeziehungen für PA nach BAETEN und WEIJLAND 1990, S. 69

Die Beziehung „$\xrightarrow{a}$" heißt dabei *Aktionsbeziehung* (action relation).

$$t_1 \xrightarrow{a} t_1'$$

bedeutet, daß sich Prozeß t_1 unter Ausführung von a in t_1' verwandelt. Die Aktionsbeziehung für PA ist in Tabelle 4.14 wiedergegeben. Der Tick „$\surd$" symbolisiert dabei die erfolgreiche Beendigung eines Prozesses.

---

[127]   vgl. BERGSTRA und KLOP 1989

Ein Beispiel für bisimulationsäquivalente Terme sind die folgenden Ausdrücke:

$$a\,(b + b)\,c \ \equiv_{BS}\ a\,b\,c.$$

Zum Nachweis der Äquivalenz muß man alle möglichen Aktionenfolgen für beide Terme aufstellen.

Linker Term: $a\,(b+b)\,c \xrightarrow{a} (b+b)\,c \xrightarrow{b} c \xrightarrow{c} \sqrt{}$

Rechter Term: $a\,b\,c \xrightarrow{a} b\,c \xrightarrow{b} c \xrightarrow{c} \sqrt{}$

In beiden Fällen kann genau die Folge $a\,b\,c$ und auch nur diese ausgeführt werden. Die Terme sind also, wie behauptet, äquivalent. Anders verhält es sich mit den Ausdrücken

$$a\,(b + c) \quad \text{und} \quad a\,b + a\,c.$$

Um hier nachzuweisen, daß die Terme nicht äquivalent sind, genügt ein Gegenbeispiel.

Linker Term: $a\,(b+c) \xrightarrow{a} b+c \xrightarrow{b} \sqrt{}$

Rechter Term: $a\,b + a\,c \xrightarrow{a} c \xrightarrow{c} \sqrt{}$

Die beiden Beispiele zeigen auch noch etwas anderes: Im ersten Fall hätte man die Gleichheit der beiden Terme auch über Axiom A3 deduktiv in der Prozeßalgebra ableiten können. Im zweiten Falle wäre dies aber aufgrund des Fehlens der Links-Distributivität nicht möglich gewesen. Dies ist nicht nur in den Beispielen, sondern generell so. Zwei Terme sind also genau dann bisimulationsäquivalent, wenn ihre Gleichheit mit den Axiomen algebraisch ableitbar ist. Man kann also sagen, daß die Prozeßalgebra eine Axiomatisierung der Bisimulationssemantik darstellt.

Die Aktionsbeziehungen, auf deren Basis die Bisimulation definiert ist, sind darüber hinaus auch die Grundlage einer operationalen Semantik der Prozeßalgebra. Diese wird im nächsten Abschnitt vorgestellt.

4.3.5.2 Strukturierte Operationale Semantik

Die *strukturierte operationale Semantik* (SOS) wurde im Jahre 1981 von Plotkin eingeführt[128]. Sie wurde seither verwendet, um die Bedeutung zahlreicher Modelle und Sprachen zu definieren. Für CSP nahm Plotkin selbst dies vor[129]. Eine Transitionssystemsemantik für CCS geben Degano, De Nicola und Montanari an[130]. Die hier vorgestellte operationale Semantik für die Prozeßalgebra geht zurück auf Baeten, Bergstra

---

[128]   vgl. PLOTKIN 1981
[129]   vgl. PLOTKIN 1983
[130]   vgl. DEGANO, DE NICOLA und MONTANARI 1988

und Klop[131]. Sie liefert mit den sogenannten Transformationsgraphen bzw. Prozeß-graphen eine anschauliche Darstellung der Aktionsbeziehungen und damit von Prozessen.

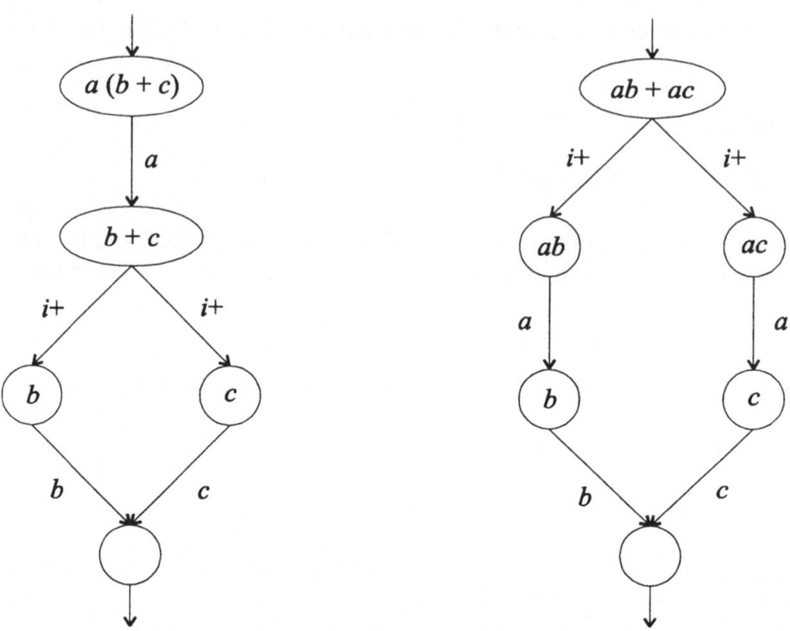

Abbildung 4.33:   Transformationsgraphen für „a (b + c)" und „ab + ac"

Ein *Transformationsgraph* ist eine Abbildung von der Menge der Prozeßterme in die Menge der kantenetikettierten, gewurzelten, gerichteten und endlich-verzweigten Multigraphen[132]:

$$\phi : P \to G$$

Für einen beliebigen Term $t \in P$ wird er wie folgt konstruiert:

- t wird der Wurzel zugewiesen.

- Für √ existiert ein weiterer Knoten.

- Für jede Auswahl $x + y$ existieren Knoten $x + y$, x und y, außerdem mit „i+"[133] etikettierte Kanten von $x + y$ zu den beiden Handlungsalternativen.

---

[131]   vgl. BAETEN, BERGSTRA und KLOP 1985
[132]   Ein Multigraph läßt mehrere Kanten zwischen zwei Knoten zu.
[133]   „i+" bezeichnet die nicht-deterministische Auswahl.

- Für jede Aktionsbeziehung $x \xrightarrow{a} x'$, außer denen für „+", existieren Knoten x und x', die mit einer a-Kante verbunden sind (x' kann auch der Tick sein).

An dem Beispiel der Transformationsgraphen für $a\,(b + c)$ und $a\,b + a\,c$ in Abbildung 4.33 kann man noch einmal deutlich den Grund für die Nichtexistenz der Links-Distributivität erkennen.

Die *Prozeßgraphen*[134] stellen eine Variante der vorgestellten Transformationsgraphen dar. Es entfallen die Bezeichnung der Knoten und die Kanten für Nicht-Determinismus. Abbildung 4.34 zeigt den Prozeßgraphen für den Ausdruck $a\,(b + c)\,\|\,d$.

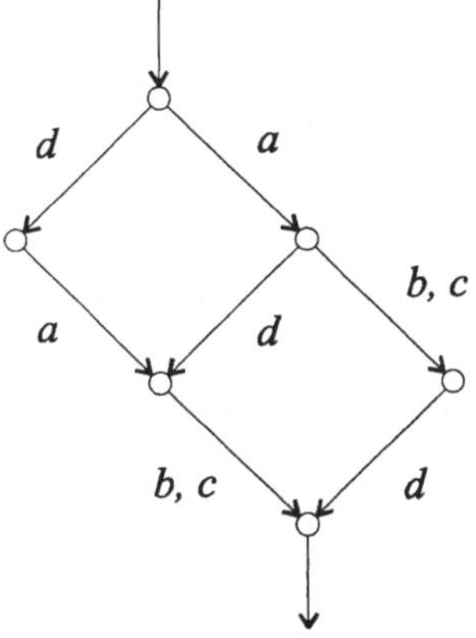

Abbildung 4.34:   Prozeßgraph von „$a\,(b+ c)\,\|\,d$"

---

134   vgl. BAETEN und WEIJLAND 1990, S. 45

5 Vergleich der Prozeßmodelle

Im vorangegangenen Kapitel wurden die bedeutendsten Modelle nebenläufiger Systeme vorgestellt. Nun gilt es, daraus einen Vertreter auszuwählen, der als Grundlage für die Prozeßtheorie geeignet ist. Die Wahl fällt dabei auf die Prozeßalgebra. Die Gründe hierfür werden in Abschnitt 5.2 erörtert auf der Basis einer Klassifikation aller Modelle. Um auch die Prozeßalgebra in das dort gegebene Klassifikationsschema einordnen zu können, wird zunächst die Äquivalenz prozeßalgebraischer Modellierung mit Petrinetzen gezeigt.

5.1 Äquivalenz von Petrinetzen und Prozeßalgebra

Die Gleichwertigkeit von Petrinetzen und der Prozeßalgebra ACP[1] kann auf verschiedene Art interpretiert und nachgewiesen werden. Auf der rein syntaktischen Ebene z. B. sind die beiden Ansätze natürlich auf triviale Weise verwandt: Man kann Petrinetze formal als Subkategorie zweisortiger Algebren über Multimengen betrachten[2]. Diese Tatsache macht aber noch keine Aussage darüber, ob und wie ein System bedeutungsgleich von einem Formalismus in den anderen übertragen werden kann. Auf der semantischen Ebene versuchte man daher, die Beziehung zwischen Prozeßalgebren und Petrinetzen über eine abstrakte Maschine, die sogenannte asynchrone Zustandsmaschine ASM (asynchronous state machine), herzustellen[3]. In diesem Kapitel wird jedoch ein anderer, konstruktiver Ansatz verfolgt, indem der Homomorphismus[4] von prozeßalgebraischen Termen in Petrinetze (5.1.1) und dessen Umkehrung (5.1.2) unmittelbar angegeben werden. Die Idee dazu entstand bereits in den 70er Jahren[5]. Später wurde die Isomorphie[6] dann auch für ACP nachgewiesen[7].

5.1.1 Der Homomorphismus Prozeßalgebra $\Rightarrow$ Petrinetz

Eine Umwandlung von ACP_δ-Termen in Petrinetze wurde bereits Ende der 80er Jahre von van Glabbeek und Vaandrager beschrieben[8]. Zunächst werden dabei den atomaren

---

[1] Der Zusammenhang von CCS und Petrinetzen wurde in GOLTZ und MYCROFT 1984 untersucht.

[2] vgl. WINSKEL 1987b, S. 197

[3] vgl. SHIELDS 1987

[4] gestalterhaltende Abbildung

[5] vgl. KOTOV 1978

[6] Ein Isomorphismus (gestaltgleiche Abbildung) ist ein bijektiver Homomorphismus, d. h., es existiert eine Zuordnung in beiden Richtungen.

[7] vgl. Abschnitte 5.1.1 und 5.1.2

[8] vgl. VAN GLABBEEK und VAANDRAGER 1987, S. 230 f.

Aktionen und dem Deadlock *Petrielemente*[9] zugewiesen. Die Operatoren der Prozeßalgebra werden dann auf diesen Petrielementen definiert. Man erhält dadurch eine induktive Konstruktionsvorschrift für den Aufbau von Petrinetzen, der durch die Struktur der Terme gesteuert wird. Prozeßterme und Netze werden also „parallel" entwickelt.

Formal verwendet man S/T-Netze[10] mit *etikettierten Transitionen*:

$$N = (\ S, T;\ F, M_{\text{in}}, l\ ).$$

Neu gegenüber den Netzen aus 4.2.4.2 ist lediglich die Funktion

$$l: T \to A,$$

die die Transitionen des Netzes mit den atomaren Aktionen der Prozeßalgebra etikettiert. Da die Beendigung eines Petrinetzes üblicherweise nicht definiert ist, dies aber für finite Prozesse unabdingbar ist, möge die Konvention gelten, daß ein Petrinetz als beendet gilt, wenn es keine Marken mehr enthält.

Mit diesen Festlegungen können nun die Petrielemente angegeben werden. Eine atomare Aktion a wird durch das Netz

$$a \ \cong\ (\ \{S_0\}, \{T_0\}, \{S_0{\to}T_0\}, \{S_0{\to}1\}, \{T_0{\to}a\}\ )$$

repräsentiert. Die grafische Darstellung dieses Basisnetzes gibt die Abbildung 5.1 wieder.

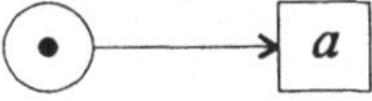

Abbildung 5.1:   Petrinetz für die atomare Aktion „a"

Die Transition a des Netzes kann nur genau einmal schalten. Danach ist die Marke verschwunden und das Netz damit beendet. Somit entspricht die Semantik dieses Netzes genau der der atomaren Aktion a in der Prozeßalgebra.

Der *Deadlock* wird durch das Element

$$\delta \ \cong\ (\ \{S_0\}, \varnothing, \varnothing, \{S_0{\to}1\}, \varnothing\ )$$

dargestellt (siehe Abbildung 5.2).

Abbildung 5.2:   Der Deadlock als Petrinetz

Da es keine Transition gibt, kann die Marke niemals verschwinden. Das Netz terminiert somit nie, genauso wie δ.

Aufbauend auf diesen Netzen kann man nun die Verknüpfungen Auswahl (+), Sequenz ($\cdot$) und Parallelität ($\parallel$) definieren. Es seien also die Prozeßterme p_1 und p_2 gegeben und diesen Termen die Netze N_1 und N_2 zugeordnet:

$p_1 \cong N_1,$

$p_2 \cong N_2.$

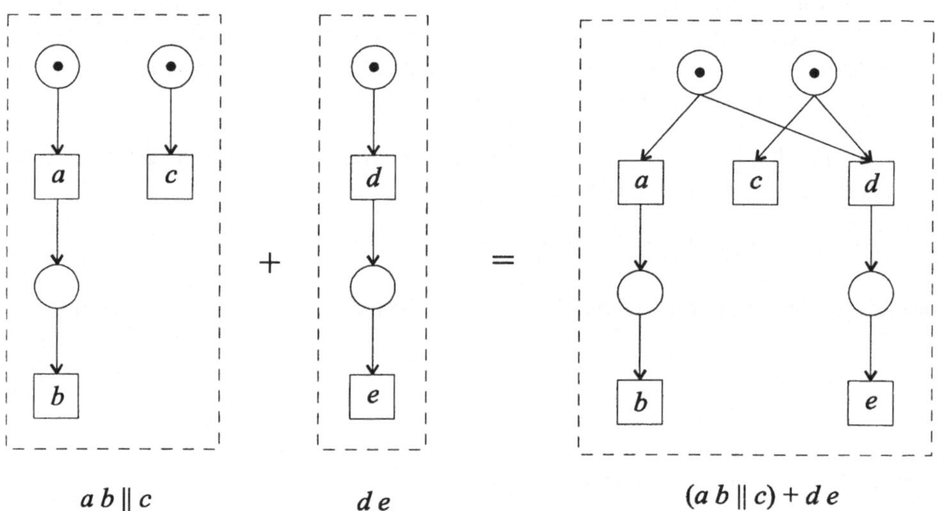

Abbildung 5.3:   Auswahl zwischen Prozessen auf Petrinetzebene

Die *Auswahl*

$p_1 + p_2 \cong N_3$

wird dann durch das Netz

$N_3 = (S_3, T_3; F_3, (M_{\text{in}})_3, l_3)$

repräsentiert. Dabei ist

$S_3 = [S_1 \setminus (M_{\text{in}})_1] \cup [S_2 \setminus (M_{\text{in}})_2] \cup (M_{\text{in}})_1 \times (M_{\text{in}})_2,$

$T_3 = T_1 \cup T_2,$

$$F_3 = [\,(F_1 \cup F_2) \cap (S_3 \times T_3 \cup T_3 \times S_3)\,] \cup \{\,((s_0, s_1), t) \mid (s_0, t) \in F_1 \vee (s_1, t) \in F_2\,\},$$

$$(M_{\text{in}})_3 = (M_{\text{in}})_1 \times (M_{\text{in}})_2, \quad l_3 = l_1 \cup l_2.$$

Die Abbildung 5.3 enthält ein Beispiel für diese Konstruktion.

Wenn die d-Transition schaltet, werden die beiden Marken aus den initialen Stellen entfernt und somit die Ausführung von „$ab \parallel c$" verhindert. Umgekehrt, wenn zuerst a oder c feuert, verschwindet eine Marke aus einer der beiden Anfangsstellen, und die d-Transition ist nicht mehr aktiviert. Prozeß „de" ist somit blockiert. Die beiden Prozesse schließen also wie gefordert einander aus.

Schwieriger gestaltet sich die *Sequenz* zweier Prozesse:

$$p_1 \cdot p_2 \cong N_3.$$

Das Netz N_2 des Prozesses p_2 darf erst dann aktiviert werden, wenn p_1 (und damit N_1) vollständig beendet ist. In diesem Fall sind aber alle Marken von N_1 verschwunden, also keine mehr vorhanden, um N_2 zu aktivieren. Zur Beseitigung dieses Konflikts bedient man sich eines „Tricks", nämlich der sogenannten Komplementbildung von Netzen. Das *Komplement* eines Netzes enthält eine komplementäre Stelle zu jeder Stelle des ursprünglichen Netzes. Die neuen Stellen werden dabei so mit den alten Transitionen verbunden, daß immer, wenn eine alte Stelle s eine Marke enthält, ihr Komplement $\bar{s}$ leer ist und umgekehrt. Abbildung 5.4 zeigt ein einfaches Beispiel hierzu.

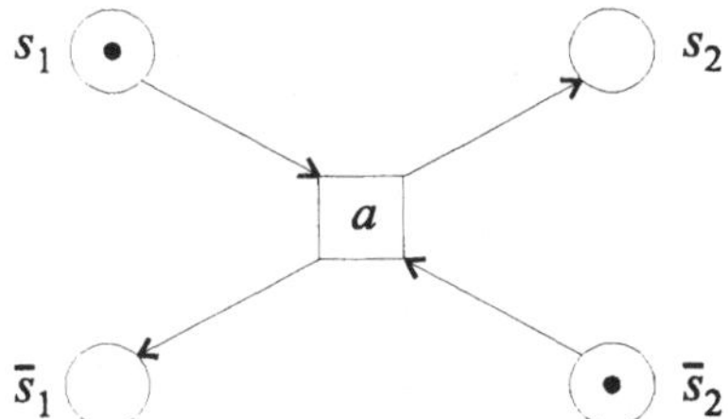

Abbildung 5.4:   Komplement des Petrinetzes „$s_1 \to a \to s_2$"

Um die Netze N_1 und N_2 sequentiell zu verketten, wird eine komplementäre Stelle für jede Kombination aus einer beliebigen Stelle von N_1 und einer Anfangsstelle von N_2 geschaffen. Sind alle Komplemente besetzt, dann ist damit Netz N_1 „leer" und Prozeß p_1 beendet. Die Komplementstellen aktivieren daraufhin Netz N_2. Formal heißt das:

$$N_3 = (\,S_3, T_3; F_3, (M_{\text{in}})_3, l_3\,) \text{ mit}$$

$$S_3 = S_1 \cup [\,S_2 \setminus (M_{\text{in}})_2\,] \cup S_1 \times (M_{\text{in}})_2,$$

$$T_3 = T_1 \cup T_2,$$

$$(M_{in})_3 = (M_{in})_1 \cup (S_1 \setminus (M_{in})_1) \times (M_{in})_2,$$

$$F_3 = F_1 \cup [F_2 \cap (S_3 \times T_3 \cup T_3 \times S_3)]$$

$$\cup \{ (t, (s, s')) \mid (s, t) \in F_1 \wedge (t, s) \notin F_1 \wedge s' \in (M_{in})_2 \}$$

$$\cup \{ ((s, s'), t) \mid (t, s) \in F_1 \wedge (s, t) \notin F_1 \wedge s' \in (M_{in})_2 \}$$

$$\cup \{ ((s, s'), t) \mid (s, s') \in S_1 \times (M_{in})_2 \wedge (s', t) \in F_2 \},$$

$$l_3 = l_1 \cup l_2.$$

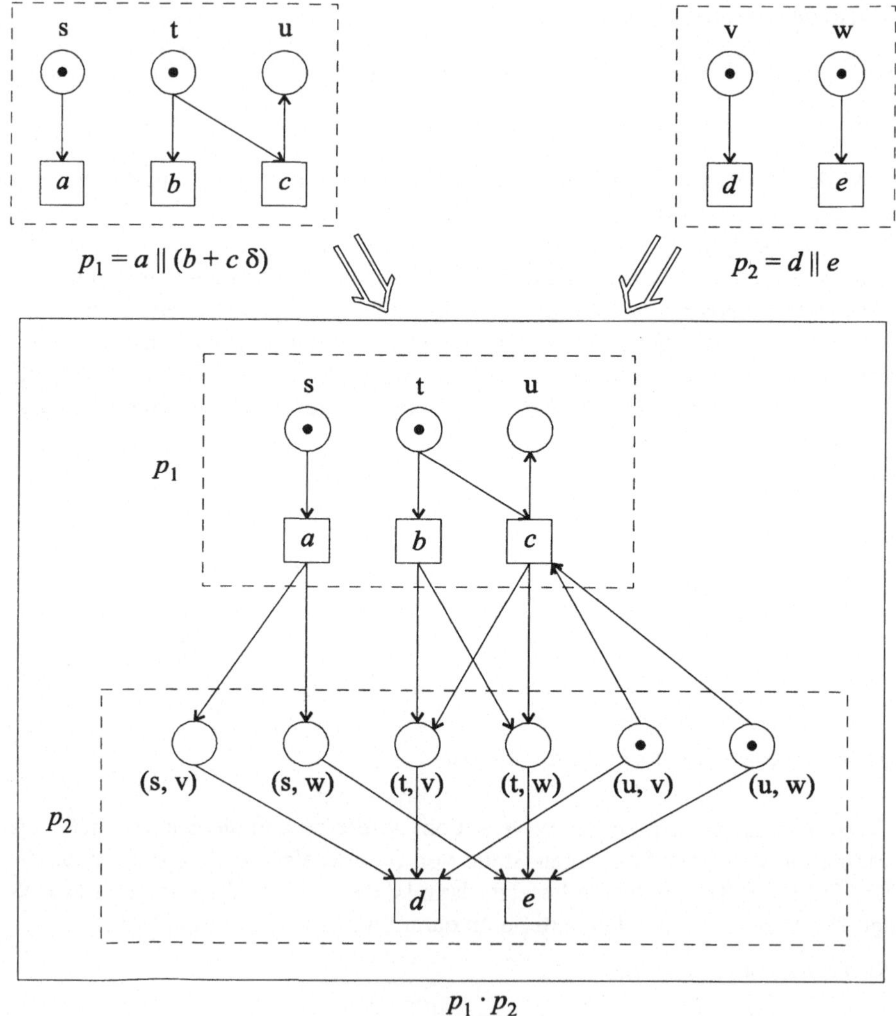

Abbildung 5.5:   Sequenzbildung auf Petrinetzebene

Die Sequenzbildung auf Petrinetzen soll anhand des Prozesses „$a \parallel (b + c\delta)$" gefolgt von Prozeß „$d \parallel e$" demonstriert werden (siehe Abbildung 5.5)[11].

Wie man sieht, kann der zweite Prozeß erst ablaufen, wenn alle 6 Komplementärstellen des ersten Prozesses gefüllt sind. Sie stellen somit die Anfangsstellen des zweiten Prozesses dar und sind auch als solche eingezeichnet. Dies bedeutet, daß nur dann, wenn a und b geschaltet haben, die vier restlichen, unmarkierten Stellen dieser Ebene ebenfalls markiert sind und Prozeß „$d \parallel e$" starten kann. Sollte jedoch c statt b feuern, dann sind die beiden rechten Marken unwiderruflich verloren, und der zweite Prozeß kann niemals beginnen. Dies entspricht dem Deadlock, der im algebraischen Term auf c folgt. Zum besseren Verständnis der Konstruktion der Sequenz sind in Abbildung 5.5 die Komplementärstellen mit Tupeln annotiert, die die Bezeichnungen der korrespondierenden Stellen der unverknüpften Netze enthalten.

Für die unsynchronisierte Verknüpfung *nebenläufiger Prozesse* entsteht das neue Netz einfach aus der disjunkten Vereinigung der beiden alten. In der Grafik werden die entsprechenden Netzbilder also nur nebeneinander gestellt. Aufwendiger gestaltet sich die Darstellung der Kommunikation. Da jedoch für die Konstruktion der Prozeßtheorie nicht auf Kommunikation zurückgegriffen wird, sei an dieser Stelle lediglich auf die entsprechende Literatur verwiesen[12]. Auch rekursive Terme können mit Petrinetzen repräsentiert werden[13].

5.1.2   Der Homomorphismus Petrinetz $\Rightarrow$ Prozeßalgebra

Nachdem im vorangegangenen Abschnitt gezeigt wurde, daß jeder prozeßalgebraische Term als Petrinetz dargestellt werden kann, muß dies nun auch noch für die Umkehrrichtung geschehen. Da Petrinetze im allgemeinen Zyklen enthalten, ist die Konstruktion eines Terms in algebraischer Notation nicht trivial. Baeten und Bergstra gelang dies in der ersten Hälfte der 90er Jahre[14]. Es muß dabei auf alle „Leistungsmerkmale" der ACP inklusive Rekursion zurückgegriffen werden. Darüber hinaus sind auch zwei Änderungen der Algebra erforderlich:

1. Die Synchronisation zweier Aktionen wird in ACP implizit durch die Funktion γ modelliert. Explizit wird aber nur eine Aktion, nämlich die Kommunikationsaktion durchgeführt. Da bei Petrinetzen aber auch das explizit synchrone Schalten zweier Transitionen möglich ist, muß die synchrone Ausführung der entsprechenden Aktionen in der Prozeßalgebra ebenfalls expliziert werden. Dies führt zur Algebra ACP_{ec} (ACP with explicit communication). Der Synchronoperator ($\mid$) wird in dieser Form

---

11   vgl. VAN GLABBEEK und VAANDRAGER 1987, S. 231

12   vgl. VAN GLABBEEK und VAANDRAGER 1987, S. 231

13   vgl. GOLTZ 1988

14   vgl. BAETEN und BERGSTRA 1993, S. 308 ff.

der ACP nicht mehr eliminiert. Dadurch kann „echte" Parallelität (Gleichzeitigkeit von Ereignissen) ausgedrückt werden, die in ACP noch über eine (willkürliche) Verschachtelung (Interleaving) dargestellt werden mußte[15]. ACP_{ec} ist also ein Non-Interleaving-Modell nebenläufiger Prozesse (siehe auch 5.2).

<u>sorts:</u>	P, A, CA[16] $\quad\quad\quad CA \subset A \subset P$	
<u>consts:</u>	$CA \cup \{\delta\}$	
<u>opns:</u>	<u>opns</u>(ACP) \ $\{\gamma\}$	
	$\bar{\gamma}: A \cup \{\delta\} \to A \cup \{\delta\}$	
	$\rho_{\bar{\gamma}}: P \to P$	
<u>eqns:</u>	<u>eqns</u>(ACP)	
	$a \mid b \in A$	CCA[17]
	$a \mid b = b \mid a$	C1
	$(a \mid b) \mid c = a \mid (b \mid c)$	C2
	$\delta \mid a = \delta$	C3
	$\partial_H(\delta) = \delta$	DD[18]
	$\partial_H(a \mid b) = \partial_H(a) \mid \partial_H(b)$	DSM[19]
	$\bar{\gamma}(r) = r$	CR1
	$\bar{\gamma}(\delta) = \delta$	CR2
	$\rho_{\bar{\gamma}}(a) = \bar{\gamma}(a)$	CR3
	$\rho_{\bar{\gamma}}(x + y) = \rho_{\bar{\gamma}}(x) + \rho_{\bar{\gamma}}(y)$	CR4
	$\rho_{\bar{\gamma}}(x \cdot y) = \rho_{\bar{\gamma}}(x) \cdot \rho_{\bar{\gamma}}(y)$	CR5

Tabelle 5.1:   Algebra ACP_{ec}

---

[15]   vgl. 4.3.1 und 4.3.4
[16]   Core atomic Actions
[17]   Communication Closure Axiom
[18] ∂ for Deadlock
[19] ∂ for Synchronization Merge

2. Um im algebraischen Term Buch führen zu können über den Zustand, in dem sich das korrespondierende Netz befindet, wird der sogenannte „causal state operator" definiert. Er erweitert ACP_{ec} zur Algebra ACP_{pe} (ACP for Petri elements).

Zur *Explikation der Kommunikation* (Punkt 1) sind 11 neue Axiome erforderlich. Sie sind in Tabelle 5.1 angegeben[20].

Die Basisatome in *CA* entsprechen den bisherigen Aktionen *a*, *b*, *c* etc. Die Menge *A* enthält nun darüber hinaus aber auch neue Aktionen, die durch Synchronisierung entstehen (siehe CCA). Für die Kommunikation gibt es eine erweiterte Funktion $\bar{\gamma}$, die auch diese neuen Atome einschließt. Um die Kommunikation explizit in die Algebra hineinzucodieren, ersetzt man oberhalb der Atomebene die Funktion $\bar{\gamma}$ durch einen Operator $\rho_{\bar{\gamma}}$.

Aufbauend auf ACP_{ec} kann man nun die *Algebra der Petrielemente* (Punkt 2) definieren. Im Mittelpunkt steht dabei ein neuer Operator λ_M^S, der „*causal state operator*". Er enthält im Index die aktuelle Markierung *M* als Teilmenge der Stellen *S* des korrespondierenden Netzes und gibt so Auskunft über den Zustand dieses Netzes.

$$\lambda_{\{2\}}^{\{1,2,3\}}$$

bedeutet also, daß von den 3 Stellen 1, 2 und 3 des Netzes nur Stelle 2 eine Marke trägt.

Die Anwendung dieses Operators auf einen Prozeß determiniert dessen Anfangsmarkierung:

$$\lambda_M^S(x)$$

bedeutet also, daß Prozeß *x* mit der Anfangsmarkierung *M* gestartet wird.

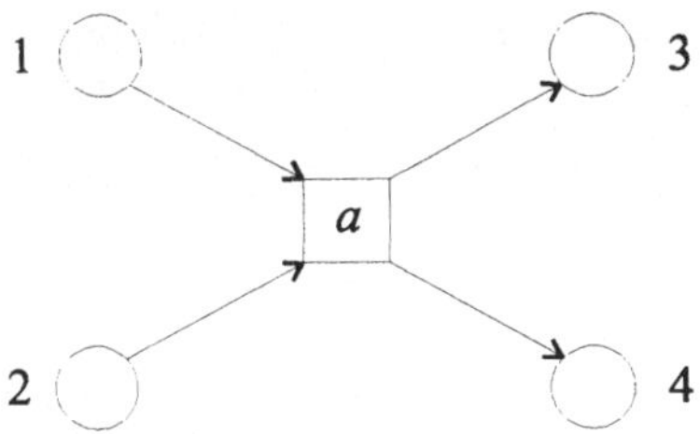

Abbildung 5.6:   Transition mit Input- und Output-Stellen

---

20   vgl. BAETEN und BERGSTRA 1993, S. 310

Die Input-Stellen V und Output-Stellen W einer mit a etikettierten Transition werden als Indizes „Input-Ursachen" (input causes, links oben) und „Output-Ursachen" (output causes, rechts oben) dem algebraischen Term hinzugefügt.

Die Transition der Abbildung 5.6 würde also algebraisch wie folgt notiert:

$$[a] = {}^{1,2}a^{3,4}.$$

Die Axiome für den neuen Operator sind in Tabelle 5.2 zusammengefaßt[21]. Wegen der Übersichtlichkeit wurden die Rechenregeln für die Indizes (cause additions) weggelassen[22]. Sie sind bereits implizit in der Notation enthalten.

sorts:	P, A, CA	$CA \subset A \subset P$	
consts:	$CA \cup \{ \delta \}$		
opns:	$\underline{\text{opns}}(\text{ACP}_{ec})$		
	$\lambda^S_M : P \to P$	$M \subset S$	
eqns:	$\underline{\text{eqns}}(\text{ACP}_{ec})$		
	$\lambda^S_M (\delta) = \delta$		CSO1
	$\lambda^S_M ({}^V a^W) = a$	falls $V \subset M$	CSO2
	$\lambda^S_M ({}^V a^W) = \delta$	falls $V \not\subset M$	CSO3
	$\lambda^S_M ({}^V a^W \cdot x) = \lambda^S_M ({}^V a^W) \cdot \lambda^S_M (x)$	$M' = (M \cup W) \setminus V$	CSO4
	$\lambda^S_M (x + y) = \lambda^S_M (x) + \lambda^S_M (y)$		CSO5

Tabelle 5.2:   Algebra ACP_{pe}

Die Umwandlung eines kreisfreien Petrinetzes N mit den Stellen S, den Transitionen T = { t_1, ..., t_n } und einer anfänglichen Markierung M in einen algebraischen Ausdruck besteht dann einfach aus der nebenläufigen Anordnung der Terme $[t_i]$ für die Transitionen t_i:

$$N \cong \lambda^S_M ([t_1] \parallel [t_2] \parallel \ldots \parallel [t_n]).$$

Bei zyklischen Netzen müssen für die Transitionen Rekursionsgleichungen aufgestellt werden, also z. B. für eine a-Transition:

---

[21]   vgl. BAETEN und BERGSTRA 1993, S.316
[22]   vgl. BAETEN und BERGSTRA 1993, S. 315

$$[t] = {}^{V}a^{W} \cdot [t]$$

Dieses Vorgehen soll nun für ein einfaches, kreisfreies Netz anhand des Beispiels in Abbildung 5.7 demonstriert werden[23].

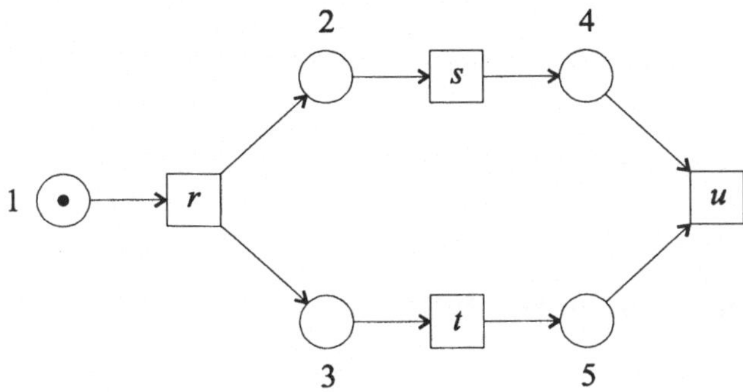

Abbildung 5.7:   Beispielnetz für die Umwandlung in einen Prozeßterm

Mit $S = \{\, 1, 2, 3, 4, 5\, \}$ und der Anfangsmarkierung $M = \{\, 1\, \}$ entspricht dieses Netz also dem Term:

$$\lambda^{S}_{\{1\}}(\,{}^{1}r^{2,3} \,\|\, {}^{2}s^{4} \,\|\, {}^{3}t^{5} \,\|\, {}^{4,5}u\,).$$

Dieser kann nun in einen gewöhnlichen ACP-Term expandiert werden. Dazu ist das Expansionstheorem[24] sehr hilfreich. Es besagt, daß zwei nebenläufige Prozesse dann sequentiell ausgeführt werden müssen, wenn die Output-Ursachen des einen die Input-Ursachen des anderen sind:

$$x^{k} \,\|\, {}^{k}y \;\rightarrow\; x \cdot y.$$

Dies erspart die Expansion vieler Merge-Varianten, die letzten Endes doch zu δ evaluieren. Es vereinfacht auch die Umwandlung des Terms für das Beispielnetz aus Abbildung 5.7:

$$\lambda^{S}_{\{1\}}(\,{}^{1}r^{2,3} \,\|\, {}^{2}s^{4} \,\|\, {}^{3}t^{5} \,\|\, {}^{4,5}u\,) \;=\; \lambda^{S}_{\{1\}}(\,{}^{1}r^{2,3} \cdot [\, {}^{2}s^{4} \,\|\, {}^{3}t^{5} \,\|\, {}^{4,5}u\,]\,)$$

$$= \lambda^{S}_{\{1\}}(\,{}^{1}r^{2,3}\,) \cdot \lambda^{S}_{\{2,3\}}(\,{}^{2}s^{4} \,\|\, {}^{3}t^{5} \,\|\, {}^{4,5}u\,)$$

$$= r \cdot \lambda^{S}_{\{2,3\}}(\,{}^{2}s^{4} \,\|\, {}^{3}t^{5} \,\|\, {}^{4,5}u\,)$$

$$= r \cdot \lambda^{S}_{\{2,3\}}(\,{}^{2}s^{4} \cdot [\, {}^{3}t^{5} \,\|\, {}^{4,5}u\,] + {}^{3}t^{5} \cdot [\, {}^{2}s^{4} \,\|\, {}^{4,5}u\,] + {}^{2,3}(s \,|\, t)^{4,5} \cdot {}^{4,5}u\,)$$

---

23   vgl. BAETEN und BERGSTRA 1993, S. 317
24   vgl. BAETEN und BERGSTRA 1993, S. 317

$$= r \cdot [\, s \cdot \lambda^S_{\{3,4\}}(\,{}^3t^5 \parallel {}^{4,5}u\,) + t \cdot \lambda^S_{\{2,4\}}(\,{}^2s^4 \parallel {}^{4,5}u\,) + (s \mid t) \cdot \lambda^S_{\{4,5\}}(\,{}^{4,5}u\,)\,]$$

$$= r \cdot [\, s \cdot t \cdot \lambda^S_{\{4,5\}}(\,{}^{4,5}u\,) + t \cdot s \cdot \lambda^S_{\{4,5\}}(\,{}^{4,5}u\,) + (s \mid t) \cdot \lambda^S_{\{4,5\}}(\,{}^{4,5}u\,)\,]$$

$$= r \cdot [\, s \cdot t \cdot u + t \cdot s \cdot u + (s \mid t) \cdot u\,]$$

$$= r \cdot [\, s \cdot t + t \cdot s + (s \mid t)\,] \cdot u$$

$$= r \cdot (\, s \parallel t\,) \cdot u$$

Beispiele für die Umwandlung zyklischer Netze findet man in BAETEN und BERGSTRA 1993, S. 318 ff.

5.2   Klassifikation der Prozeßmodelle

Nachdem die Gleichwertigkeit von Prozeßalgebra und Petrinetzen gezeigt wurde, können nun alle im vierten Kapitel vorgestellten *Modelle* miteinander verglichen und in *Klassen* eingeteilt werden. Die Dimensionen des Klassifikationsraumes sind dabei:

- Verhaltensmodelle (VM) versus Systemmodelle (SM)

- Interleaving (INT) versus Non-Interleaving (NONINT)

- Lineare Zeit (LZ) versus verzweigte Zeit (VZ)

Während die Systemmodelle die Zustände des Systems direkt modellieren, beschreiben die Verhaltensmodelle[25] nur Beobachtungen durchgeführter Aktionen oder Ereignisse. In die erste Klasse gehören die Transitionssysteme (TS) und die Algebren, die auf Halbordnungen über Zuständen operieren, in die zweite die Ereignisstrukturen (LES) und Prozeßalgebren.

Eine weitere Unterscheidung ist möglich anhand der Art, wie Nebenläufigkeit modelliert wird. „Echte" Parallelität[26] wird z. B. in Ereignisstrukturen[27] und Transitionssystemen mit Unabhängigkeit (TSI[28]) ausgedrückt. Andere Ansätze wie die Prozeßalgebren und einfache Transitionssysteme modellieren Nebenläufigkeit als nicht-

---

[25]   vgl. z. B. WINKOWSKI 1980 und 1982

[26]   PRATT 1991 zeigt, daß echte n-fache Nebenläufigkeit nur durch n-dimensionale Transitionen erfaßt werden kann. 3 nebenläufige Prozesse können also als 3 Kanten eines Würfels aufgefaßt werden, die in derselben Ecke beginnen und 3 unabhängige Transitionen repräsentieren. Pratt spricht daher von geometrischer Modellierung der Nebenläufigkeit.

[27]   vgl. Relation *co* in 4.3.3

[28]   vgl. SASSONE, NIELSEN und WINSKEL 1993, S. 89

deterministische Auswahl[29] zwischen verschiedenen Reihenfolgen der Ausführung, was zu einer Verschachtelung (Interleaving) der Aktionen führt.

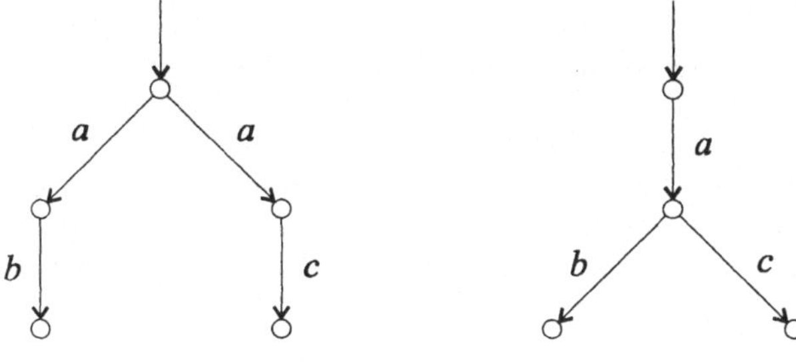

lineare Zeit   verzweigte Zeit

Abbildung 5.8:   Lineare Zeit versus verzweigte Zeit am Beispiel des Prozesses „a $(b + c)$" nach DE BAKKER, BERGSTRA, KLOP und MEYER 1983

Schließlich ist auch die Links-Distributivität der Sequenz über die Auswahl umstritten. Akzeptiert man sie, so müssen bereits zu Beginn alle Auswahlentscheidungen getroffen werden (siehe Abbildung 5.8, links), und man gelangt zu den Modellen mit linearer Zeit, wie z. B. den Hoare-Sprachen (HL). Andernfalls kann die zeitliche Abfolge der Entscheidungen baumartig[30] strukturiert werden (wie in Abbildung 5.8, rechts). Modelle mit dieser verzweigten Form von Zeit findet man in den Prozeßalgebren, den Transitionssystemen, den Ereignisstrukturen und den Synchronisationsbäumen[31] (ST).

		Verhaltensmodelle	Systemmodelle
INT	LZ	Hoare-Sprachen	deterministische TS
	VZ	Synchronisationsbäume, PA und ACP	Transitionssysteme
NONINT	LZ	determ. Ereignisstrukturen	deterministische TSI
	VZ	Ereignisstrukturen und ACP_{pe}	TSI und Petrinetze

Tabelle 5.3:   Einteilung der Modelle nach den 3 Dimensionen

---

[29]   HENNESSY 1988 zeigt, daß echte Nebenläufigkeit und Nicht-Determinismus bei Verhaltensmodellen erst unterschieden werden können, wenn der Beobachter nicht nur die Aktionen selbst, sondern auch deren Beginn und Ende getrennt wahrnehmen kann.

[30]   Auch bei der linearen Zeit könnte man von einer Baumstruktur sprechen, aber dieser Baum ist entartet, weil er nur an der Wurzel verzweigt ist.

[31]   vgl. WINSKEL 1984

Die Einteilung der Menge aller Modelle in die genannten Klassen zeigt Tabelle 5.3[32].

Um nun entscheiden zu können, welches Modell für welchen Anwendungsfall geeignet ist, muß man festlegen, welche Aspekte des Systems das Modell enthalten soll. Im speziellen Fall der Ablaufplanung im hier verwendeten Sinne (RCPS-V) gelten dabei folgende Anforderungen:

1. Um die zeitlichen Abläufe eines Produktionsprozesses oder Projektes zu planen, müssen die internen Zustände des Systems nicht berücksichtigt werden. Es ist lediglich von Bedeutung, wann welche Aktivitäten (i. e. Aktionen) durchgeführt werden. Ein Verhaltensmodell würde also ausreichen.

2. Auch die Unterscheidung zwischen Nebenläufigkeit und Nicht-Determinismus spielt hier keine Rolle. Es ist immer zulässig, zwei gleichzeitige Ereignisse als mit infinitesimal kleinem zeitlichen Abstand aufeinanderfolgend zu interpretieren. Wenn z. B. in der Realwelt die Prozesse „Bohren" und „Fräsen" zeitgleich beginnen sollen, so kann aber dennoch im Modell das Ereignis „Beginn des Bohrens" z. B. nach dem „Beginn des Fräsens" liegen, wenn der zeitliche Abstand zwischen den Ereignissen nahe bei Null ist, also vernachlässigbar klein gegenüber der Zeitdauer des Bohrens bzw. Fräsens. Somit kommt ein Interleaving-Modell in Frage.

3. Drittens und letztens kann auch bei der Entscheidung[33] zwischen den Modellen mit linearer Zeit und denen mit verzweigter Zeit auf die einfacheren linearen Modelle zurückgegriffen werden, weil es der Inhalt der Planung ist, alle Entscheidungen über die späteren Abläufe vor Ablauf des Gesamtprozesses zu treffen. Das Linearisierungsaxiom[34] kann also ohne Probleme eingeführt werden (wie dies auch in Kapitel 6 geschieht).

Ein Modell aus der Klasse der Hoare-Sprachen käme also als Mindestanforderung in Frage.

Nun soll aber die *Prozeßtheorie* nicht allein ein dediziertes Modell für das spezielle Problem RCPS-V sein, sondern darüber hinaus auch eine Theorie mit ausreichendem Generalisierungspotential für alle ablauforganisatorischen Probleme. Das gewählte Basismodell nebenläufiger Prozesse sollte also der Prozeßtheorie in dieser Hinsicht keine unnötigen Einschränkungen auferlegen. Andererseits erwartet man von einer solchen Theorie aber auch, daß sie die geforderten Leistungen bezüglich der Beschreibungsmächtigkeit und der adäquaten Erklärung grundlegender Phänomene der Ablauforganisation mit möglichst geringem (mathematischen) Aufwand erreicht.

---

[32]   vgl. SASSONE, NIELSEN und WINSKEL 1993, S. 83

[33]   Bei dieser Entscheidung gibt es nicht nur schwarz und weiß. Zwischen linearer und verzweigter Zeit liegt ein ganzes Spektrum von „Nuancen" (vgl. VAN GLABBEEK 1990).

[34]   i. e. Axiom der Links-Distributivität

Gesucht wird also nach einem Modell, das einen gewogenen Kompromiß zwischen Beschreibungsmächtigkeit und Beschreibungsaufwand darstellt.

Die Mächtigkeit von Modellen nebenläufiger Systeme wurde von Sassone, Nielsen und Winskel untersucht[35]. Ihre Ergebnisse faßt der *Klassifikationskubus* in Abbildung 5.9 zusammen.

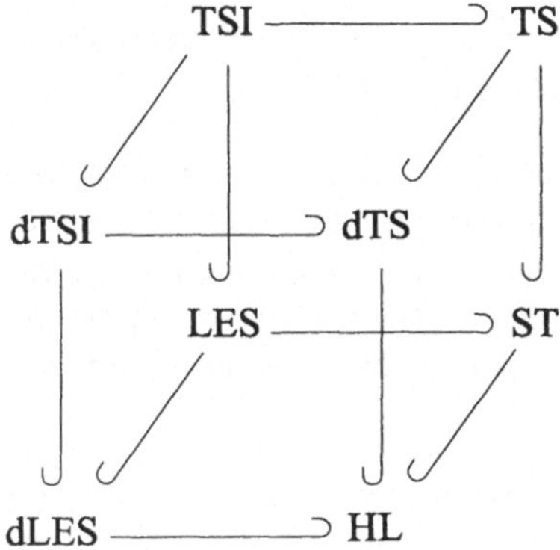

Abbildung 5.9:   Klassifikation der Modelle nebenläufiger Systeme

Der Kleinbuchstabe „d" steht dabei für das Präfix „deterministisch". Die übrigen Abkürzungen bedeuten:

TS(I):   transition systems (with independence),

LES: labeled event structures,

ST: synchronization trees,

HL: Hoare languages.

Die Kanten geben die Inklusion von Kategorien wieder[36]. So bedeutet z. B. die Kante von „dLES" nach „LES", daß die Kategorie der deterministischen Ereignisstrukturen vollständig in der der allgemeinen Ereignisstrukturen enthalten ist.

Wie man unmittelbar sieht, sind die Transitionssysteme mit Unabhängigkeit die mächtigste Klasse. Damit kommen also auf der Ebene der Systemmodelle die Petrinetze und bei den Verhaltensmodellen die Ereignisstrukturen und, wegen ihrer in 5.1 nachgewiesenen Äquivalenz zu Petrinetzen, die Prozeßalgebra als theoretische Grundlage in Frage.

---

[35]   vgl. SASSONE, NIELSEN und WINSKEL 1993, S. 84

[36]   Das „abgebogene" Ende der Kanten symbolisiert das Teilmengenzeichen „⊂".

Die Entscheidung zwischen System- und Verhaltensmodellen fällt beim gegenwärtigen Stand der Forschung leicht. Zwar wäre den Systemmodellen grundsätzlich der Vorzug zu geben, weil sie auch das „Innenleben" eines Systems modellieren und somit detailliertere Aussagen über die Dynamik dieses Systems erlauben[37]. Aber im Gegensatz zu den algebraischen Modellen existiert in der sogenannten „Netztheorie" noch keine „vollständig befriedigende theoretische Behandlung":

„... net theory has not yet reached a completely satisfactory theoretical treatment if compared with the firm results coming from the interleaving side."[38]

Gorrieri und Montanari sagen weiter[39], daß sich Petrinetze nicht sehr gut für die modulare Beschreibung nebenläufiger Systeme eignen, weil es keine Operatoren für den Aufbau von Netzen aus bestehenden gibt. Es existiert keine endliche Syntax für die Erzeugung von Petrinetzen und somit keine allgemeine Theorie der Komposition und Dekomposition[40]. Sehr deutlich kommt dieser Aspekt auch in einem Zitat von Boudol, Roucairol und de Simone zum Ausdruck:

„In some sense a Petri net is a dynamic pictorial description for a non deterministic asynchronous concurrent system. This graphical aspect involves a slight defect: it is not clear how to recognize 'subgames' in the picture, which is given as a whole, and reset the components. In other words, we may need some syntax to build nets."[41]

Aus diesen Gründen und weil die Beschreibung von Systemzuständen, so sie erforderlich ist, in den algebraischen Verhaltensmodellen „nachgerüstet" werden kann (siehe ACP_{pe}), wird die Prozeßalgebra die Grundlage für die Prozeßtheorie der Ablaufplanung bilden[42].

Dennoch werden auch die Petrinetze nicht vernachlässigt. Ihre Vorzüge im Bereich der Visualisierung nebenläufiger Strukturen machen sie zu einer idealen Grundlage einer grafischen Benutzerschnittstelle der Prozeßtheorie. Dieser Aspekt wird in Kapitel 10 noch einmal aufgegriffen. Dort wird der Petribox-Kalkül nach Best als eine solche Schnittstelle vorgestellt, die eine gewisse modulare Struktur (Blockbildung) bei der

---

[37] REISIG 1991a und VAUTHERIN 1987 vertreten den Standpunkt, daß dynamische Dinge mit Petrinetzen und strukturierte Dinge mit Algebren besser beschrieben werden können.

[38] vgl. GORRIERI und MONTANARI 1990, S. 2

[39] vgl. GORRIERI und MONTANARI 1990, S. 3

[40] Ansätze in dieser Richtung wurden bereits von JANICKI 1980 und später von GORRIERI und MONTANARI 1990 unternommen, allerdings nur für eine eingeschränkte Klasse von Netzen.

[41] vgl. BOUDOL, ROUCAIROL und DE SIMONE 1986, S. 41

[42] Die etikettierten Ereignisstrukturen wären prinzipiell ebenfalls geeignet. Jedoch gelang auch hier, ähnlich den Petrinetzen, bisher noch keine vollständige Axiomatisierung. BOUDOL und CASTELLANI 1988b versuchten dies für eine abgewandelte Form von Ereignisstrukturen, deren Konfliktrelation „#" nicht der Winskelschen „conflict heredity" (vgl. Abschnitt 4.3.3) gehorcht und daher umstritten ist. RENSINK 1995 schränkte seinen Ansatz auf die Subkategorie dLES ein.

Netzerstellung zuläßt und somit die Modellierung auf einem höheren Abstraktionsniveau erlaubt.

6   Geplante Prozesse

In Kapitel 5 wurde die Prozeßalgebra als eine adäquate Basis für die Prozeßtheorie der Ablaufplanung identifiziert. In diesem wird nun die Basisalgebra an die Bedürfnisse der Ablaufplanung angepaßt (Erweiterungen werden dann Gegenstand der Kapitel 7 und 8 sein). Zwei Dinge müssen dabei berücksichtigt werden:

1. Zunächst einmal unterscheiden sich die Aktionen der Prozeßalgebra von den Vorgängen der Ablaufplanung dahingehend, daß letztere in der Regel mit einer zeitlichen Dauer versehen sind. Abschnitt 6.1 klärt die Frage, wie man diesen Umstand mit den augenblicklichen Aktionen in BPA in Einklang bringen kann.

2. Das Ziel der Ablaufplanung ist die optimale (zeitliche) Anordnung von Vorgängen. Dabei versteht man unter der Planung die Antizipation möglicher Abläufe und die Auswahl eines besten. Es geht also nicht um die Modellierung eines tatsächlich ablaufenden Systems, sondern um hypothetische Abläufe in der Zukunft. Abschnitt 6.2 behandelt die zusätzlichen Gesetzmäßigkeiten (Axiome), die sich aus dieser Situation ergeben.

6.1   Vorgänge versus Aktionen

Die „normalen" Vorgänge des (betrieblichen) Alltags wie Arbeitsgänge in der Produktion benötigen für ihre Durchführung eine gewisse Zeit. Nun wurden aber in 4.3.4.1 atomare Aktionen ohne zeitliche Ausdehnung angenommen. Zur Lösung dieses Problems kann man auf einen Vorschlag zurückgreifen, den Baeten und Weijland (in einem anderen Kontext) machten, nämlich die Zerlegung des zeitdauerbehafteten *Vorgangs a* in die beiden *Aktionen* „Beginn von a" und „Ende von a"[1]:

$$a = begin(a) \cdot end(a),$$

oder vereinfacht

$$a = \underline{a} \cdot \overline{a}.$$

Nimmt man weiter an, daß Beginn und Ende eines Vorgangs augenblicklich stattfinden, dann erfüllen sie die Kriterien für eine atomare Aktion. Um ihre Zugehörigkeit zu den übergeordneten Vorgängen kenntlich zu machen, werden die atomaren Aktionen dann nicht mehr mit a, b, c etc. sondern mit $\underline{a}$, $\overline{a}$, $\underline{b}$, $\overline{b}$, … bezeichnet:

$$A = \{ \underline{a}, a, \underline{b}, b, \underline{c}, c, \dots \}.$$

Es sei darauf hingewiesen, daß dies keinerlei Änderung der Prozeßalgebra, sondern lediglich eine Schreibkonvention darstellt. Die vorgestellte Notation macht noch keine Aussage über die Länge der Zeit, die zwischen $\underline{a}$ und a vergeht. Später, in Kapitel 8, wird auch dieses Attribut realer Vorgänge in den Prozeßterm eingeführt. Ein Vorgang etwa, der 2 Einheiten an Zeit verbraucht, würde dann in der Form

$$a = \underline{a} \cdot t \cdot t \cdot a$$

oder

$$a = \underline{a} \cdot 2 \cdot a$$

dargestellt.

6.2   Prozesse in der Zukunft

Wie in Abschnitt 2.2 bereits erwähnt, behandelt die Ablaufplanung *zukünftige Prozesse*, nämlich die Planung der Ausführung von Aktionen. Dies hat drei wichtige Konsequenzen für die algebraische Spezifikation der Ablaufplanung zur Folge:

Erstens muß man fordern, daß jede Aktion nur genau einem Ereignis entspricht. Denn die Planung der Ausführung einer Aktion legt für die betreffende Aktion einen genauen Zeitpunkt für die Ausführung fest und fixiert somit ein ganz bestimmtes Ereignis. Möchte man, daß eine Aktion zu zwei verschiedenen Zeitpunkten stattfinden kann, so muß man auch zwei verschiedene Aktionen definieren. Sollen also z. B. zwei Werkstücke gebohrt werden[2], so muß die Aktion „beginne Bohrvorgang" ($\underline{b}$) zerlegt werden in die Aktionen (oder Ereignisse) „beginne Bohrvorgang Werkstück 1" ($\underline{b_1}$) und „beginne Bohrvorgang Werkstück 2" ($\underline{b_2}$).

Zweitens muß das Axiom für Links-Distributivität hinzugenommen werden. Wenn nämlich der erstellte Plan exekutiert wird, sind alle Entscheidungen über die Handlungsalternativen für (Teil-)Abläufe bereits getroffen. Bei der Argumentation gegen das Axiom für Links-Distributivität[3] wurde aber angenommen, daß in den Termen „$x (y + z)$" und „$x y + x z$" unterschiedliche Entscheidungszeitpunkte vorliegen und die beiden Terme daher nicht grundsätzlich gleich sind. Für *geplante Prozesse* gilt dieses Argument aber nicht, weil in beiden Termen vor der Ausführung (nämlich bei der Planung) entschieden wird. Man muß also postulieren:

---

[2]   vgl. auch das Beispiel in Abschnitt 2.2

[3]   vgl. 4.3.4.1

$$x(y+z) = xy + xz.$$

Drittens und letztens muß ein neues Deadlock-Axiom eingeführt werden. Es macht nämlich keinen Sinn, eine Alternative

$$x\,\delta$$

bei der Planung zu berücksichtigen, weil a priori abzusehen ist, daß die Wahl dieser Variante zu einer erfolglosen Beendigung führen würde. Baeten und Bergstra bezeichnen dies als einen vorhersehbaren Fehlschlag (predictable failure)[4]. Die Ausführung von x ist also unnötig, was zum Axiom

$$x\,\delta = \delta$$

führt. Mit den beiden neuen Gesetzen wird $BPA_{\delta\varepsilon}$ zur Algebra PPA[5] der geplanten Prozesse erweitert (siehe Tabelle 6.1).

sorts:	$A,\ P$	$A \subset P$
consts:	$A \cup \{\,\delta, \varepsilon\,\}$	
opns:	opns($BPA_{\delta\varepsilon}$)	
eqns:	eqns($BPA_{\delta\varepsilon}$)	
	$x(y+z) = xy + xz$	P1
	$x\,\delta = \delta$	P2

Tabelle 6.1:   Algebra PPA

Durch die Hinzunahme von P1 entsteht eine neue Normalform. Man betrachte dazu das folgende *Termersetzungssystem* TES:

$$(x+y) \cdot z = x \cdot z + y \cdot z \qquad \text{A4}$$

$$x(y+z) = xy + xz \qquad \text{P1}$$

$$(x \cdot y) \cdot z = x \cdot (y \cdot z) \qquad \text{A5}$$

Es wird behauptet, daß TES für jeden geschlossenen[6], endlichen Term eine Normalform erzeugt. Zum Beweis dieser Behauptung ist zu zeigen, daß TES streng normalisierend und konfluent ist (i. e. die Diamant-Eigenschaft besitzt)[7].

---

[4]   vgl. BAETEN und BERGSTRA 1990 (dort wird das Symbol 0 statt δ verwendet)

[5]   Planned Process Algebra

[6]   Ein geschlossener Term ist ein Term ohne Variablen.

[7]   vgl. BAETEN und WEIJLAND 1990, S. 12

Beweis: TES ist streng normalisierend

1. Jede Anwendung von A4 / P1 reduziert die Anzahl der Klammerpaare um eins. Weder A4 noch P1 können daher an einem unendlichen Ableitungszyklus beteiligt sein, weil ein endlicher Term nur endlich viele Klammern enthält.

2. Jede Substitution nach A5 verschiebt ein Klammerpaar nach rechts. Da es keine Regel gibt, die dies durch eine Verschiebung nach links rückgängig macht und nur endlich viele Klammerpaare um endlich viele Positionen nach rechts verschoben werden können, kann auch A5 nicht unbegrenzt angewandt werden.

q. e. d.

Beweis: TES ist konfluent

Der Beweis erfolgt durch strukturelle Induktion über den Aufbau der Terme. Für atomare Aktionen ist die Behauptung trivial erfüllt, weil keine Termersetzungsregel anwendbar ist. Seien x, y konfluente Terme, so ist dies auch „$x + y$", weil keine zusätzlichen Regeln angewandt werden können. Für „$x \cdot y$" sind vier Fälle zu unterscheiden: x oder y können ihrerseits Summen oder Produkte sein.

$$x = x_1 + x_2: \quad (x_1 + x_2)y \xrightarrow{\text{A4}} x_1 y + x_2 y \xrightarrow{\ *\ } x_1' y' + x_2' y'' \xrightarrow{\text{Konfluenz von } y} x_1' y''' + x_2' y'''$$

$$(x_1 + x_2)y \xrightarrow{\ *\ } (x_1' + x_2')y' \xrightarrow{y' \to y''} (x_1' + x_2')y''' \xrightarrow{\text{A4}} x_1' y''' + x_2' y'''$$

$y = y_1 + y_2: \quad$ analog mit P1 statt A4 und Konfluenz von x statt y

$$x = x_1 \cdot x_2: \quad (x_1 x_2)y \xrightarrow{\text{A5}} x_1(x_2 y) \xrightarrow{\ *\ } x_1'(x_2' y')$$

$$(x_1 x_2)y \xrightarrow{\ *\ } (x_1' x_2')y' \xrightarrow{\text{A5}} x_1'(x_2' y')$$

$y = y_1 \cdot y_2: \quad$ keine zusätzliche Regel anwendbar auf $x(y_1 y_2)$

q. e. d.

Damit ist der Nachweis erbracht, daß jeder PPA-Term in einer Normalform dargestellt werden kann, indem man die Axiome A4, A5 und P1 als Termersetzungsregeln interpretiert. Nun bleibt nur noch zu klären, wie diese Normalform aussieht.

In der Aussagenlogik führt die volle Distributivität von „$\land$" über „$\lor$" zur sogenannten disjunktiven Normalform[8]. Jede logische Formel f kann danach in der Form

$$f = (a_1 \land \ldots \land a_m) \lor (b_1 \land \ldots \land b_n) \lor \ldots$$

geschrieben werden. Da analog dazu in der PPA die volle Distributivität von „$\cdot$" über „$+$" herrscht, ist also die Hypothese erlaubt, daß dies ebenfalls in einer disjunktiven

---

[8]   vgl. z. B. TUSCHIK und WOLTER 1994, S. 40, Satz 1.30 (alternative Normalform)

Normalform (DNF) resultiert (man denke sich „$\wedge$" durch „$\cdot$" und „$\vee$" durch „$+$" ersetzt). Da die DNF noch häufig auftaucht, seien an dieser Stelle einige Schreibvereinfachungen definiert. Sequenzen atomarer Aktionen faßt man mit dem Produktoperator zusammen:

$$a_1 \cdot \left(a_2 \cdot \left(a_3 \cdot \ldots \cdot a_{jj}\right)\right) = \prod_{j=1}^{jj} a_j \; .$$

Dabei gilt: $\displaystyle\prod_u^{o<u} a_j = \varepsilon$ für die leere Sequenz.

Für die Auswahl aus mehreren Alternativen schreibt man (modulo Axiom A2[9]):

$$x_1 + x_2 + x_3 + \ldots + x_n = \sum_{i=1}^{n} x_i \; .$$

dann ergibt sich daraus das folgende *Normalformtheorem*.

<u>Normalformtheorem der PPA:</u>

Jeder geschlossene, endliche PPA-Term t kann in einen äquivalenten Term t_{DNF} in *disjunktiver Normalform* überführt werden:

$$t_{DNF} = \sum_{i=1}^{m} \prod_{j=1}^{j(i)} t_{ij} \; , \; t_{ij} \in A,$$

d. h., es muß gelten: $PPA \vdash t = t_{DNF}$[10]. Ein Term

$$s = \prod_{j=1}^{jj} a_j$$

heißt PPA-Summand[11] oder auch *Elementarsequenz*.

<u>Beweis des Normalformtheorems:</u>

Der Nachweis erfolgt mittels struktureller Induktion über den Aufbau von Termen. Für atomare Aktionen ist die Behauptung trivial erfüllt mit $m=1$ und $j(1)=1$. Bleibt zu zeigen, daß für Terme x und y, die eine Normalform besitzen, auch $x \cdot y$ und $x + y$ in DNF darstellbar sind. Die Normalformen von x und y seien als Summe ihrer Elementarsequenzen gegeben:

---

[9]   Die Klammerung von Alternativen ist beliebig.

[10]   Das „umgekippte" T ist das sogenannte Ableitungszeichen. Es bedeutet, daß die geforderte Gleichung aus den Axiomen von PPA ableitbar sein muß.

[11]   in Anlehnung an den Begriff BPA-Summand nach BAETEN und WEIJLAND 1990, S. 19

$$x = \sum_{i=1}^{m} x_i \ \text{ und } \ y = \sum_{k=1}^{n} y_k \ , \text{ wobei}$$

$$x_i = \prod_{j=1}^{j(i)} a_{ij} \ \text{ und } \ y_k = \prod_{l=1}^{l(k)} b_{kl} \ .$$

Dann gilt für die Summe:

$$x + y \ = \ \sum_{i=1}^{m} x_i + \sum_{k=1}^{n} y_k \ .$$

Da die Klammerung von Alternativen beliebig ist, folgt aus der Normalform der beiden Summanden auch die DNF für die Summe. Daher ist nur noch der Induktionsschluß für das Produkt zu zeigen:

$$x \cdot y$$

$$= \left(\sum_{i=1}^{m} \prod_{j=1}^{j(i)} a_{ij} \right) \cdot \left(\sum_{k=1}^{n} \prod_{l=1}^{l(k)} b_{kl} \right) \qquad\qquad | \ \text{P1, } (n-1)\text{-fach}$$

$$= \sum_{k=1}^{n} \left(\sum_{i=1}^{m} \prod_{j=1}^{j(i)} a_{ij} \right) \cdot \prod_{l=1}^{l(k)} b_{kl} \qquad\qquad | \ \text{A4, } (m-1)\cdot n\text{-fach}$$

$$= \sum_{k=1}^{n} \sum_{i=1}^{m} \left(\prod_{j=1}^{j(i)} a_{ij} \cdot \prod_{l=1}^{l(k)} b_{kl} \right) \qquad\qquad | \ \text{Produkte explizit}$$

$$= \sum_{k=1}^{n} \sum_{i=1}^{m} \left(a_{i1} \cdot \left(a_{i2} \cdot \left(a_{i3} \cdot \ldots \cdot a_{i,j(i)} \right) \right) \right) \cdot \left(b_{k1} \cdot \left(b_{k2} \cdot \left(b_{k3} \cdot \ldots \cdot b_{k,l(k)} \right) \right) \right) \qquad | \ \text{A5}$$

$$= \sum_{k=1}^{n} \sum_{i=1}^{m} a_{i1} \cdot \left(\left(a_{i2} \cdot \left(a_{i3} \cdot \ldots \cdot a_{i,j(i)} \right) \right) \cdot \left(b_{k1} \cdot \left(b_{k2} \cdot \left(b_{k3} \cdot \ldots \cdot b_{k,l(k)} \right) \right) \right) \right) \qquad | \ \text{A5}$$

$$= \sum_{k=1}^{n} \sum_{i=1}^{m} a_{i1} \cdot \left(a_{i2} \cdot \left(\left(a_{i3} \cdot \ldots \cdot a_{i,j(i)} \right) \cdot \left(b_{k1} \cdot \left(b_{k2} \cdot \left(b_{k3} \cdot \ldots \cdot b_{k,l(k)} \right) \right) \right) \right) \right) \qquad | \ \text{A5, } [j(i)-3]\text{-fach}$$

$$= \sum_{k=1}^{n} \sum_{i=1}^{m} a_{i1} \cdot \left(a_{i2} \cdot \left(a_{i3} \cdot \ldots \cdot \left(a_{i,j(i)} \cdot \left(b_{k1} \cdot \left(b_{k2} \cdot \left(b_{k3} \cdot \ldots \cdot b_{k,l(k)} \right) \right) \right) \right) \right) \right)$$

Der letzte Term ist nur noch eine Summe von Elementarsequenzen und somit ebenfalls in DNF.

q. e. d.

Die DNF von PPA erlaubt eine wesentlich elegantere Darstellung von komplexeren Termen als die HNF von BPA. Jede Handlungsalternative besteht nur aus einer Sequenz von Aktionen und kann daher getrennt von den anderen als vollständiger

Ablaufplan interpretiert werden. Was dies praktisch bedeutet, zeigt das folgende Beispiel, das HNF und DNF miteinander vergleicht.

Die HNF zweier nebenläufiger Sequenzen *ab* und *cd* wurde in Abschnitt 4.3.4.3 bereits errechnet. Aus Gründen der besseren Vergleichbarkeit wird sie hier noch einmal wiederholt:

$$\text{HNF}(a\,b \,\|\, c\,d) = a(b\,c\,d + c(d\,b + b\,d)) + c(d\,a\,b + a(b\,d + d\,b)).$$

Wendet man auf diesen Ausdruck noch viermal Axiom P1 an, dann erhält man die DNF:

$$\text{DNF}(a\,b \,\|\, c\,d) = a\,b\,c\,d + a\,c\,d\,b + a\,c\,b\,d + c\,d\,a\,b + c\,a\,b\,d + c\,a\,d\,b.$$

Sämtliche Klammern entfallen also, und die 6 Ablaufpläne sind nun deutlich zu erkennen. Diese Eigenschaft von PPA wird sich in den folgenden Kapiteln als äußerst nützlich erweisen.

7 Ressourcen

Im letzten Kapitel wurde die „Basisalgebra" PPA der Ablaufplanung eingeführt. Sie erweiterte die gewöhnliche Basistheorie BPA um Gesetze, die nur für geplante Prozesse gelten. Alle möglichen Abläufe inklusive Varianten können damit vollständig beschrieben werden. Es fehlen aber noch sprachliche Elemente, um die wichtigsten Rahmenbedingungen der Ablaufplanung ausdrücken zu können, die Ressourcen und die Zeit. Daher werden im folgenden auf PPA entsprechende Module aufgesetzt. In diesem Kapitel wird das Ressourcenmodul RCPA (Resource-Constrained Process Algebra) dargestellt. Das Zeitmodul TPA (Timed Process Algebra) ist dann Gegenstand von Kapitel 8.

Bevor aber in Abschnitt 7.2 das Ressourcenmodul in die Prozeßalgebra eingeführt wird, soll noch kurz auf vergleichbare Modelle in der Literatur eingegangen werden. Im ablaufplanerischen Kontext existieren (nach Wissen des Autors) keine Ansätze in diese Richtung. Anders ist die Situation im Bereich der Echtzeit-Betriebssysteme. Zwar geht auch dort die Majorität der Autoren von idealen Betriebsumgebungen (i. e. ausreichenden Ressourcen) aus und konzentriert sich statt dessen auf die Verzögerungen im Betriebsablauf, die sich durch Synchronisierung nebenläufiger Prozesse ergeben. Aber einige Forscher entwickelten auch algebraische Modelle, die den Verbrauch an Ressourcen und Zeit explizit beinhalten. Ein solches Beispiel greift Abschnitt 7.1 auf.

7.1 Ressourcen in Echtzeit-Betriebssystemen

Die Algebra *ACSR* (*Algebra of Communicating Shared Resources*)[1] beschreibt Systeme nebenläufiger Prozesse, die um Ressourcen konkurrieren. Jeder Prozeß hat eine Priorität. Prozesse höherer Priorität werden bevorzugt bearbeitet. Zudem kann einem Prozeß auch ein Zeitverbrauch zugeordnet werden. Die Zeit wird dabei als Kontinuum modelliert. Um diese neuen Eigenschaften in einer Prozeßalgebra zu implementieren, ohne die bisherigen Konzepte zu verwerfen, wird die Menge der Aktionen zweigeteilt:

---

[1] vgl. BREMOND-GREGOIRE, LEE und GERBER 1993

1. Die bisherigen, asynchronen[2] und momentanen Aktionen (instantaneous events)
    der Prozeßalgebra (in diesem Falle CCS) werden beibehalten. Sie dienen wie
    gehabt der Synchronisierung[3] nebenläufiger Prozesse.

    (a, p) ist ein Ereignis mit der Bezeichnung a und der reellwertigen Priorität p.

2. Zusätzlich werden zeitverbrauchende Aktionen (timed actions) eingeführt. Nur
    sie können auch Ressourcen belegen.

    $(\, t, \{\, (r_1, p_1), (r_2, p_2)\,\}\,)$

    ist eine Aktion, die t Einheiten an Zeit benötigt und in dieser Zeit die Ressourcen
    r_1 und r_2 mit den Prioritäten p_1 bzw. p_2 belegt.

Eine einfache Grammatik definiert dann die Syntax von Prozessen P in ACSR[4] (der
vertikale Balken trennt dabei die syntaktischen Alternativen):

$$P ::= NIL \mid (t, A): P \mid (a, n). P \mid P + P \mid P \parallel P \mid P \Delta_t P \mid P \triangleright P \mid [P]_I \mid P \setminus F \mid rec\, X. P$$
$$\mid X$$

NIL bezeichnet den Deadlock, der Doppelpunkt (bzw. Punkt) das Voranstellen einer
zeitverbrauchenden (bzw. momentanen) Aktion im Sinne einer Präfix-Multiplikation.
Auswahl (+) und Nebenläufigkeit ($\parallel$) haben die übliche Bedeutung. Der Timeout-
Operator $P_1 \Delta_t P_2$ bricht P_1 nach t Zeiteinheiten ab, um P_2 auszuführen. Der Aus-
nahmeoperator $P_1 \triangleright P_2$ erlaubt es, P_1 jederzeit zu unterbrechen, um P_2 durchzuführen.
$[P]_I$ bindet alle Ressourcen in der Menge I an den Prozeß P. Der Restriktionsoperator[5]
$P \setminus F$ verhindert die Ausführung der Ereignisse in P, die auch in F vorkommen. Man
verwendet ihn (ähnlich wie den Kapselungsoperator in ACP), um die Synchronisierung
zweier Prozesse zu erzwingen. Die beiden letzten Terme gestatten die Definition
rekursiver Prozesse.

Die Semantik von ACSR wird mittels Aktionsbeziehungen in Plotkinscher Manier
spezifiziert. Als Beispiele seien hier lediglich die Regeln für den Paralleloperator
angegeben[6]. Für asynchrone (momentane) Aktionen lauten sie:

---

2   d. h. nicht mit dem „Ticken" einer globalen Uhr synchronisierten

3   Dies ist kein Widerspruch. Der Begriff der Synchronie wird in der Literatur in zwei Bedeutungen ver-
     wendet (ohne daß dies explizit erwähnt würde): Zum einen spricht man von *zwei* synchronen Aktionen,
     wenn diese gleichzeitig stattfinden. Zum anderen nennt man *eine* Aktion synchron, wenn sie sich zu einer
     festgelegten Zeit, also synchron zum „Ticken" einer globalen Uhr, ereignet.

4   vgl. BREMOND-GREGOIRE, LEE und GERBER 1993, S. 419

5   Man beachte das Verhältnis der Restriktionsoperatoren in ACSR und RCPA: In ACSR bedeutet der Aus-
     druck $P \setminus \{a, b\}$, daß jedes singuläre (i. e. nicht mit dem Kommunikationspartner synchronisierte) Auftre-
     ten von a oder b entfernt wird. In RCPA hingegen heißt $P \setminus ab$, daß alle Handlungsalternativen von P, die
     a **und** *b in dieser Reihenfolge* enthalten, *komplett* eliminiert werden.

6   vgl. BREMOND-GREGOIRE, LEE und GERBER 1993, S. 421

$$P \xrightarrow{(a,n)} P' \quad \Rightarrow \quad P \parallel Q \xrightarrow{(a,n)} P' \parallel Q \qquad \textbf{ParIL}$$

$$Q \xrightarrow{(a,n)} Q' \quad \Rightarrow \quad P \parallel Q \xrightarrow{(a,n)} P \parallel Q' \qquad \textbf{ParIR}$$

$$P \xrightarrow{(a,n)} P', \; Q \xrightarrow{(\bar{a},m)} Q' \quad \Rightarrow \quad P \parallel Q \xrightarrow{(\tau,n+m)} P' \parallel Q' \qquad \textbf{ParCom}$$

Die erste Regel besagt, daß, wenn ein Prozeß P eine a-Aktion durchführt (und sich dabei in P' verwandelt), dies keinen Einfluß auf einen parallel dazu laufenden Prozeß Q hat. Die zweite Regel sagt dasselbe über den rechten Operanden des (aus diesem Grunde symmetrischen) Paralleloperators und definiert somit seine Kommutativität. Die letzte Regel schließlich beschreibt die Synchronisierung von P und Q: Wenn P und Q komplementäre Aktionen durchführen können, dann können sie statt dessen auch beide gleichzeitig als *eine* verborgene Kommunikationsaktion τ ausführen. Diese Aktionsbeziehungen sind ähnlich denen von CCS oder ACP.

Der wesentliche Unterschied wird erst bei den zeitverbrauchenden Aktionen sichtbar. Für sie existiert nur eine Aktionsbeziehung. Falls die Mengen der Ressourcen von A und B disjunkt sind, gilt:

$$P \xrightarrow{(t,A)} P', \; Q \xrightarrow{(t,B)} Q' \quad \Rightarrow \quad P \parallel Q \xrightarrow{(t,A \cup B)} P' \parallel Q' \qquad \textbf{ParT}$$

Wenn also P und Q beide eine Aktion der Zeitdauer t ausführen können, dann geschieht dies gleichzeitig, i. e. synchron zu einer globalen Uhr. Beide beginnen beispielsweise zu einem Zeitpunkt t_0 und enden dann bei $t_0 + t$.

Dies setzt aber voraus, daß keine Ressource von beiden Prozessen belegt wird. Ist das der Fall, kann keine Regel angewandt werden und P und Q sind somit in einem Deadlock verklemmt. In einem Echtzeit-Betriebssystem ist dieses Verhalten korrekt, weil keine zentrale Koordination von Prozessen stattfindet. Wenn nämlich in einem verteilten System ein Agent einen Prozeß P startet und zeitgleich dazu (aber unabhängig davon) ein anderer Agent Q anstößt und sich beide eine Ressource teilen müssen, dann kommt es zwangsläufig zu einem Konflikt. In der Ablaufplanung jedoch sind solche Konflikte absehbar und durch entsprechende zeitliche Anordnung der Prozesse vermeidbar, weil ein gewisses Maß an Koordination vorhanden ist[7]. Da also im planerischen Sinne Ressourcenkonflikte in ACSR nicht wirklich gelöst werden, ist ACSR kein Modell für eine Prozeßtheorie der Ablaufplanung.

---

[7]   Der Terminus „Ablaufplanung" unterstellt ja gerade, daß es einen Planer gibt. Von diesem würde man erwarten, daß er im Falle von Ressourcenengpässen eine angemessene zeitliche Anordnung findet, bzw. bei dynamischer Planung in einer Konfliktsituation einen ablaufbereiten Prozeß verzögert.

7.2   Ressourcen in der Ablaufplanung

Im dritten Kapitel wurden bereits die disjunktiven Kanten zur Beschreibung von Ressourcenkonflikten in hierarchischen Netzplänen vorgestellt. Die Einführung der Ressourcen in die Prozeßalgebra soll nun mithilfe eines neuen *Operators* auf analoge Weise geschehen. Das Symbol für diesen Operator ist der Gegenschrägstrich „\".

Wenn also zwei nebenläufige Vorgänge *a* und *b* dieselbe Ressource belegen, dann zeichnet man im Netzplan eine disjunktive Kante zwischen diesen Vorgängen (siehe Abbildung 7.1).

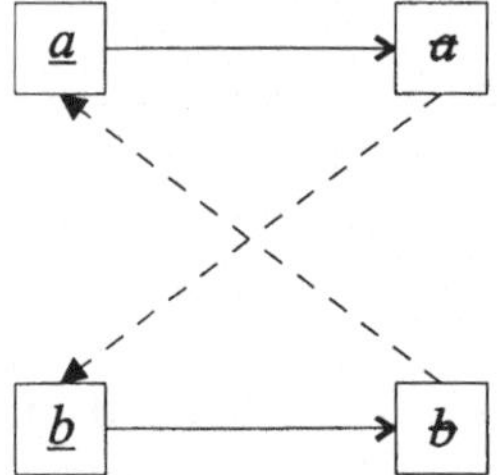

Abbildung 7.1:   Ressourcenkonflikt zwischen den Vorgängen „*a*" und „*b*"

Die Bedeutung dieser Kante, wie der Doppelpfeil bereits andeutet, ist: Entweder führt man zuerst Vorgang *a* durch und im Anschluß daran *b*, oder umgekehrt.

Betrachtet man nun die Zerlegung dieser Vorgänge in ihre elementaren Beginn- und Endeereignisse, so kann man diese Aussage verfeinern: Entweder findet das Endeereignis von *a* vor dem Beginnereignis von *b* statt, oder aber das Endeereignis von *b* tritt vor dem Beginnereignis von *a* ein (vgl. Abbildung 7.2).

Abbildung 7.2:   Ressourcenkonflikt von „*a*" und „*b*" auf Ereignisebene

Eine der beiden gestrichelten Kanten wird durch die Planung zu einer durchgezogenen, echten Präzedenzkante, die andere entfällt (daher ja auch die Bezeichnung *disjunktive* Kante). Dieser Mechanismus soll nun im Ressourcenmodul mit dem Operator „\" nachgebildet werden. Dies sei anhand der Kante von *a* nach *b* in Abbildung 7.2 verdeutlicht.

Sie bedeutet (wenn sie fixiert wurde): Der Prozeß darf nur solche Sequenzen enthalten, in denen die Ereignisse *a* und *b* entweder in genau dieser Reihenfolge auftreten oder aber mindestens eines der Ereignisse nicht vorhanden ist.

Einfacher ausgedrückt: $\underline{b}$ gefolgt von a darf *nicht* auftreten !

In eine formale Darstellung übersetzt lautet diese Restriktion an einen Prozeß P:

$P \setminus (\underline{b} \cdot a)$, gelesen: P ohne ($\underline{b}$ gefolgt von a).

Analog dazu würde die zweite disjunktive Kante aus Abbildung 7.2 zu folgendem Term führen:

$P \setminus (\underline{a} \cdot \bar{b})$.

Da die beiden Kanten aber disjunktiv (i. e. alternativ) sind, muß nur entweder die eine oder die andere Restriktion gelten. Dieser Sachverhalt wird aber gerade exakt durch den in der Prozeßalgebra bereits vorhandenen Auswahloperator (+) ausgedrückt. Ihn nutzend gelangt man zu dem vollständigen Prozeßterm:

$P \setminus (\underline{b} \cdot a + \underline{a} \cdot \bar{b})$.

Für Abbildung 7.2 ist $P = a \parallel b$. Inklusive der Ressourcenbeschränkung lautet der dort dargestellte Prozeß also:

$\underline{a}\, a \parallel \underline{b}\, \bar{b} \setminus (\underline{b}\, a + \underline{a}\, \bar{b})$.

An diesem Beispiel erkennt man auch, daß die Ereignisse im restringierenden Term sich auf diejenigen des restringierten Terms beziehen: Das Ereignis $\underline{b}$ rechts von „$\setminus$" ist identisch mit dem $\underline{b}$ im eigentlichen Prozeßterm links des Restriktionsoperators. Hier wird die Bedeutung der Forderung, daß einer Aktion genau ein Ereignis entspricht (vgl. 6.2), deutlich:

Soll z. B. der Vorgang Bohren b zweimal (im Rahmen verschiedener Aufträge) durchgeführt werden und würde man für beide Vorgänge die Bezeichnung b wählen, dann evaluierte der Term

$\underline{b}\, \bar{b} \parallel \underline{b}\, \bar{b} \setminus (\underline{b}\, \bar{b} + \underline{b}\, \bar{b})$

zum Deadlock, weil laut Restriktion der Beginn von b nicht vor dem Ende von b stattfinden darf, was natürlich unsinnig ist, wenn es sich um dasselbe b handelt. Tatsächlich sind aber unterschiedliche b's gemeint. Um Konfusion zu vermeiden, ist es notwendig, den beiden Bohrvorgängen unterschiedliche Namen zu geben. Nennt man also die beiden Arbeitsgänge b_1 und b_2, dann gelangt man zu dem sinnvollen Term

$\underline{b}_1\, \bar{b}_1 \parallel \underline{b}_2\, \bar{b}_2 \setminus (\underline{b}_1\, \bar{b}_2 + \underline{b}_2\, \bar{b}_1)$.

Der Restriktionsoperator zusammen mit den Axiomen R1 bis R6 erweitert PPA zu *RCPA* (*Resource-Constrained Process Algebra*)[8]. „\" bindet stärker als „+", aber schwächer als alle anderen Operatoren.

<u>sorts:</u>	A, P	$A \subset P$	
<u>consts:</u>	$A \cup \{\delta, \varepsilon\}$		
<u>opns:</u>	<u>opns</u>(PPA)		
	$\backslash : P \times P \to P$		
<u>eqns:</u>	<u>eqns</u>(PPA)		
	$ax \backslash ay = a(x \backslash y)$		R1
	$ax \backslash by = a(x \backslash by)$	$a \neq b$	R2
	$x \backslash \varepsilon = \delta$		R3
	$\varepsilon \backslash ax = \varepsilon$		R4
	$(x + y) \backslash z = x \backslash z + y \backslash z$		R5
	$x \backslash (y + z) = x \backslash y + x \backslash z$		R6

Tabelle 7.1:   Algebra RCPA

Die Anwendung dieser Axiome auf das einfache Beispiel der Abbildung 7.2 ergibt die folgende Ableitung:

$$\underline{a}\,a \,\|\, \underline{b}\,b \backslash (\underline{b}\,a + \underline{a}\,b)^9$$

$$= (\underline{a}\,a\,\underline{b}\,b + \underline{a}\,\underline{b}\,b\,a + \underline{a}\,\underline{b}\,a\,b + \underline{b}\,b\,\underline{a}\,a + \underline{b}\,\underline{a}\,b\,a + \underline{b}\,\underline{a}\,a\,b) \backslash (\underline{b}\,a + \underline{a}\,b) \qquad |\ \text{R6}$$

$$= (\underline{a}\,a\,\underline{b}\,b + \underline{a}\,\underline{b}\,b\,a + \underline{a}\,\underline{b}\,a\,b + \underline{b}\,b\,\underline{a}\,a + \underline{b}\,\underline{a}\,b\,a + \underline{b}\,\underline{a}\,a\,b) \backslash \underline{b}\,a\ +$$
$$\quad (\underline{a}\,a\,\underline{b}\,b + \underline{a}\,\underline{b}\,b\,a + \underline{a}\,\underline{b}\,a\,b + \underline{b}\,b\,\underline{a}\,a + \underline{b}\,\underline{a}\,b\,a + \underline{b}\,\underline{a}\,a\,b) \backslash \underline{a}\,b \qquad |\ \text{R5} \times 10$$

$$= \underline{a}\,a\,\underline{b}\,b \backslash \underline{b}\,a + \underline{a}\,\underline{b}\,b\,a \backslash \underline{b}\,a + \underline{a}\,\underline{b}\,a\,b \backslash \underline{b}\,a +$$
$$\quad \underline{b}\,b\,\underline{a}\,a \backslash \underline{b}\,a + \underline{b}\,\underline{a}\,b\,a \backslash \underline{b}\,a + \underline{b}\,\underline{a}\,a\,b \backslash \underline{b}\,a +$$
$$\quad \underline{a}\,a\,\underline{b}\,b \backslash \underline{a}\,b + \underline{a}\,\underline{b}\,b\,a \backslash \underline{a}\,b + \underline{a}\,\underline{b}\,a\,b \backslash \underline{a}\,b +$$
$$\quad \underline{b}\,b\,\underline{a}\,a \backslash \underline{a}\,b + \underline{b}\,\underline{a}\,b\,a \backslash \underline{a}\,b + \underline{b}\,\underline{a}\,a\,b \backslash \underline{a}\,b \qquad |\ \text{R2}$$

$$= \underline{a}\,(a\,\underline{b}\,b \backslash \underline{b}\,a) + \ldots \qquad |\ \text{R2}$$

$$= \underline{a}\,a\,(\underline{b}\,b \backslash \underline{b}\,a) + \ldots \qquad |\ \text{R1}$$

---

[8] vgl. Tabelle 7.1

[9] Zunächst wird der Merge-Term mit den Axiomen der PA aufgelöst. Dies wurde in 4.3.4.3 für das analoge Beispiel der nebenläufigen Prozesse *ab* und *cd* bereits gezeigt. Die DNF dazu befindet sich in Abschnitt 6.2.

$$
\begin{array}{lll}
= & \underline{a}\,a\,\underline{b}(b\backslash a) + \dots & \mid \text{A8, A8} \\[4pt]
= & \underline{a}\,a\,\underline{b}(b\varepsilon \backslash a\varepsilon) + \dots & \mid \text{R2} \\[4pt]
= & \underline{a}\,a\,\underline{b}b(\varepsilon \backslash a\varepsilon) + \dots & \mid \text{R4} \\[4pt]
= & \underline{a}\,a\,\underline{b}b\varepsilon + \dots & \mid \text{A8} \\[4pt]
= & \underline{a}\,a\,\underline{b}b + \dots & \mid +\ 2.\ \text{Alternative} \\[4pt]
= & \underline{a}\,a\,\underline{b}b + \underline{a}\,b\,b\,a\backslash \underline{b}a + \dots & \mid \text{R2} \\[4pt]
= & \underline{a}\,a\,\underline{b}b + \underline{a}(b\,b\,a\backslash \underline{b}a) + \dots & \mid \text{R1} \\[4pt]
= & \underline{a}\,a\,\underline{b}b + \underline{a}\,b(b\,a\backslash a) + \dots & \mid \text{A8} \\[4pt]
= & \underline{a}\,a\,\underline{b}b + \underline{a}\,b(b\,a\backslash a\varepsilon) + \dots & \mid \text{R2} \\[4pt]
= & \underline{a}\,a\,\underline{b}b + \underline{a}\,b\,b(a\backslash a\varepsilon) + \dots & \mid \text{A8} \\[4pt]
= & \underline{a}\,a\,\underline{b}b + \underline{a}\,b\,b(a\varepsilon \backslash a\varepsilon) + \dots & \mid \text{R1} \\[4pt]
= & \underline{a}\,a\,\underline{b}b + \underline{a}\,b\,b\,a(\varepsilon \backslash \varepsilon) + \dots & \mid \text{R3} \\[4pt]
= & \underline{a}\,a\,\underline{b}b + \underline{a}\,b\,b\,a\delta + \dots & \mid \text{P2} \\[4pt]
= & \underline{a}\,a\,\underline{b}b + \delta + \dots & \mid \text{A6} \\[4pt]
= & \underline{a}\,a\,\underline{b}b + \dots & \mid +\ 3.\ \text{Alternative} \\[4pt]
= & \underline{a}\,a\,\underline{b}b + \underline{a}\,b\,a\,b\backslash \underline{b}a + \dots & \mid \text{R2, R1, A8, R1} \\[4pt]
= & \underline{a}\,a\,\underline{b}b + \underline{a}\,b\,a(b\backslash \varepsilon) + \dots & \mid \text{R3, P2, A6} \\[4pt]
= & \underline{a}\,a\,\underline{b}b + \dots & \mid +\ 4.\ \text{Alternative} \\[4pt]
= & \underline{a}\,a\,\underline{b}b + \underline{b}\,b\,\underline{a}\,a\backslash \underline{b}a + \dots & \mid \text{R1, A8, R2, R2, A8, R1, R3, P2, A6} \\[4pt]
= & \underline{a}\,a\,\underline{b}b + \dots & \mid +\ 5.\ \text{Alternative} \\[4pt]
= & \underline{a}\,a\,\underline{b}b + \underline{b}\,a\,b\,a\backslash \underline{b}a + \dots & \mid \text{R1, A8, R2, R2, A8, R1, R3, P2, A6} \\[4pt]
= & \underline{a}\,a\,\underline{b}b + \dots & \mid +\ 6.\ \text{Alternative} \\[4pt]
= & \underline{a}\,a\,\underline{b}b + \underline{b}\,a\,a\,b\backslash \underline{b}a + \dots & \mid \text{R1, A8, R2, R1, R3, P2, A6} \\[4pt]
= & \underline{a}\,a\,\underline{b}b + \dots & \mid +\ 7.\ \text{Alternative} \\[4pt]
= & \underline{a}\,a\,\underline{b}b + \underline{a}\,a\,\underline{b}b\backslash \underline{a}b + \dots & \mid \text{R1, A8, R2, R2, A8, R1, R3, P2, A6} \\[4pt]
= & \underline{a}\,a\,\underline{b}b + \dots & \mid +\ 8.\ \text{Alternative} \\[4pt]
= & \underline{a}\,a\,\underline{b}b + \underline{a}\,b\,b\,a\backslash \underline{a}b + \dots & \mid \text{R1, A8, R2, R1, R3, P2, A6} \\[4pt]
= & \underline{a}\,a\,\underline{b}b + \dots & \mid +\ 9.\ \text{Alternative} \\[4pt]
= & \underline{a}\,a\,\underline{b}b + \underline{a}\,b\,a\,b\backslash \underline{a}b + \dots & \mid \text{R1, A8, R2, R2, A8, R1, R3, P2, A6}
\end{array}
$$

$= \quad \underline{a}\,a\,\underline{b}\,b + \dots$ | $+$ 10. Alternative

$= \quad \underline{a}\,a\,\underline{b}\,b + \underline{b}\,b\,\underline{a}\,a \setminus \underline{a}\,b + \dots$ | R2, R2, R1, A8, A8, R2, R4, A8

$= \quad \underline{a}\,a\,\underline{b}\,b + \underline{b}\,b\,\underline{a}\,a + \dots$ | $+$ 11. Alternative

$= \quad \underline{a}\,a\,\underline{b}\,b + \underline{b}\,b\,\underline{a}\,a + \underline{b}\,a\,b\,a \setminus \underline{a}\,b + \dots$ | R2, R1, A8, R1, R3, P2, A6

$= \quad \underline{a}\,a\,\underline{b}\,b + \underline{b}\,b\,\underline{a}\,a + \dots$ | $+$ 12. Alternative

$= \quad \underline{a}\,a\,\underline{b}\,b + \underline{b}\,b\,\underline{a}\,a + \underline{b}\,a\,a\,b \setminus \underline{a}\,b$ | R2, R1, A8, R2, A8, R1, R3, P2, A6

$= \quad \underline{a}\,a\,\underline{b}\,b + \underline{b}\,b\,\underline{a}\,a$

Es bleiben von 12 möglichen Ablaufplänen nur noch 2 zulässige übrig, nämlich die, in denen a vollständig vor b abgearbeitet wird oder umgekehrt. Der Restriktionsoperator wurde vollständig eliminiert, und das Resultat ist ein PPA-Term in DNF. Es wird nun behauptet, daß die *Elimination* des Restriktionsoperators aus jedem RCPA-Term möglich ist. Um dies zu beweisen, wird zunächst ein entsprechender Hilfssatz für PPA-Summanden gezeigt.

<u>Eliminationslemma für Elementarsequenzen:</u>

Der Restriktionsoperator angewandt auf Elementarsequenzen ist eliminierbar:

$$\prod_{j=1}^{jj} a_j \setminus \prod_{l=1}^{ll} b_l = t_{PPA}$$

<u>Beweis: Eliminationslemma</u>

Für $ll = 0$ evaluiert der Term nach R3 zum Deadlock, und die Behauptung ist somit trivial erfüllt. Für $ll \geq 1$ wird eine strukturelle Induktion durchgeführt.

<u>Induktionsanfang:</u> $jj = 0$

$$\prod_{j=1}^{jj} a_j \setminus \prod_{l=1}^{ll} b_l = \varepsilon \setminus \prod_{l=1}^{ll} b_l = \varepsilon \qquad\qquad | \text{ R4}$$

<u>Induktionsannahme:</u>

$\prod_{j=1}^{jj} a_j \setminus \prod_{l=1}^{ll} b_l = t_{PPA}$ gilt für alle Sequenzen mit einer maximalen Länge von jj bzw. ll.

<u>Behauptung:</u>

$\prod_{j=1}^{jj+1} a_j \setminus \prod_{l=1}^{ll} b_l$ ist auch in einen PPA-Term transformierbar.

<u>Induktionsschluß:</u>

$$\prod_{j=1}^{jj+1} a_j \setminus \prod_{l=1}^{ll} b_l \;=\; a_1 \cdot \prod_{j=2}^{jj+1} a_j \setminus b_1 \cdot \prod_{l=2}^{ll} b_l$$

<u>1. Fall:</u> $a_1 = b_1$

$$a_1 \cdot \prod_{j=2}^{jj+1} a_j \setminus b_1 \cdot \prod_{l=2}^{ll} b_l \;=\; a_1 \cdot \left(\underbrace{\prod_{j=2}^{jj+1} a_j}_{\text{Länge } jj} \setminus \underbrace{\prod_{l=2}^{ll} b_l}_{\text{Länge } ll-1 \leq ll} \right) \qquad\qquad |\; \text{R1}$$

$$= a_1 \cdot t_{\text{PPA}} \ \text{(nach Induktionsannahme)}$$

$a_1 \cdot t_{\text{PPA}}$ ist ebenfalls ein PPA-Term.

<u>2. Fall:</u> $a_1 \neq b_1$

$$a_1 \cdot \prod_{j=2}^{jj+1} a_j \setminus b_1 \cdot \prod_{l=2}^{ll} b_l \;=\; a_1 \cdot \left(\prod_{j=2}^{jj+1} a_j \setminus b_1 \cdot \prod_{l=2}^{ll} b_l \right) \qquad\qquad |\; \text{R2}$$

$$= a_1 \cdot \left(\underbrace{\prod_{j=2}^{jj+1} a_j}_{\text{Länge } jj} \setminus \underbrace{\prod_{l=1}^{ll} b_l}_{\text{Länge } ll} \right)$$

$$= a_1 \cdot t'_{\text{PPA}} \ \text{(nach Induktionsannahme)}$$

$a_1 \cdot t'_{\text{PPA}}$ ist aber ebenfalls ein PPA-Term.

q. e. d.

Mit diesem Lemma kann nun das eigentliche *Eliminationstheorem der RCPA* aufgestellt und bewiesen werden.

<u>Eliminationstheorem für RCPA:</u>

Jeder RCPA-Term t_{RCPA} kann in einen äquivalenten PPA-Term t_{PPA} transformiert werden (Elimination des Restriktionsoperators):

$$\text{RCPA} \vdash t_{\text{RCPA}} = t_{\text{PPA}}.$$

<u>Beweis: Eliminationstheorem</u>

Der Beweis erfolgt mittels struktureller Induktion über den Aufbau von RCPA-Termen.

Induktionsanfang:

Terme, die keinen Restriktionsoperator enthalten, sind bereits PPA-Terme. Für sie ist die Behauptung also trivial erfüllt.

Induktionsbehauptung:

Seien zwei RCPA-Terme u_{RCPA} und v_{RCPA} gegeben, für die äquivalente PPA-Terme u_{PPA} bzw. v_{PPA} existieren (Induktionsannahme), dann ist auch

$$t_{RCPA} = u_{RCPA} \setminus v_{RCPA} = u_{PPA} \setminus v_{PPA}$$

nach den Axiomen der RCPA in einen äquivalenten PPA-Term t_{PPA} überführbar. Nach dem Normalformtheorem[10] darf ohne Beschränkung der Allgemeinheit angenommen werden, daß u_{PPA} und v_{PPA} in DNF vorliegen.

Induktionsschluß:

$$t_{RCPA} \quad = \quad \left(\sum_{i=1}^{m} \prod_{j=1}^{j(i)} a_{ij} \right) \setminus \left(\sum_{k=1}^{n} \prod_{l=1}^{l(k)} b_{kl} \right) \qquad |\ \text{R6, } (n-1)\text{-fach}$$

$$= \quad \sum_{k=1}^{n} \left(\sum_{i=1}^{m} \prod_{j=1}^{j(i)} a_{ij} \right) \setminus \prod_{l=1}^{l(k)} b_{kl} \qquad |\ \text{R5, } (m-1)\cdot n\text{-fach}$$

$$= \quad \sum_{k=1}^{n} \sum_{i=1}^{m} \left(\prod_{j=1}^{j(i)} a_{ij} \setminus \prod_{l=1}^{l(k)} b_{kl} \right)$$

Nach dem Eliminationslemma für Elementarsequenzen sind die Terme in der Klammer alle in PPA-Ausdrücke

$$t_{PPA}^{i,k}$$

transformierbar, also gilt:

$$t_{RCPA} \quad = \quad \sum_{k=1}^{n} \sum_{i=1}^{m} t_{PPA}^{i,k} \qquad |\ \text{Die Summe von PPA-Termen ergibt wieder einen PPA-Term.}$$

$$= \quad t_{PPA}$$

q. e. d.

Mit dem Eliminationstheorem ist eine wichtige Eigenschaft der RCPA nachgewiesen: Sie besitzt dieselbe Ausdrucksmächtigkeit wie PPA. Der zusätzliche Operator erlaubt nur eine elegante Spezifikation von Ressourcenbeschränkungen an Prozesse. Er ermöglicht es jedoch nicht, gänzlich „neue" Abläufe zu spezifizieren. Es können mit

---

[10]   vgl. 6.2

ihm also keine Prozesse angegeben werden, die nicht auch ohne ihn ausdrückbar wären.

Auf der syntaktischen Ebene leistet RCPA also das Geforderte. Nun fehlt noch ein Nachweis über die semantische Richtigkeit. Zu diesem Zweck muß die *Semantik des Restriktionsoperators* zunächst noch einmal präzise (wenn auch verbal) angegeben werden. Danach muß die verbale Formulierung in eine formale Darstellung übersetzt werden. Stimmt diese mit den Axiomen der RCPA überein, dann ist damit die Sinnhaftigkeit dieser Axiome nachgewiesen.

Definition: Restriktionsoperator

(1)   „$x \setminus y$" ist die Einschränkung von x auf diejenigen Alternativen (Elementarsequenzen), die mindestens eine der Restriktionen in y erfüllen. Ungültige Alternativen werden eliminiert. Die Restriktionen sind ihrerseits alternative Elementarsequenzen. Eine Restriktion gibt dabei eine unzulässige Reihenfolge von Aktionen an.

(2)   Eine Alternative x_i erfüllt eine Restriktion y_k *nicht*, gdw. alle atomaren Aktionen aus y_k in x_i auch und in derselben Ordnung (O) auftauchen. $x_i \setminus y_k$ evaluiert in diesem Fall also zum Deadlock (δ). Ansonsten entfällt die (geltende) Restriktion und $x_i \setminus y_k$ wird zu x_i.

Definition: Ordnung O einer Elementarsequenz

$$O\left(\prod_{j=1}^{jj} a_j\right) = \left\{(a_i, a_j) \mid i \le j\right\}$$

Theorem: Korrektheit der RCPA

Die Axiome der RCPA spezifizieren genau die mit der Definition des Restriktionsoperators gegebene Semantik. Formal ist also zu zeigen:

zu (1): $$(x + x_i)\setminus \sum_{k=1}^{n} y_k = x \setminus \sum_{k=1}^{n} y_k \text{ , wenn } \forall k : x_i \setminus y_k = \delta \tag{1.1}$$

$$(x + x_i)\setminus \sum_{k=1}^{n} y_k = x \setminus \sum_{k=1}^{n} y_k + x_i \text{ , wenn } \exists k : x_i \setminus y_k = x_i \tag{1.2}$$

zu (2): $$x_i \setminus y_k = \delta \text{ , wenn } O(y_k) \subset O(x_i) \tag{2.1}$$

$$x_i \setminus y_k = x_i \text{ , wenn } O(y_k) \not\subset O(x_i) \tag{2.2}$$

Beweis von (2.1):

Sei $x_i = a_1 a_2 \cdots a_{jj}$, $y_k = b_1 b_2 \cdots b_{ll}$, $jj = j(i)$, $ll = l(k)$.

Nach Voraussetzung ist $O(y_k) \subset O(x_i)$ und damit auch $\{b_l \mid 1 \le l \le ll\} \subset \{a_j \mid 1 \le j \le jj\}$.

Alle b_l sind also in den a_j enthalten. Man kann daher x_i auch in folgender Form darstellen:

$$x_i = a_1 \cdots a_{f(1)} b_1 a_{f(1)+2} \cdots a_{f(2)} b_2 a_{f(2)+2} \cdots a_{f(ll)} b_{ll} a_{f(ll)+2} \cdots a_{jj},$$

wobei die Funktion $f(l)$ die Anzahl von a_j vor b_l angibt:

$$f(l) = \left| \{a_j \mid (a_j, b_l) \in O(x_i)\} \right| - 1$$

Mit diesen Festlegungen gilt:

$$x_i \setminus y_k$$

$$= a_1 \cdots a_{f(1)} b_1 a_{f(1)+2} \cdots a_{f(2)} b_2 a_{f(2)+2} \cdots a_{f(ll)} b_{ll} a_{f(ll)+2} \cdots a_{jj} \setminus b_1 b_2 \cdots b_{ll}$$

$$\mid f(1)\text{-fache Anwendung von R2, da wegen Referenzintegrität } a_1, a_2, \ldots, a_{f(1)} \ne b_1$$

$$= a_1 \cdots a_{f(1)} \left(b_1 a_{f(1)+2} \cdots a_{f(2)} b_2 a_{f(2)+2} \cdots a_{f(ll)} b_{ll} a_{f(ll)+2} \cdots a_{jj} \setminus b_1 b_2 \cdots b_{ll} \right)$$

$$\mid \text{R1}$$

$$= a_1 \cdots a_{f(1)} b_1 \left(a_{f(1)+2} \cdots a_{f(2)} b_2 a_{f(2)+2} \cdots a_{f(ll)} b_{ll} a_{f(ll)+2} \cdots a_{jj} \setminus b_2 \cdots b_{ll} \right)$$

$$\mid (f(2) - f(1) - 1)\text{-fache Anwendung von R2}$$

$$= a_1 \cdots a_{f(1)} b_1 a_{f(1)+2} \cdots a_{f(2)} \left(b_2 a_{f(2)+2} \cdots a_{f(ll)} b_{ll} a_{f(ll)+2} \cdots a_{jj} \setminus b_2 \cdots b_{ll} \right)$$

$$\mid \text{R1}$$

$$= a_1 \cdots a_{f(1)} b_1 a_{f(1)+2} \cdots a_{f(2)} b_2 \left(a_{f(2)+2} \cdots a_{f(ll)} b_{ll} a_{f(ll)+2} \cdots a_{jj} \setminus \cdots b_{ll} \right)$$

$$= \ldots$$

$$= a_1 \cdots a_{f(1)} b_1 a_{f(1)+2} \cdots a_{f(2)} b_2 a_{f(2)+2} \cdots a_{f(ll-1)} \left(b_{ll-1} a_{f(ll-1)+2} \cdots a_{f(ll)} b_{ll} a_{f(ll)+2} \cdots a_{jj} \setminus b_{ll-1} b_{ll} \right)$$

$$\mid \text{R1}$$

$$= a_1 \cdots a_{f(1)} b_1 a_{f(1)+2} \cdots a_{f(2)} b_2 a_{f(2)+2} \cdots a_{f(ll-1)} b_{ll-1} \left(a_{f(ll-1)+2} \cdots a_{f(ll)} b_{ll} a_{f(ll)+2} \cdots a_{jj} \setminus b_{ll} \right)$$

$$\mid \text{A8}$$

$$= a_1 \cdots a_{f(1)} b_1 a_{f(1)+2} \cdots a_{f(2)} b_2 a_{f(2)+2} \cdots a_{f(ll-1)} b_{ll-1} \left(a_{f(ll-1)+2} \cdots a_{f(ll)} b_{ll} a_{f(ll)+2} \cdots a_{jj} \setminus b_{ll} \varepsilon \right)$$

$$\mid (f(ll) - f(ll-1) - 1)\text{-fache Anwendung von R2}$$

$$= a_1 \cdots a_{f(1)} b_1 a_{f(1)+2} \cdots a_{f(2)} b_2 a_{f(2)+2} \cdots a_{f(ll-1)} b_{ll-1} a_{f(ll-1)+2} \cdots a_{f(ll)} \left(b_{ll} a_{f(ll)+2} \cdots a_{jj} \setminus b_{ll} \varepsilon \right)$$

$$\qquad\qquad\qquad\qquad\qquad\qquad\qquad\qquad\qquad\qquad\qquad\big|\; R1$$

$$= a_1 \cdots a_{f(1)} b_1 a_{f(1)+2} \cdots a_{f(2)} b_2 a_{f(2)+2} \cdots a_{f(ll-1)} b_{ll-1} a_{f(ll-1)+2} \cdots a_{f(ll)} b_{ll} \left(a_{f(ll)+2} \cdots a_{jj} \setminus \varepsilon \right)$$

$$\qquad\qquad\qquad\qquad\qquad\qquad\qquad\qquad\qquad\qquad\qquad\big|\; R3$$

$$= a_1 \cdots a_{f(1)} b_1 a_{f(1)+2} \cdots a_{f(2)} b_2 a_{f(2)+2} \cdots a_{f(ll-1)} b_{ll-1} a_{f(ll-1)+2} \cdots a_{f(ll)} b_{ll} \delta$$

$$\qquad\qquad\qquad\qquad\qquad\qquad\qquad\qquad\qquad\qquad\qquad\big|\; P1$$

$$= \delta$$

$$\qquad\qquad\qquad\qquad\qquad\qquad\qquad\qquad\qquad\qquad\qquad\qquad\text{q. e. d.}$$

<u>Beweis von (2.2):</u>

Aus $O(y_k) \not\subset O(x_i)$ folgt: Entweder fehlt mindestens ein b_l in x_i (Fall 2.2.1) oder aber ein $b_{l'}$ kommt vor b_l in x_i, aber nach b_l in y_k (Fall 2.2.2).

<u>zu (2.2.1):</u>

$$x_i \setminus y_k \;=$$

$$a_1 \cdots a_{f(1)} b_1 a_{f(1)+2} \cdots a_{f(l-1)} b_{l-1} a_{f(l-1)+2} \cdots a_{f(l+1)} b_{l+1} a_{f(l+1)+2} \cdots \setminus b_1 \cdots b_{l-1} b_l \cdots b_{ll}$$

$$\qquad\qquad\qquad\qquad\big|\; \text{Bis } b_{l-1} \text{ läuft die Ableitung wie unter (2.1)}$$

$$= a_1 \cdots a_{f(1)} b_1 a_{f(1)+2} \cdots a_{f(l-1)} \left(b_{l-1} a_{f(l-1)+2} \cdots a_{f(l+1)} b_{l+1} a_{f(l+1)+2} \cdots \setminus b_{l-1} b_l \cdots b_{ll} \right)$$

$$\qquad\qquad\qquad\qquad\qquad\qquad\qquad\qquad\qquad\qquad\qquad\big|\; R1$$

$$= a_1 \cdots a_{f(1)} b_1 a_{f(1)+2} \cdots a_{f(l-1)} b_{l-1} \left(a_{f(l-1)+2} \cdots a_{f(l+1)} b_{l+1} a_{f(l+1)+2} \cdots \setminus b_l \cdots b_{ll} \right)$$

$$\big|\; \text{Da der Term links von „}\setminus\text{“ nur noch aus } a_j \text{ und } b_{l+1}, b_{l+2}, \ldots \text{ besteht (alle } \neq b_l), \text{ kann}$$

$$\text{nur noch R2 angewandt werden.}$$

$$= a_1 \cdots a_{f(1)} b_1 a_{f(1)+2} \cdots a_{f(l-1)} b_{l-1} a_{f(l-1)+2} \cdots a_{f(l+1)} b_{l+1} a_{f(l+1)+2} \cdots \left(\varepsilon \setminus b_l \cdots b_{ll} \right)$$

$$\qquad\qquad\qquad\qquad\qquad\qquad\qquad\qquad\qquad\qquad\qquad\big|\; R4$$

$$= a_1 \cdots a_{f(1)} b_1 a_{f(1)+2} \cdots a_{f(l-1)} b_{l-1} a_{f(l-1)+2} \cdots a_{f(l+1)} b_{l+1} a_{f(l+1)+2} \cdots \varepsilon$$

$$\qquad\qquad\qquad\qquad\qquad\qquad\qquad\qquad\qquad\qquad\qquad\big|\; A8$$

$$= a_1 \cdots a_{f(1)} b_1 a_{f(1)+2} \cdots a_{f(l-1)} b_{l-1} a_{f(l-1)+2} \cdots a_{f(l+1)} b_{l+1} a_{f(l+1)+2} \cdots$$

$$= x_i$$

$$\qquad\qquad\qquad\qquad\qquad\qquad\qquad\qquad\qquad\qquad\qquad\qquad\text{q. e. d.}$$

Durch das Fehlen von b_l in x_i kann also die Restriktion y_k nur bis ausschließlich b_l abgebaut werden. $b_l \cdots b_{ll}$ bleibt bestehen und führt über R4 zur Elimination von y_k.

<u>zu (2.2.2):</u>

Sei $(b_{l'}, b_l) \in O(x_i)$ und $(b_l, b_{l'}) \in O(y_k)$.

$$x_i \setminus y_k = a_1 \cdots a_{f(1)} b_1 \cdots b_{l'} \cdots b_l \cdots b_{ll} a_{f(ll)+2} \cdots a_{jj} \setminus b_1 \cdots b_l \cdots b_{l'} \cdots b_{ll}$$

$$\mid \text{R1 und R2 (wiederholt)}$$

$$= a_1 \cdots a_{f(1)} b_1 \cdots \left(b_{l'} \cdots b_l \cdots b_{ll} a_{f(ll)+2} \cdots a_{jj} \setminus b_l \cdots b_{l'} \cdots b_{ll} \right)$$

$$\mid \text{R2}$$

$$= a_1 \cdots a_{f(1)} b_1 \cdots b_{l'} \left(\cdots b_l \cdots b_{ll} a_{f(ll)+2} \cdots a_{jj} \setminus b_l \cdots b_{l'} \cdots b_{ll} \right)$$

$$\mid \text{R2 (wiederholt)}$$

$$= a_1 \cdots a_{f(1)} b_1 \cdots b_{l'} \cdots \left(b_l \cdots b_{ll} a_{f(ll)+2} \cdots a_{jj} \setminus b_l \cdots b_{l'} \cdots b_{ll} \right)$$

$$\mid \text{R1}$$

$$= a_1 \cdots a_{f(1)} b_1 \cdots b_{l'} \cdots b_l \left(\cdots b_{ll} a_{f(ll)+2} \cdots a_{jj} \setminus \cdots b_{l'} \cdots b_{ll} \right)$$

$$\mid \text{R1 und R2 (wiederholt)}$$

$$= a_1 \cdots a_{f(1)} b_1 \cdots b_{l'} \cdots b_l \cdots \left(b_{ll} a_{f(ll)+2} \cdots a_{jj} \setminus b_{l'} \cdots b_{ll} \right)$$

$\mid$ Da $b_{l'}$ bereits ausgeklammert und somit im Term links von „\" nicht mehr enthalten ist, kann nur noch R2 angewandt werden.

$$= a_1 \cdots a_{f(1)} b_1 \cdots b_{l'} \cdots b_l \cdots b_{ll} a_{f(ll)+2} \cdots a_{jj} \left(\varepsilon \setminus b_{l'} \cdots b_{ll} \right)$$

$$\mid \text{R4}$$

$$= a_1 \cdots a_{f(1)} b_1 \cdots b_{l'} \cdots b_l \cdots b_{ll} a_{f(ll)+2} \cdots a_{jj} \varepsilon$$

$$\mid \text{A8}$$

$$= a_1 \cdots a_{f(1)} b_1 \cdots b_{l'} \cdots b_l \cdots b_{ll} a_{f(ll)+2} \cdots a_{jj}$$

$$= x_i$$

$$\text{q. e. d.}$$

<u>Beweis von (1):</u>

$$\left(x + x_i\right) \backslash \sum_{k=1}^{n} y_k \qquad\qquad\qquad \big|\ \text{R5}$$

$$= \quad x \backslash \sum_{k=1}^{n} y_k + x_i \backslash \sum_{k=1}^{n} y_k \qquad \big|\ \text{R6, } (n-1)\text{-fach}$$

$$= \quad x \backslash \sum_{k=1}^{n} y_k + \sum_{k=1}^{n} x_i \backslash y_k$$

<u>zu (1.1):</u>

Nach Voraussetzung gilt: $\forall k : x_i \backslash y_k = \delta$. Also ist:

$$x \backslash \sum_{k=1}^{n} y_k + \sum_{k=1}^{n} x_i \backslash y_k \quad = \quad x \backslash \sum_{k=1}^{n} y_k + \sum_{k=1}^{n} \delta \qquad \big|\ \text{A3, } (n-1)\text{-fach}$$

$$= \quad x \backslash \sum_{k=1}^{n} y_k + \delta \qquad \big|\ \text{A6}$$

$$= \quad x \backslash \sum_{k=1}^{n} y_k$$

q. e. d.

<u>zu (1.2):</u>

Nach Voraussetzung gilt: $\exists k' : x_i \backslash y_{k'} = x_i$. Mit A2 wird der entsprechende Term aus der Summe ausgeklammert.

$$x \backslash \sum_{k=1}^{n} y_k + \sum_{k=1}^{n} x_i \backslash y_k$$

$$= \ x \backslash \sum_{k=1}^{n} y_k + x_i \backslash y_{k'} + \sum_{\substack{k=1,\\ k \neq k'}}^{n} x_i \backslash y_k \qquad \big|\ \text{nach Voraussetzung}$$

$$= \ x \backslash \sum_{k=1}^{n} y_k + x_i + \sum_{\substack{k=1,\\ k \neq k'}}^{n} x_i \backslash y_k \qquad \big|\ \text{Nach (2) gilt: } x_i \backslash y_k = \delta \text{ oder } x_i \backslash y_k = x_i.$$

$$= \ x \backslash \sum_{k=1}^{n} y_k + x_i + \sum \delta + \sum x_i \qquad \big|\ \text{A6 (mehrfach)}$$

$$= \ x \backslash \sum_{k=1}^{n} y_k + x_i + \sum x_i \qquad \big|\ \text{A3 (mehrfach)}$$

$$= x \setminus \sum_{k=1}^{n} y_k + x_i$$

q. e. d.

Die Regeln der RCPA geben also die intendierte Semantik korrekt wieder. Es wird die (unbewiesene) Behauptung aufgestellt, daß RCPA dies mit der minimalen Anzahl von Axiomen erreicht. Aus theoretischer Sicht stellt RCPA somit eine elegante Lösung des Ressourcenproblems dar. Aber die unverhältnismäßige Länge der Ableitung des einfachen Beispiels aus Abbildung 7.2 deutet bereits an, daß der praktische Einsatz in dieser Form nicht sinnvoll erscheint. Der Grund dafür ist die exponentielle Komplexität der Expansion des Merge-Operators. Daher beschäftigt sich Kapitel 9 mit der optimalen heuristischen Lenkung dieser Expansion.

Zum Abschluß dieses Kapitels wird die Anwendung der RCPA noch einmal an einem umfangreicheren Beispiel gezeigt, und zwar an dem Make-or-Buy-Problem aus Abbildung 3.11 (Abschnitt 3.3). Der dortige hierarchische Netzplan wird durch den PPA-Ausdruck

$$[\,a\,(\,b_1 + b_2\,) + g\,h\,]\,\|\,[\,(\,c_1 + c_2\,)\,d + e f\,]$$

beschrieben. Die Zuordnung der Ressourcen zu den Aktionen kann ebenfalls der Abbildung 3.11 entnommen werden. Sie ist in Tabelle 7.2 noch einmal zusammengefaßt.

Ressource	Aktionen von B	Aktionen von C
R1	b_1, g	d, e
R2	a, b_2, h	c_1, f
R3	–	c_2

Tabelle 7.2:   Ressourcenallokation des Make-or-Buy-Beispiels aus Abbildung 3.11

Prinzipiell besteht zwischen je zwei Aktionen, die dieselbe Ressource belegen, ein Konflikt. Da dieser Konflikt aber nur auftreten kann, wenn es die Möglichkeit zur nebenläufigen (also überlappenden) Ausführung gibt, muß nur für Paare von je einer Aktion der zweiten und einer aus der dritten Spalte eine Restriktion angegeben werden. Die Prozesse B und C sind nämlich nebenläufig, innerhalb von B bzw. C existiert aber keine Parallelität.

Der komplette RCPA-Term lautet dann:

$$[\,\underline{a}a\,(\underline{b}_1 b_1 + \underline{b}_2 b_2) + g\underline{g}\,\underline{h}h\,]\,\|\,[\,(\underline{c}_1 e_1 + \underline{c}_2 e_2)\,\underline{d}d + \underline{e}e\,ff\,]$$

$$\setminus\,(\underline{b}_1 d + \underline{d}b_1)\,\setminus\,(\underline{b}_1 e + \underline{e}b_1)\,\setminus\,(\underline{b}_2 f + \underline{f}b_2)\,\setminus\,(\underline{b}_2 e_1 + \underline{c}_1 b_2)\,\setminus\,(\underline{c}_1 a + \underline{a}e_1)$$

$$\backslash(\underline{c}_1 \bar{h} + \underline{h} e_1)\ \ \backslash(\bar{f} a + \underline{a} f)\ \ \backslash(\bar{f} h + \underline{h} f)\ \ \backslash(\bar{g} d + \underline{d} g)\ \ \backslash(\bar{g} e + \underline{e} g)$$

Das Resultat der Elimination des Restriktionsoperators aus diesem Ausdruck reduziert die 630 möglichen Ablaufpläne auf 302 zulässige Schedules:

$\underline{a}\,\bar{a}\,\underline{b}_1\,\bar{b}_1\,\underline{c}_1\,e_1\,\underline{d}\,\bar{d}$ + $\underline{a}\,\bar{a}\,\underline{b}_1\,\bar{b}_1\,\underline{c}_2\,e_2\,\underline{d}\,\bar{d}$ + $\underline{a}\,\bar{a}\,\underline{b}_1\,\bar{b}_1\,\underline{e}\,e\,\underline{f}\,f$ +

$\underline{a}\,\bar{a}\,\underline{b}_1\,\underline{c}_1\,e_1\,\bar{b}_1\,\underline{d}\,\bar{d}$ + $\underline{a}\,\bar{a}\,\underline{b}_1\,\underline{c}_1\,\bar{b}_1\,e_1\,\underline{d}\,\bar{d}$ + $\underline{a}\,\bar{a}\,\underline{b}_1\,\underline{c}_2\,e_2\,\bar{b}_1\,\underline{d}\,\bar{d}$ +

$\underline{a}\,\bar{a}\,\underline{b}_1\,\underline{c}_2\,\bar{b}_1\,e_2\,\underline{d}\,\bar{d}$ + $\underline{a}\,\bar{a}\,\underline{c}_1\,e_1\,\underline{d}\,\bar{d}\,\underline{b}_1\,\bar{b}_1$ + $\underline{a}\,\bar{a}\,\underline{c}_1\,e_1\,\underline{b}_1\,\bar{b}_1\,\underline{d}\,\bar{d}$ +

$\underline{a}\,\bar{a}\,\underline{c}_1\,\underline{b}_1\,\bar{b}_1\,e_1\,\underline{d}\,\bar{d}$ + $\underline{a}\,\bar{a}\,\underline{c}_1\,\underline{b}_1\,e_1\,\bar{b}_1\,\underline{d}\,\bar{d}$ + $\underline{a}\,\bar{a}\,\underline{c}_2\,e_2\,\underline{d}\,\bar{d}\,\underline{b}_1\,\bar{b}_1$ +

$\underline{a}\,\bar{a}\,\underline{c}_2\,e_2\,\underline{b}_1\,\bar{b}_1\,\underline{d}\,\bar{d}$ + $\underline{a}\,\bar{a}\,\underline{c}_2\,\underline{b}_1\,\bar{b}_1\,e_2\,\underline{d}\,\bar{d}$ + $\underline{a}\,\bar{a}\,\underline{c}_2\,\underline{b}_1\,e_2\,\bar{b}_1\,\underline{d}\,\bar{d}$ +

$\underline{a}\,\bar{a}\,\underline{e}\,e\,\underline{f}\,f\,\underline{b}_1\,\bar{b}_1$ + $\underline{a}\,\bar{a}\,\underline{e}\,e\,\underline{f}\,\underline{b}_1\,\bar{b}_1\,f$ + $\underline{a}\,\bar{a}\,\underline{e}\,e\,\underline{f}\,\underline{b}_1\,f\,\bar{b}_1$ +

$\underline{a}\,\bar{a}\,\underline{e}\,e\,\underline{b}_1\,\bar{b}_1\,\underline{f}\,f$ + $\underline{a}\,\bar{a}\,\underline{e}\,e\,\underline{b}_1\,\underline{f}\,f\,\bar{b}_1$ + $\underline{a}\,\bar{a}\,\underline{e}\,e\,\underline{b}_1\,\underline{f}\,\bar{b}_1\,f$ +

$\underline{a}\,\underline{c}_2\,e_2\,\underline{d}\,\bar{a}\,\bar{d}\,\underline{b}_1\,\bar{b}_1$ + $\underline{a}\,\underline{c}_2\,e_2\,\underline{d}\,\bar{a}\,\bar{d}\,\underline{b}_1\,\bar{b}_1$ + $\underline{a}\,\underline{c}_2\,e_2\,\bar{a}\,\underline{b}_1\,\bar{b}_1\,\underline{d}\,\bar{d}$ +

$\underline{a}\,\underline{c}_2\,e_2\,\bar{a}\,\underline{d}\,\bar{d}\,\underline{b}_1\,\bar{b}_1$ + $\underline{a}\,\underline{c}_2\,\bar{a}\,\underline{b}_1\,\bar{b}_1\,e_2\,\underline{d}\,\bar{d}$ + $\underline{a}\,\underline{c}_2\,\bar{a}\,\underline{b}_1\,e_2\,\bar{b}_1\,\underline{d}\,\bar{d}$ +

$\underline{a}\,\underline{c}_2\,\bar{a}\,e_2\,\underline{d}\,\bar{d}\,\underline{b}_1\,\bar{b}_1$ + $\underline{a}\,\underline{c}_2\,\bar{a}\,e_2\,\underline{b}_1\,\bar{b}_1\,\underline{d}\,\bar{d}$ + $\underline{a}\,\underline{e}\,e\,\bar{a}\,\underline{b}_1\,\bar{b}_1\,\underline{f}\,f$ +

$\underline{a}\,\underline{e}\,e\,\bar{a}\,\underline{b}_1\,\underline{f}\,f\,\bar{b}_1$ + $\underline{a}\,\underline{e}\,e\,\bar{a}\,\underline{b}_1\,\underline{f}\,\bar{b}_1\,f$ + $\underline{a}\,\underline{e}\,e\,\bar{a}\,\underline{f}\,f\,\underline{b}_1\,\bar{b}_1$ +

$\underline{a}\,\underline{e}\,e\,\bar{a}\,\underline{f}\,\underline{b}_1\,\bar{b}_1\,f$ + $\underline{a}\,\underline{e}\,e\,\bar{a}\,\underline{f}\,\underline{b}_1\,f\,\bar{b}_1$ + $\underline{a}\,\underline{e}\,\bar{a}\,e\,\underline{f}\,f\,\underline{b}_1\,\bar{b}_1$ +

$\underline{a}\,\underline{e}\,\bar{a}\,e\,\underline{f}\,\underline{b}_1\,\bar{b}_1\,f$ + $\underline{a}\,\underline{e}\,\bar{a}\,e\,\underline{f}\,\underline{b}_1\,f\,\bar{b}_1$ + $\underline{a}\,\underline{e}\,\bar{a}\,e\,\underline{b}_1\,\bar{b}_1\,\underline{f}\,f$ +

$\underline{a}\,\underline{e}\,\bar{a}\,e\,\underline{b}_1\,\underline{f}\,f\,\bar{b}_1$ + $\underline{a}\,\underline{e}\,\bar{a}\,e\,\underline{b}_1\,\underline{f}\,\bar{b}_1\,f$ + $\underline{a}\,\bar{a}\,\underline{b}_2\,\bar{b}_2\,\underline{c}_1\,e_1\,\underline{d}\,\bar{d}$ +

$\underline{a}\,\bar{a}\,\underline{b}_2\,\bar{b}_2\,\underline{c}_2\,e_2\,\underline{d}\,\bar{d}$ + $\underline{a}\,\bar{a}\,\underline{b}_2\,\bar{b}_2\,\underline{e}\,e\,\underline{f}\,f$ + $\underline{a}\,\bar{a}\,\underline{b}_2\,\underline{c}_2\,e_2\,\underline{d}\,\bar{d}\,\bar{b}_2$ +

$\underline{a}\,\bar{a}\,\underline{b}_2\,\underline{c}_2\,e_2\,\underline{d}\,\bar{b}_2\,\bar{d}$ + $\underline{a}\,\bar{a}\,\underline{b}_2\,\underline{c}_2\,e_2\,\bar{b}_2\,\underline{d}\,\bar{d}$ + $\underline{a}\,\bar{a}\,\underline{b}_2\,\underline{c}_2\,\bar{b}_2\,e_2\,\underline{d}\,\bar{d}$ +

$\underline{a}\,\bar{a}\,\underline{b}_2\,\underline{e}\,e\,\bar{b}_2\,\underline{f}\,f$ + $\underline{a}\,\bar{a}\,\underline{b}_2\,\underline{e}\,\bar{b}_2\,e\,\underline{f}\,f$ + $\underline{a}\,\bar{a}\,\underline{c}_1\,e_1\,\underline{d}\,\bar{d}\,\underline{b}_2\,\bar{b}_2$ +

$\underline{a}\,\bar{a}\,\underline{c}_1\,e_1\,\underline{d}\,\underline{b}_2\,\bar{b}_2\,\bar{d}$ + $\underline{a}\,\bar{a}\,\underline{c}_1\,e_1\,\underline{d}\,\underline{b}_2\,\bar{d}\,\bar{b}_2$ + $\underline{a}\,\bar{a}\,\underline{c}_1\,e_1\,\underline{b}_2\,\bar{b}_2\,\underline{d}\,\bar{d}$ +

$\underline{a}\,\bar{a}\,\underline{c}_1\,e_1\,\underline{b}_2\,\underline{d}\,\bar{d}\,\bar{b}_2$ + $\underline{a}\,\bar{a}\,\underline{c}_1\,e_1\,\underline{b}_2\,\underline{d}\,\bar{b}_2\,\bar{d}$ + $\underline{a}\,\bar{a}\,\underline{c}_2\,e_2\,\underline{d}\,\bar{d}\,\underline{b}_2\,\bar{b}_2$ +

$\underline{a}\,\bar{a}\,\underline{c}_2\,e_2\,\underline{d}\,\underline{b}_2\,\bar{b}_2\,\bar{d}$ + $\underline{a}\,\bar{a}\,\underline{c}_2\,e_2\,\underline{d}\,\underline{b}_2\,\bar{d}\,\bar{b}_2$ + $\underline{a}\,\bar{a}\,\underline{c}_2\,e_2\,\underline{b}_2\,\bar{b}_2\,\underline{d}\,\bar{d}$ +

...

Wie man an diesem Beispiel sieht, reduzieren die relativ strengen Ressourcenbeschränkungen die Anzahl von Ablaufplänen kaum. Eine Generierung aller validen Schedules im Rahmen einer Optimierung erscheint daher (vor allem bei umfangreicheren Anwendungen) nicht sinnvoll. Auch hier muß also eine geeignete Beschneidung des Suchbaums durch heuristische Methoden gewährleistet werden (siehe Kapitel 9).

8 Zeit

Die Modellierung von Zeit in algebraischen Modellen nebenläufiger Systeme wurde in den letzten Jahrzehnten auf vielfältige Weise versucht. Die vorgeschlagenen Ansätze kann man bezüglich der folgenden drei *Dimensionen* klassifizieren:

1. kontinuierliche Zeit versus diskrete Zeit,

2. absolute Zeit versus relative Zeit,

3. Zeitstempel-Modelle versus Zwei-Phasen-Modelle.

Bei den Modellen mit kontinuierlicher Zeit werden zeitliche Abstände als positive, reelle Zahlen dargestellt. Zwischen zwei Zeitpunkten kann immer noch ein weiterer eingefügt werden. Im Unterschied dazu läuft die diskrete Zeit in Schritten fester Größe. Man stellt sie daher meist mit natürlichen Zahlen dar.

Rechnet man in absoluter Zeit, dann findet jede Aktion (z. B. a) zu einem festen Zeitpunkt t einer globalen Uhr statt:

$a(t)$.

Gibt man statt dessen nur an, wieviel Zeit seit der letzten Aktion vergangen ist, so spricht man von relativer Zeit:

$a \cdot (5) \cdot b$.

Bei der Ausführung von b sind seit Durchführung von a 5 Zeiteinheiten vergangen.

Schließlich bestehen auch unterschiedliche Auffassungen darüber, in welcher Form man die Zeit in einen Kalkül integriert. In den *Zeitstempel*-Modellen wird die Zeit syntaktisch fest mit jeder Aktion verbunden.

$a(t_1) \cdot b(t_2)$

bedeutet beispielsweise, daß Aktion a zum Zeitpunkt t_1 und Aktion b zum (späteren !) Zeitpunkt t_2 ausgeführt wird. In den *Zwei-Phasen*-Modellen trennt man scharf zwischen der zeitlichen Dimension und der Ausführungsdimension der Aktionen. Diese Trennung hat reale physikalische Gründe. Nach der Heisenbergschen Unschärferelation der Quantenmechanik[1] können nämlich Zeit und Energiedifferenz nicht gleichzeitig exakt bestimmt werden[2]. Da eine Aktion immer Energieänderungen

---

[1]   vgl. DIRAC 1958

[2]   Dies ist die duale Formulierung der Unschärferelation. Dasselbe gilt auch für Impuls und Ort.

involviert, macht es Sinn, den Ablauf der Aktionen von der Entwicklung der Zeit zu entkoppeln. Die formale Umsetzung dieser Trennung geschieht im diskreten Fall so, daß die Zeit durch einen Operator (meist σ) implementiert wird. Wendet man diesen Operator auf einen Term an, dann wird seine Ausführung um eine Zeiteinheit „nach hinten" (also in positiver Richtung) verschoben. Die Zeit wird so in Scheiben eingeteilt, und σ repräsentiert den Übergang von einer Zeitscheibe (time slice) zur nächsten. In dem Term

$$a \cdot \sigma(b)$$

mit relativer Zeitsemantik wird, wenn a beispielsweise in Scheibe n stattfindet, die Aktion b eine Zeiteinheit später in der $(n+1)$. Scheibe ausgeführt (näheres in Abschnitt 8.3).

Aus Gründen der syntaktischen Kohärenz findet man im Bereich der kontinuierlichen Zeit (trotz deren theoretischer Fragwürdigkeit) meist Zeitstempel-Modelle, während in der diskreten Welt die zweiphasigen Modelle bevorzugt werden.

Der nächste Abschnitt (8.1) wird ein Beispiel für ein Zeitstempel-Modell mit kontinuierlicher Zeit vorstellen. Diskrete Ansätze folgen dann in 8.2 mit absoluter Zeit und 8.3 mit relativer Zeit. Abschnitt 8.4 schließlich präsentiert das Zeitmodul für die Prozeßtheorie. Es handelt sich bei ihm um ein diskretes, relatives, zweiphasiges Modell. Alle in diesem Kapitel vorkommenden Modelle bauen auf der Prozeßalgebra nach Baeten und Weijland auf (siehe Abschnitt 4.3.4).

8.1   Kontinuierliche Zeit

Um Echtzeitphänomene realitätsnah beschreiben zu können, entwickelten Baeten und Bergstra[3] eine Erweiterung der ACP[4], die sogenannte Real Time Process Algebra ACP_ρ. Sie modelliert *kontinuierliche, absolute Zeit* mithilfe von Zeitstempeln. Ist A die Menge der Basisaktionen (wie bisher) und

$$A_\delta = A \cup \delta,$$

dann entsteht durch die Zeitstempel die neue (überabzählbar unendliche) Menge der zeitlich parametrisierten atomaren Aktionen AT:

$$AT = \{\, a(t) \mid a \in A_\delta,\, t \in R_0^{+} \,\}.$$

---

[3]   vgl. BAETEN und BERGSTRA 1991
[4]   vgl. 4.3.4.5

Zusätzlich führt man einen absoluten *Zeitverschiebungsoperator* „>>" (absolute time shift) ein, um den Startzeitpunkt eines Prozesses festlegen zu können. So bedeutet

$t \gg P,$

daß Prozeß P zum Zeitpunkt t beginnt. Alle Aktionen in P, die vor oder genau zu diesem Zeitpunkt hätten ausgeführt werden müssen, werden in Deadlocks konvertiert. Alle übrigen bleiben unverändert erhalten:

$4 \gg [\, a(5) + b(3) + c(4)\,] \;=\; a(5)$

Die Basisprozeßalgebra BPA$_\rho$ mit Zeitstempeln lautet dann[5]:

sorts:	A, A_δ, AT, P	$A_\delta = A \cup \delta,$ $AT = \{\, a(t) \mid a \in A_\delta,\, t \in R_0^+ \,\},$ $AT \subset P$	
consts:	AT		
opns:	opns(BPA$_\delta$)		
	$\gg: R_0^+ \times P \to P$		
eqns:	eqns(BPA$_\delta$)		
	$a(0) \;=\; \delta(0)$		ATA1
	$\delta(t) \cdot x \;=\; \delta(t)$		ATA2
	$\delta(t) + \delta(r) \;=\; \delta(r)$	falls $t < r$	ATA3
	$a(t) + \delta(t) \;=\; a(t)$		ATA4
	$a(t) \cdot x \;=\; a(t) \cdot (t \gg x)$		ATA5
	$t \gg a(r) \;=\; a(r)$	falls $t < r$	ATB1
	$t \gg a(r) \;=\; \delta(t)$	falls $t \geq r$	ATB2
	$t \gg (x + y) \;=\; (t \gg x) + (t \gg y)$		ATB3
	$t \gg (x \cdot y) \;=\; (t \gg x) \cdot y$		ATB4

Tabelle 8.1:   Algebra BPA$_\rho$

---

5   vgl. BAETEN und BERGSTRA 1991, S. 146

Zum Verständnis dieser Axiome bedarf zunächst der *zeitgestempelte Deadlock* einer Erklärung. $\delta(t)$ bezeichnet nämlich einen Prozeß, der zunächst t Zeiteinheiten wartet und erst dann blockiert. $\delta(0)$ blockiert also von Anfang an und entspricht somit dem δ der herkömmlichen Prozeßalgebra.

Erläuterungen zu den Axiomen:

ATA1: Nimmt man an, daß $0 \gg P = P$, so folgt dieses Axiom aus ATB2. Umgekehrt benötigt man ATA1, um sicherzustellen, daß eine Verschiebung um 0 Zeiteinheiten keinen Einfluß auf einen Prozeß hat. Man könnte daher alternativ auch $0 \gg P = P$ als Axiom formulieren und auf ATA1 verzichten.

ATA2: Hierbei handelt es sich lediglich um die Erweiterung von A7 der gewöhnlichen BPA_δ für den zeitgestempelten Deadlock.

ATA3: Man gibt bei der Auswahl dem Deadlock den Vorzug, der länger wartet, bevor er blockiert.

ATA4: Dieses Axiom ist analog zu A6 der BPA_δ.

ATA5: Findet ein Prozeß x nach einer Aktion statt, die zum Zeitpunkt t passiert, so wird dadurch der Anfangszeitpunkt von x auf den Zeitpunkt t verschoben, weil die Aktion selbst ja keine Zeit beansprucht.

ATB1 und ATB2 geben die Definition des Verschiebungsoperators wieder.

ATB3: Der Auswahloperator ist für die zeitliche Verschiebung transparent.

ATB4: Es genügt, den Verschiebungsoperator auf den ersten Faktor eines Produkts anzuwenden, weil durch den Sequenzoperator y nach x und somit auch nach t beginnt.

Ein Beispiel für die Anwendung der Axiome[6]:

$$a(2) \cdot [\, b(2) \cdot c(3) + c(1) \cdot c(4) + c(3) \cdot c(2)\,] \qquad\qquad\mid \text{ATA5}$$

$$= a(2) \cdot (\, 2 \gg [\, b(2) \cdot c(3) + c(1) \cdot c(4) + c(3) \cdot c(2)\,]\,) \qquad \mid \text{ATB3, ATB3}$$

$$= a(2) \cdot (\, 2 \gg b(2)\cdot c(3) + 2 \gg c(1)\cdot c(4) + 2 \gg c(3)\cdot c(2)\,) \qquad \mid \text{ATB4} \times 3$$

$$= a(2) \cdot (\, [\, 2 \gg b(2)\,] \cdot c(3) + [\, 2 \gg c(1)\,] \cdot c(4) + [\, 2 \gg c(3)\,] \cdot c(2)\,)$$
$$\mid \text{ATB2} \times 2, \text{ATB1}$$

$$= a(2) \cdot [\, \delta(2) \cdot c(3) + \delta(2) \cdot c(4) + c(3) \cdot c(2)\,] \qquad \mid \text{ATA2, ATA2}$$

$$= a(2) \cdot [\, \delta(2) + \delta(2) + c(3) \cdot c(2)\,] \qquad\qquad \mid \text{A3}$$

$$= a(2) \cdot [\, \delta(2) + c(3) \cdot c(2)\,] \qquad\qquad\qquad \mid \text{ATA5}$$

---

6   vgl. BAETEN und BERGSTRA 1991, S. 146

$$= a(2) \cdot (\delta(2) + c(3) \cdot [3 \gg c(2)])$$ | ATB2

$$= a(2) \cdot (\delta(2) + c(3) \cdot \delta(3))$$ | ATA4

$$= a(2) \cdot (\delta(2) + [c(3) + \delta(3)] \cdot \delta(3))$$ | A4

$$= a(2) \cdot [\delta(2) + c(3) \cdot \delta(3) + \delta(3) \cdot \delta(3)]$$ | ATA2

$$= a(2) \cdot [\delta(2) + c(3) \cdot \delta(3) + \delta(3)]$$ | A1

$$= a(2) \cdot [\delta(2) + \delta(3) + c(3) \cdot \delta(3)]$$ | ATA3

$$= a(2) \cdot [\delta(3) + c(3) \cdot \delta(3)]$$ | ATA2

$$= a(2) \cdot [\delta(3) \cdot \delta(3) + c(3) \cdot \delta(3)]$$ | A4

$$= a(2) \cdot [\delta(3) + c(3)] \cdot \delta(3)$$ | ATA4

$$= a(2) \cdot c(3) \cdot \delta(3)$$

Auch die Algebra nebenläufiger Prozesse ACP kann auf diese Weise mit einer zeitlichen Dimension versehen werden. Um diese Algebra, genannt ACP_ρ, zu definieren, werden jedoch noch zwei Operatoren benötigt. Zum einen ist dies die *endgültige Verzögerung* „U" (ultimate delay), zum anderen die *beschränkte Initialisierung*. Die endgültige Verzögerung gibt an, zu welchem Zeitpunkt ein Prozeß spätestens eine Aktion durchgeführt hat:

$$U[\, a(2) \cdot b(4) + c(3) \cdot d(5) \,] = 3,$$

weil spätestens zum Zeitpunkt 3 c durchgeführt werden muß (2. Alternative), falls nicht schon vorher a ausgeführt wurde (1. Alternative).

sorts:	$\underline{\text{sorts}}(BPA_\rho)$	
consts:	AT	
opns:	$\underline{\text{opns}}(BPA_\rho)$	
	$U: P \rightarrow R_0^{+}$	
eqns:	$\underline{\text{eqns}}(BPA_\rho)$	
	$U(a(t)) = t$	ATU1
	$U(\delta(t)) = t$	ATU2
	$U(x + y) = \max\{ U(x), U(y) \}$	ATU3
	$U(x \cdot y) = U(x)$	ATU4

Tabelle 8.2:   Algebra $BPA_{\rho U}$

Die algebraische Spezifikation des U-Operators gibt Tabelle 8.2 an[7].

Die beschränkte Initialisierung hat dasselbe Symbol wie die Zeitverschiebung, allerdings steht diesmal die Zeitangabe rechts. Entsprechend ist auch die Bedeutung der Initialisierung zu der der Verschiebung komplementär:

$t \gg P$ läßt nur Aktionen zu, die *nach* t passieren,

$P \gg t$ hingegen verlangt, daß die erste Aktion *vor* t stattgefunden haben muß.

Daraus ergibt sich die Algebra $BPA_{\rho\gg}$ (siehe Tabelle 8.3).

sorts:	$\underline{sorts}(\,BPA_\rho\,)$		
consts:	AT		
opns:	$\underline{opns}(\,BPA_\rho\,)$		
	$\gg:\ P \times R_0^{\,+} \to P$		
eqns:	$\underline{eqns}(\,BPA_\rho\,)$		
	$a(t) \gg r\ =\ \delta(r)$	falls $t \geq r$	ATB5
	$a(t) \gg r\ =\ a(t)$	falls $t < r$	ATB6
	$(x + y) \gg t\ =\ (x \gg t) + (y \gg t)$		ATB7
	$(x \cdot y) \gg t\ =\ (x \gg t) \cdot y$		ATB8

Tabelle 8.3:   Algebra $BPA_{\rho\gg}$

Ein Beispiel:

$$[\,a(5) + b(3) + c(4)\,] \gg 4\ =\ b(3) + \delta(4)$$

Die linke Seite der Gleichung besagt, daß der Prozeß in eckigen Klammern vor dem Zeitpunkt 4 initialisiert sein muß. Laut der rechten Seite bedeutet dies, daß entweder Aktion b (die einzige, die vor 4 stattfinden kann) ausgeführt wird oder aber ab Zeitpunkt 4 der Prozeß blockiert.

ACP_ρ kann nun in ganz ähnlicher Weise wie ACP definiert werden (siehe Tabelle 8.4[8]).

---

[7] vgl. BAETEN und BERGSTRA 1991, S. 156
[8]   vgl. BAETEN und BERGSTRA 1991, S. 158

<u>sorts:</u>	<u>sorts</u>(BPA_ρ)
<u>consts:</u>	AT
<u>opns:</u>	<u>opns</u>($BPA_{\rho U}$) $\cup$ <u>opns</u>($BPA_{\rho \gg}$) $\cup$ <u>opns</u>(ACP)
<u>eqns:</u>	<u>eqns</u>($BPA_{\rho U}$) $\cup$ <u>eqns</u>($BPA_{\rho \gg}$)
	$a\,\|\,b = b\,\|\,a$ C1
	$a\,\|\,(b\,\|\,c) = (a\,\|\,b)\,\|\,c$ C2
	$\delta\,\|\,a = \delta$ C3
	$a(t)\,\|\,b(r) = \delta[\,\min(t,r)\,]$ falls $t \neq r$ ATC1
	$a(t)\,\|\,b(t) = (a\,\|\,b)\,(t)$ ATC2
	$x\,\|\,y = x\,\mathbin{\rlap{\|}\mkern2mu{L}}\,y + y\,\mathbin{\rlap{\|}\mkern2mu{L}}\,x + x\,\|\,y$ CM1
	$a(t)\,\mathbin{\rlap{\|}\mkern2mu{L}}\,x = [\,a(t) \gg U(x)\,]\cdot x$ ATCM2
	$[\,a(t)\cdot x\,]\,\mathbin{\rlap{\|}\mkern2mu{L}}\,y = [\,a(t) \gg U(y)\,]\cdot(x\,\|\,y)$ ATCM3
	$(x+y)\,\mathbin{\rlap{\|}\mkern2mu{L}}\,z = x\,\mathbin{\rlap{\|}\mkern2mu{L}}\,z + y\,\mathbin{\rlap{\|}\mkern2mu{L}}\,z$ CM4
	$[\,a(t)\cdot x\,]\,\|\,b(r) = [\,a(t)\,\|\,b(r)\,]\cdot x$ CM5
	$a(t)\,\|\,[\,b(r)\cdot x\,] = [\,a(t)\,\|\,b(r)\,]\cdot x$ CM6
	$[\,a(t)\cdot x\,]\,\|\,[\,b(r)\cdot y\,] = [\,a(t)\,\|\,b(r)\,]\cdot(x\,\|\,y)$ CM7
	$(x+y)\,\|\,z = x\,\|\,z + y\,\|\,z$ CM8
	$x\,\|\,(y+z) = x\,\|\,y + x\,\|\,z$ CM9
	$\partial_H(a) = a$ falls $a \notin H$ D1
	$\partial_H(a) = \delta$ falls $a \in H$ D2
	$\partial_H[a(t)] = [\partial_H(a)]\,(t)$ ATD
	$\partial_H(x+y) = \partial_H(x) + \partial_H(y)$ D3
	$\partial_H(x\cdot y) = \partial_H(x)\cdot\partial_H(y)$ D4

Tabelle 8.4:   Algebra ACP_ρ

Neu sind nur die Axiome ATC1, ATC2 und ATD. Die übrigen entsprechen denen der ACP (vgl. Abschnitt 4.3.4.5). Lediglich die Axiome CM2 und CM3 für den Left-Merge mußten angepaßt werden (siehe ATCM2 und ATCM3). Der Grund hierfür liegt darin, daß die Einführung von Zeitstempeln keine konservative[9] Erweiterung von ACP zuläßt. Die bisherigen Axiome für den Merge-Operator können nämlich nicht übernommen werden, weil nach ihnen der Term

$$a(5) \parallel b(3)$$

zu dem (unsinnigen) Ausdruck

$$a(5) \cdot b(3) + b(3) \cdot a(5)$$

evaluieren würde. Die erste Alternative ist unzulässig, weil *nach* dem Zeitpunkt 5 keine Aktion mehr zum Zeitpunkt 3 ausgeführt werden kann. Hier ist also eine Aufweichung der Axiome nötig. Am einfachsten geschieht dies über eine Anpassung der Axiome für den Left-Merge.

An dem Prozeß „$ab \parallel cd$" wurden in Abschnitt 4.3.4.3 die Axiome der PA demonstriert. Ein sehr ähnliches Beispiel soll nun dazu dienen, eine vergleichbare Ableitung in ACP_ρ durchzuführen. Dazu sei vereinfachend angenommen, daß (wie auch in PA) keine Kommunikation vorhanden ist. Die Kommunikationsalternative in Axiom CM1 entfällt somit.

$$a(1){\cdot}b(3) \parallel c(2){\cdot}\delta(4) \qquad\qquad\qquad\qquad\qquad\quad\mid \text{M1}^{10}$$

$$= a(1){\cdot}b(3) \, \underline{\parallel} \, c(2){\cdot}\delta(4) \; + \; c(2){\cdot}\delta(4) \, \underline{\parallel} \, a(1){\cdot}b(3) \qquad\qquad \mid \text{ATCM3}$$

$$= a(1){\cdot}b(3) \, \underline{\parallel} \, c(2){\cdot}\delta(4) \; + \; [\, c(2) \gg \text{U}(\, a(1){\cdot}b(3)\,)\,] \cdot [\, \delta(4) \parallel a(1){\cdot}b(3)\,]$$
$$\mid \text{ATU4}$$

$$= a(1){\cdot}b(3) \, \underline{\parallel} \, c(2){\cdot}\delta(4) \; + \; [\, c(2) \gg \text{U}(\, a(1)\,)\,] \cdot [\, \delta(4) \parallel a(1){\cdot}b(3)\,] \quad \mid \text{ATU1}$$

$$= a(1){\cdot}b(3) \, \underline{\parallel} \, c(2){\cdot}\delta(4) \; + \; [\, c(2) \gg 1\,] \cdot [\, \delta(4) \parallel a(1){\cdot}b(3)\,] \qquad \mid \text{ATB5}$$

$$= a(1){\cdot}b(3) \, \underline{\parallel} \, c(2){\cdot}\delta(4) \; + \; \delta(1) \cdot [\, \delta(4) \parallel a(1){\cdot}b(3)\,] \qquad\quad \mid \text{ATA2}$$

$$= a(1){\cdot}b(3) \, \underline{\parallel} \, c(2){\cdot}\delta(4) \; + \; \delta(1) \qquad\qquad\qquad\qquad\qquad \mid \text{ATCM3}$$

$$= [\, a(1) \gg \text{U}(\, c(2){\cdot}\delta(4)\,)\,] \cdot [\, b(3) \parallel c(2){\cdot}\delta(4)\,] \; + \; \delta(1) \quad \mid \text{ATU4, ATU1}$$

$$= (\, a(1) \gg 2\,) \cdot [\, b(3) \parallel c(2){\cdot}\delta(4)\,] \; + \; \delta(1) \qquad\qquad\qquad \mid \text{ATB6}$$

$$= a(1) \cdot [\, b(3) \parallel c(2){\cdot}\delta(4)\,] \; + \; \delta(1) \qquad\qquad\qquad\qquad \mid \text{ATA2}$$

---

9   Man spricht von einer konservativen Erweiterung einer Algebra, wenn die bisherigen Axiome ihre Gültigkeit behalten.

10   M1 ist CM1 ohne Kommunikationsalternative.

$$= a(1) \cdot [\, b(3) \parallel c(2)\cdot\delta(4)\,] + \delta(1) \cdot [\, b(3) \parallel c(2)\cdot\delta(4)\,] \qquad\qquad \big|\ \text{A4}$$

$$= [\, a(1) + \delta(1)\,] \cdot [\, b(3) \parallel c(2)\cdot\delta(4)\,] \qquad\qquad\qquad\qquad \big|\ \text{ATA4}$$

$$= a(1) \cdot [\, b(3) \parallel c(2)\cdot\delta(4)\,] \qquad\qquad\qquad\qquad\qquad\quad \big|\ \text{M1}$$

$$= a(1) \cdot (\, b(3) \,⫾\, c(2)\cdot\delta(4) + c(2)\cdot\delta(4) \,⫾\, b(3)\,) \qquad\qquad \big|\ \text{ATCM2}$$

$$= a(1) \cdot (\,[\, b(3) \gg U(\,c(2)\cdot\delta(4)\,)\,] \cdot c(2)\cdot\delta(4) + c(2)\cdot\delta(4) \,⫾\, b(3)\,) \qquad \big|\ \text{ATU4, ATU1}$$

$$= a(1) \cdot (\,[\, b(3) \gg 2\,] \cdot c(2)\cdot\delta(4) + c(2)\cdot\delta(4) \,⫾\, b(3)\,) \qquad\qquad \big|\ \text{ATB5}$$

$$= a(1) \cdot (\, \delta(2)\cdot c(2)\cdot\delta(4) + c(2)\cdot\delta(4) \,⫾\, b(3)\,) \qquad\qquad\qquad \big|\ \text{ATA2}$$

$$= a(1) \cdot (\, \delta(2) + c(2)\cdot\delta(4) \,⫾\, b(3)\,) \qquad\qquad\qquad\qquad \big|\ \text{ATCM3}$$

$$= a(1) \cdot (\, \delta(2) + [\, c(2) \gg U(\,b(3)\,)\,] \cdot [\, \delta(4) \parallel b(3)\,]\,) \qquad\qquad \big|\ \text{ATU1}$$

$$= a(1) \cdot (\, \delta(2) + (\, c(2) \gg 3\,) \cdot [\, \delta(4) \parallel b(3)\,]\,) \qquad\qquad\qquad \big|\ \text{ATB6}$$

$$= a(1) \cdot (\, \delta(2) + c(2) \cdot [\, \delta(4) \parallel b(3)\,]\,) \qquad\qquad\qquad\qquad \big|\ \text{ATA2}$$

$$= a(1) \cdot (\, \delta(2) \cdot [\, \delta(4) \parallel b(3)\,] + c(2) \cdot [\, \delta(4) \parallel b(3)\,]\,) \qquad\qquad \big|\ \text{A4}$$

$$= a(1) \cdot [\, \delta(2) + c(2)\,] \cdot [\, \delta(4) \parallel b(3)\,] \qquad\qquad\qquad\qquad \big|\ \text{ATA4}$$

$$= a(1) \cdot c(2) \cdot [\, \delta(4) \parallel b(3)\,] \qquad\qquad\qquad\qquad\qquad \big|\ \text{M1}$$

$$= a(1) \cdot c(2) \cdot (\, \delta(4) \,⫾\, b(3) + b(3) \,⫾\, \delta(4)\,) \qquad\qquad\qquad \big|\ \text{ATCM2}$$

$$= a(1) \cdot c(2) \cdot (\,[\, \delta(4) \gg U(\,b(3)\,)\,] \cdot b(3) + b(3) \,⫾\, \delta(4)\,) \qquad\qquad \big|\ \text{ATU1, ATB5}$$

$$= a(1) \cdot c(2) \cdot (\, \delta(3) \cdot b(3) + b(3) \,⫾\, \delta(4)\,) \qquad\qquad\qquad \big|\ \text{ATA2}$$

$$= a(1) \cdot c(2) \cdot (\, \delta(3) + b(3) \,⫾\, \delta(4)\,) \qquad\qquad\qquad\qquad \big|\ \text{ATCM2}$$

$$= a(1) \cdot c(2) \cdot (\, \delta(3) + [\, b(3) \gg U(\,\delta(4)\,)\,] \cdot \delta(4)\,) \qquad\qquad \big|\ \text{ATU1}$$

$$= a(1) \cdot c(2) \cdot (\, \delta(3) + [\, b(3) \gg 4\,] \cdot \delta(4)\,) \qquad\qquad\qquad \big|\ \text{ATB6}$$

$$= a(1) \cdot c(2) \cdot (\, \delta(3) + b(3) \cdot \delta(4)\,) \qquad\qquad\qquad\qquad \big|\ \text{ATA2}$$

$$= a(1) \cdot c(2) \cdot (\, \delta(3) \cdot \delta(4) + b(3) \cdot \delta(4)\,) \qquad\qquad\qquad \big|\ \text{A4}$$

$$= a(1) \cdot c(2) \cdot [\, \delta(3) + b(3)\,] \cdot \delta(4) \qquad\qquad\qquad\qquad \big|\ \text{ATA4}$$

$$= a(1) \cdot c(2) \cdot b(3) \cdot \delta(4)$$

Wie erwartet, bleibt also von den 6 Alternativen des analogen Beispiels ohne Zeit lediglich eine übrig. Es handelt sich dabei um diejenige Variante, in der alle Aktionen in aufsteigender Reihenfolge ihrer Zeitstempel angeordnet sind.

Zum Abschluß bleibt nur noch anzumerken, daß ACP_ρ auch in einer Form mit *relativer Zeit* existiert[11]. Zur Unterscheidung von den absoluten Zeitstempeln werden die relativen mit eckigen Klammern angegeben. $a[t]$ bedeutet dann, daß Aktion a genau t Zeiteinheiten nach der vorangehenden Aktion ausgeführt wird. Abstrahiert man von der Notation der Zeitstempel, so entsprechen die Axiome von ACP_{rp}[12] zum großen Teil denen von ACP_ρ. Die einzigen Unterschiede betreffen die Zeitverschiebung und den Left-Merge:

1. In relativer Zeit ist der Zeitpunkt einer Aktion bereits auf den Zeitpunkt des Vorgängers in der Sequenz bezogen. Das Axiom ATA5 für die zeitliche Verschiebung des Nachfolgers ist somit hinfällig.

2. Die relative Zeitverschiebung führt eine Aktion *um* t Zeiteinheiten früher aus, die absolute verschiebt die Aktion *auf* den Zeitpunkt t (oder später):

absolute Zeitverschiebung	relative Zeitverschiebung
$3 \gg a(4) = a(4)$	$3 \mathbin{\widetilde{\gg}} a[4] = a[1]$
$5 \gg a(4) = \delta(5)$	$5 \mathbin{\widetilde{\gg}} a[4] = \delta[5]$

Tabelle 8.5:   Absolute und relative Zeitverschiebung

3. Der rechte Operand des Left-Merge bei den Axiomen ATCM2 und ATCM3 erfährt eine relative Zeitverschiebung, weil in beiden Operanden eines Merge-Operators die Zeit simultan vergeht:

$$a[2] \mathbin{\|\!\!\lfloor} b[3] = a[2] \cdot b[1].$$

8.2   Diskrete, absolute Zeit

In den Modellen mit diskreter Zeit[13] wird die Zeit in Segmente gleicher Größe unterteilt, den sogenannten *Zeitscheiben* (time slices). Diese Modelle sind in der Regel zweiphasig, d. h. das Ticken der Uhr beendet ein Segment und beginnt ein neues; unabhängig davon geschehen in einem Segment Aktionen, die zwar untereinander geordnet sind und damit schon in einer bestimmten zeitlichen Reihenfolge eintreten, die sich aber dennoch nicht zu definierten Zeitpunkten ereignen. Man weiß also lediglich, daß eine Aktion irgendwann innerhalb eines bestimmten Segments durchgeführt wird. Um

---

[11]   vgl. BAETEN und BERGSTRA 1991, S. 167 ff.
[12]   ACP mit relativer Zeit
[13]   vgl. z. B. BAETEN und BERGSTRA 1992

in einem Modell mit absoluter Zeit zu spezifizieren, daß eine Aktion a im ersten Zeitsegment ausgeführt wird, schreibt man:

$\text{fts}(a)$[14].

Soll die Aktion a im Verlaufe der zweiten Zeitscheibe durchgeführt werden, so muß mittels einer absoluten Verzögerung um eine diskrete Zeiteinheit, bezeichnet mit dem Operator σ_{abs}, dieser Ausdruck in das nächste Segment verschoben werden:

$\sigma_{\text{abs}}(\text{fts}(a))$.

Durch mehrfache Anwendung dieses Operators kann eine Aktion in jedes beliebige Segment verschoben werden.

<u>sorts:</u>	$A, P; A \subset P$	
<u>consts:</u>	$A \cup \{\, \delta, \dot{\delta} \,\}$	
<u>opns:</u>	<u>opns</u>(BPA)	
	$\text{fts}: A \cup \{\delta\} \rightarrow P$	
	$\sigma_{\text{abs}}: P \rightarrow P$	
<u>eqns:</u>	<u>eqns</u>(BPA)	
	$x + \dot{\delta} = x$	A6ID
	$\dot{\delta} \cdot x = \dot{\delta}$	A7ID
	$\sigma_{\text{abs}}(\dot{\delta}) = \text{fts}(\delta)$	DAT1
	$\text{fts}(a) + \text{fts}(\delta) = \text{fts}(a)$	DAT2
	$\sigma_{\text{abs}}(x) + \sigma_{\text{abs}}(y) = \sigma_{\text{abs}}(x + y)$	DAT3
	$\sigma_{\text{abs}}(x) \cdot \dot{\delta} = \sigma_{\text{abs}}(x \cdot \dot{\delta})$	DAT4
	$\sigma_{\text{abs}}(x) \cdot [\, \text{fts}(a) + y \,] = \sigma_{\text{abs}}(x) \cdot y$	DAT5
	$\sigma_{\text{abs}}(x) \cdot [\, \text{fts}(a) \cdot y + z \,] = \sigma_{\text{abs}}(x) \cdot z$	DAT6
	$\sigma_{\text{abs}}(x) \cdot \sigma_{\text{abs}}(y) = \sigma_{\text{abs}}(x \cdot y)$	DAT7

Tabelle 8.6:   Algebra BPA_{dap}

---

[14]   first time slice

Für die Basisalgebra der *diskreten, absoluten Zeit* wird noch eine weitere Konstante benötigt. Es handelt sich dabei um den sogenannten unmittelbaren, *katastrophalen Deadlock* $\dot{\delta}$ (immediate deadlock). Man stellt sich dabei vor, daß der „normale" Deadlock erst am Ende des jeweiligen Segments wirksam wird, während hingegen der sofortige Deadlock die Zeit unmittelbar anhält und somit eine Beendigung des Segments ausschließt.

Die Gesetze für die Operatoren fts und σ_{abs} und die Konstante $\dot{\delta}$ bilden die Algebra BPA_{dap}[15]. Sie sind in Tabelle 8.6 wiedergegeben[16].

Die Axiome A6ID und A7ID entsprechen denen für den normalen Deadlock. Der Unterschied zwischen gewöhnlichem und sofortigem Deadlock ist in DAT1 ausgedrückt. Ein normaler Deadlock am Ende des ersten Zeitsegments entspricht einem sofortigen Deadlock zu Beginn des nächsten. Dies besagt auch, daß das Ende der n. Zeitscheibe und der Beginn der $(n+1)$. koinzidieren. Überträgt man A6 der BPA ohne Zeit auf eine Basisalgebra mit diskreter, absoluter Zeit, so gelangt man zu DAT2. Das bedeutendste Axiom für die zeitliche Semantik von BPA_{dap} ist aber DAT3. Es besagt nämlich, daß der Ablauf der Zeit an sich nicht die Auswahl bestimmt[17]. In den Axiomen DAT5 und DAT6 beginnt die Sequenz mit einem Prozeß, der im zweiten oder einem noch späteren Zeitsegment beginnt, denn er enthält bereits mindestens ein σ_{abs}. Es ist daher nicht mehr möglich, *danach* noch eine Aktion a in der ersten Zeitscheibe auszuführen. Aus diesem Grund fehlt die entsprechende Alternative auf der rechten Seite der Axiome.

Als Beispiel für die Anwendung der Axiome dient folgender Prozeß. Aktion a wird im dritten Segment ausgeführt:

$\sigma_{abs}(\sigma_{abs}(\text{fts}(a)))$.

Im Anschluß daran soll b im *zweiten* Zeitabschnitt durchgeführt werden:

$\sigma_{abs}(\text{fts}(b))$.

Insgesamt ergibt sich also die Sequenz:

$$\sigma_{abs}(\sigma_{abs}(\text{fts}(a))) \cdot \sigma_{abs}(\text{fts}(b)) \qquad\qquad\qquad | \text{ DAT7}$$

$$= \quad \sigma_{abs}(\, \sigma_{abs}(\text{fts}(a)) \cdot \text{fts}(b) \,) \qquad\qquad | \text{ DAT2}$$

---

[15]   Der Absolutwertoperator und die entsprechenden Axiome werden hier vernachlässigt. Sie werden nur benötigt, wenn absolute und relative Zeit in einem Modell integriert werden.

[16]   vgl. BAETEN und BERGSTRA 1996, S. 190 und 197

[17]   Man bezeichnet dies als sogenannte Zeitfaktorisierung.

$$= \sigma_{abs}(\ \sigma_{abs}(fts(a)) \cdot (\ fts(b) + fts(\delta)\ )\ ) \qquad |\ \text{DAT5}$$

$$= \sigma_{abs}(\ \sigma_{abs}(fts(a)) \cdot fts(\delta)\ ) \qquad\qquad |\ \text{DAT1}$$

$$= \sigma_{abs}(\ \sigma_{abs}(fts(a)) \cdot \sigma_{abs}(\dot{\delta})\ ) \qquad\qquad |\ \text{DAT7}$$

$$= \sigma_{abs}(\ \sigma_{abs}(\ fts(a) \cdot \dot{\delta}\ )\ )$$

Im zweiten Segment wird also zunächst die Aktion a ausgeführt und dann sofort das System angehalten.

Die dargestellte Basisalgebra läßt sich nun durch den Merge-Operator zur Algebra $PA_{da\rho}$ für parallele Prozesse erweitern (siehe Tabelle 8.7[18]).

<u>sorts:</u>	$A, P;\ A \subset P$
<u>consts:</u>	$A \cup \{\ \delta, \dot{\delta}\ \}$
<u>opns:</u>	<u>opns</u>$(\ BPA_{da\rho}\ )$
	$\|,\ \Vert\!\!\!\!\underline{\ }\ : P \rightarrow P$
<u>eqns:</u>	<u>eqns</u>$(\ BPA_{da\rho}\ )$
	$x \| y\ =\ x \Vert\!\!\!\!\underline{\ }\ y + y \Vert\!\!\!\!\underline{\ }\ x$ **M1**
	$(x + y) \Vert\!\!\!\!\underline{\ }\ z\ =\ x \Vert\!\!\!\!\underline{\ }\ z + y \Vert\!\!\!\!\underline{\ }\ z$ **M4**
	$\dot{\delta} \Vert\!\!\!\!\underline{\ }\ x\ =\ \dot{\delta}$ **LMID1**
	$x \Vert\!\!\!\!\underline{\ }\ \dot{\delta}\ =\ \dot{\delta}$ **LMID2**
	$fts(a) \Vert\!\!\!\!\underline{\ }\ [\,x + fts(\delta)\,]\ =\ fts(a) \cdot [\,x + fts(\delta)\,]$ **DATCM2**
	$fts(a) \cdot x \Vert\!\!\!\!\underline{\ }\ [\,y + fts(\delta)\,]\ =\ fts(a) \cdot (\,x \| [\,y + fts(\delta)\,]\,)$ **DATCM3**
	$\sigma_{abs}(x) \Vert\!\!\!\!\underline{\ }\ [\,fts(a) + y\,]\ =\ \sigma_{abs}(x) \Vert\!\!\!\!\underline{\ }\ [\,fts(\delta) + y\,]$ **DAT8**
	$\sigma_{abs}(x) \Vert\!\!\!\!\underline{\ }\ [\,fts(a) \cdot y + z\,]\ =\ \sigma_{abs}(x) \Vert\!\!\!\!\underline{\ }\ [\,fts(\delta) + z\,]$ **DAT9**
	$\sigma_{abs}(x) \Vert\!\!\!\!\underline{\ }\ \sigma_{abs}(y)\ =\ \sigma_{abs}(\,x \Vert\!\!\!\!\underline{\ }\ y\,)$ **DAT10**

Tabelle 8.7:   Algebra $PA_{da\rho}$

---

[18]   vgl. BAETEN und BERGSTRA 1996, S. 190 und 199

Die Axiome M1 und M4 sind bereits aus der PA ohne Zeit bekannt[19]. Neu und interessant sind LMID1 und LMID2[20]. In der zeitlosen Prozeßalgebra kann nämlich folgendes Gesetz abgeleitet werden[21]:

$$x \parallel \delta = x \cdot \delta.$$

Ein Deadlock wird also so lange wie möglich hinausgezögert. Beim sofortigen Deadlock ist dies aber nicht möglich, denn wegen M1, LMID1 und LMID2 gilt:

$$x \parallel \dot{\delta} = \dot{\delta}.$$

An diesem Beispiel läßt sich besonders gut die Bedeutung des unmittelbaren Deadlocks erläutern: Die Zeit läuft in beiden Operanden des Merge-Operators simultan. Wird in einem die Zeit durch einen sofortigen Deadlock gleich zu Beginn angehalten, so kann auch im anderen keine Zeit vergehen. Somit kann auch in diesem anderen Operanden keine Aktion ausgeführt werden, weil die atomaren Aktionen selbst zwar keine Zeit benötigen, zwischen ihnen aber immer Zeit verstreichen muß[22]. Man beachte in diesem Zusammenhang, daß die Zeit zwar nur in Zeitscheiben gemessen[23] wird, aber auch innerhalb einer Scheibe vergeht.

Die restlichen Axiome dienen der Elimination des Left-Merge. Im Unterschied zur üblichen PA müssen hier drei Fälle unterschieden werden:

1. Auf der linken Seite des Left-Merge kann sofort im ersten Segment eine Aktion durchgeführt werden (DATCM2, DATCM3).

2. Der linke Operand ist verzögert, und der rechte enthält einen unverzögerten Term (DAT8, DAT9).

3. Beide Operanden sind verzögert (DAT10).

Im ersten Fall muß wegen des simultanen Ablaufs der Zeit in beiden Operanden sichergestellt werden, daß auch im zweiten Operanden die Zeit noch bis zum Ende des Segments läuft, damit Aktion a des ersten Operanden durchführbar ist und somit ausgeklammert werden kann. Dies wird durch die Alternative fts(δ) erreicht, die die Zeit erst am Ende des Segments anhält. Jeder andere Deadlock in x, der versucht, die Uhr früher zu stoppen, wird mit Axiom A6ID abgewiesen. Auch ein Unterlaufen von LMID2 wird so verhindert. Enthält der Term auf der rechten Seite nicht das erforderliche fts(δ), dafür aber eine zu fts(a) passende unverzögerte Aktion, z. B. fts(b), dann

---

[19]   vgl. 4.3.4.3

[20]   Left Merge with Immediate Deadlock

[21]   vgl. BAETEN und WEIJLAND 1990, S. 75, Theorem 3.3.2 ii

[22]   Die gleichzeitige Ausführung zweier Aktionen ist ausgeschlossen (vgl. 2.1.4).

[23]   d. h. modelliert

kann der fehlende Ausdruck z. B. über DAT2 erzeugt und der Left-Merge eliminiert werden.

Im zweiten Fall erzwingt die Verzögerung des linken Operanden, daß auch der rechte sofort einen σ-Schritt ausführen muß. Terme, die diese Bedingung nicht erfüllen, werden in einen Deadlock zum Ende des Segments konvertiert.

Im dritten und letzten Fall können beide Operanden einen Zeitschritt durchführen. Gemäß DAT10 müssen sie dies dann gemeinsam tun.

Eine Beispielrechnung soll den Umgang mit den Axiomen verdeutlichen. Es sei zu diesem Zweck angenommen, daß ein Prozeß mit Aktionen a und b im ersten bzw. dritten Segment parallel zu einer Aktion c in der zweiten Zeitscheibe läuft. Das Beispiel ist analog zu dem in Abschnitt 8.1 ohne $\delta(4)$:

$$\text{fts}(a) \cdot \sigma_{\text{abs}}(\sigma_{\text{abs}}(\text{fts}(b))) \parallel \sigma_{\text{abs}}(\text{fts}(c)) \qquad \mid \text{M1}$$

$$= \text{fts}(a) \cdot \sigma_{\text{abs}}(\sigma_{\text{abs}}(\text{fts}(b))) \mathbin{\underline{\parallel}} \sigma_{\text{abs}}(\text{fts}(c))$$
$$\quad + \sigma_{\text{abs}}(\text{fts}(c)) \mathbin{\underline{\parallel}} \text{fts}(a) \cdot \sigma_{\text{abs}}(\sigma_{\text{abs}}(\text{fts}(b))) \qquad \mid \text{A6ID}$$

$$= \text{fts}(a) \cdot \sigma_{\text{abs}}(\sigma_{\text{abs}}(\text{fts}(b))) \mathbin{\underline{\parallel}} \sigma_{\text{abs}}(\text{fts}(c))$$
$$\quad + \sigma_{\text{abs}}(\text{fts}(c)) \mathbin{\underline{\parallel}} [\, \text{fts}(a) \cdot \sigma_{\text{abs}}(\sigma_{\text{abs}}(\text{fts}(b))) + \dot{\delta} \,] \qquad \mid \text{DAT9}$$

$$= \text{fts}(a) \cdot \sigma_{\text{abs}}(\sigma_{\text{abs}}(\text{fts}(b))) \mathbin{\underline{\parallel}} \sigma_{\text{abs}}(\text{fts}(c))$$
$$\quad + \sigma_{\text{abs}}(\text{fts}(c)) \mathbin{\underline{\parallel}} [\, \text{fts}(\delta) + \dot{\delta} \,] \qquad \mid \text{A6ID}$$

$$= \text{fts}(a) \cdot \sigma_{\text{abs}}(\sigma_{\text{abs}}(\text{fts}(b))) \mathbin{\underline{\parallel}} \sigma_{\text{abs}}(\text{fts}(c))$$
$$\quad + \sigma_{\text{abs}}(\text{fts}(c)) \mathbin{\underline{\parallel}} \text{fts}(\delta) \qquad \mid \text{DAT1}$$

$$= \text{fts}(a) \cdot \sigma_{\text{abs}}(\sigma_{\text{abs}}(\text{fts}(b))) \mathbin{\underline{\parallel}} \sigma_{\text{abs}}(\text{fts}(c))$$
$$\quad + \sigma_{\text{abs}}(\text{fts}(c)) \mathbin{\underline{\parallel}} \sigma_{\text{abs}}(\dot{\delta}) \qquad \mid \text{DAT10}$$

$$= \text{fts}(a) \cdot \sigma_{\text{abs}}(\sigma_{\text{abs}}(\text{fts}(b))) \mathbin{\underline{\parallel}} \sigma_{\text{abs}}(\text{fts}(c)) + \sigma_{\text{abs}}[\, \text{fts}(c) \mathbin{\underline{\parallel}} \dot{\delta} \,] \quad \mid \text{LMID2}$$

$$= \text{fts}(a) \cdot \sigma_{\text{abs}}(\sigma_{\text{abs}}(\text{fts}(b))) \mathbin{\underline{\parallel}} \sigma_{\text{abs}}(\text{fts}(c)) + \sigma_{\text{abs}}(\dot{\delta}) \qquad \mid \text{DAT1}$$

$$= \text{fts}(a) \cdot \sigma_{\text{abs}}(\sigma_{\text{abs}}(\text{fts}(b))) \mathbin{\underline{\parallel}} \sigma_{\text{abs}}(\text{fts}(c)) + \text{fts}(\delta) \qquad \mid \text{A6ID}$$

$$= \text{fts}(a) \cdot \sigma_{\text{abs}}(\sigma_{\text{abs}}(\text{fts}(b))) \mathbin{\underline{\parallel}} \sigma_{\text{abs}}[\, \text{fts}(c) + \dot{\delta} \,] + \text{fts}(\delta) \qquad \mid \text{DAT3}$$

$$= \text{fts}(a) \cdot \sigma_{\text{abs}}(\sigma_{\text{abs}}(\text{fts}(b))) \mathbin{\underline{\parallel}} [\, \sigma_{\text{abs}}(\text{fts}(c)) + \sigma_{\text{abs}}(\dot{\delta}) \,]$$
$$\quad + \text{fts}(\delta) \qquad \mid \text{DAT1}$$

$$= \mathrm{fts}(a) \cdot \sigma_{abs}(\sigma_{abs}(\mathrm{fts}(b))) \lfloor\!\lfloor \, [\, \sigma_{abs}(\mathrm{fts}(c)) + \mathrm{fts}(\delta) \,] \; + \; \mathrm{fts}(\delta) \quad | \text{ DATCM3}$$

$$= \mathrm{fts}(a) \cdot [\, \sigma_{abs}(\sigma_{abs}(\mathrm{fts}(b))) \,\|\, [\, \sigma_{abs}(\mathrm{fts}(c)) + \mathrm{fts}(\delta) \,] \,]$$
$$+ \; \mathrm{fts}(\delta) \qquad\qquad\qquad\qquad\qquad | \text{ DAT1, DAT3, A6ID}$$

$$= \mathrm{fts}(a) \cdot [\, \sigma_{abs}(\sigma_{abs}(\mathrm{fts}(b))) \,\|\, \sigma_{abs}(\mathrm{fts}(c)) \,] \; + \; \mathrm{fts}(\delta) \qquad | \text{ M1, M4}$$

$$= \mathrm{fts}(a) \cdot [\, \sigma_{abs}(\sigma_{abs}(\mathrm{fts}(b))) \lfloor\!\lfloor \, \sigma_{abs}(\mathrm{fts}(c))$$
$$+ \; \sigma_{abs}(\mathrm{fts}(c)) \lfloor\!\lfloor \, \sigma_{abs}(\sigma_{abs}(\mathrm{fts}(b))) \,] \; + \; \mathrm{fts}(\delta) \qquad | \text{ DAT10}$$

$$= \mathrm{fts}(a) \cdot [\, \sigma_{abs}[\, \sigma_{abs}(\mathrm{fts}(b)) \lfloor\!\lfloor \, \mathrm{fts}(c) \,]$$
$$+ \; \sigma_{abs}(\mathrm{fts}(c)) \lfloor\!\lfloor \, \sigma_{abs}(\sigma_{abs}(\mathrm{fts}(b))) \,] \; + \; \mathrm{fts}(\delta) \qquad | \text{ A6ID, DAT8, A6ID}$$

$$= \mathrm{fts}(a) \cdot [\, \sigma_{abs}[\, \sigma_{abs}(\mathrm{fts}(b)) \lfloor\!\lfloor \, \mathrm{fts}(\delta) \,]$$
$$+ \; \sigma_{abs}(\mathrm{fts}(c)) \lfloor\!\lfloor \, \sigma_{abs}(\sigma_{abs}(\mathrm{fts}(b))) \,] \; + \; \mathrm{fts}(\delta) \qquad | \text{ DAT1, DAT10}$$

$$= \mathrm{fts}(a) \cdot [\, \sigma_{abs}(\sigma_{abs}[\, \mathrm{fts}(b) \lfloor\!\lfloor \, \dot{\delta} \,])$$
$$+ \; \sigma_{abs}(\mathrm{fts}(c)) \lfloor\!\lfloor \, \sigma_{abs}(\sigma_{abs}(\mathrm{fts}(b))) \,] \; + \; \mathrm{fts}(\delta) \qquad | \text{ LMID2}$$

$$= \mathrm{fts}(a) \cdot [\, \sigma_{abs}(\sigma_{abs}(\dot{\delta})) \; + \; \sigma_{abs}(\mathrm{fts}(c)) \lfloor\!\lfloor \, \sigma_{abs}(\sigma_{abs}(\mathrm{fts}(b))) \,]$$
$$+ \; \mathrm{fts}(\delta) \qquad\qquad\qquad\qquad\qquad\qquad | \text{ DAT1}$$

$$= \mathrm{fts}(a) \cdot [\, \sigma_{abs}(\mathrm{fts}(\delta)) \; + \; \sigma_{abs}(\mathrm{fts}(c)) \lfloor\!\lfloor \, \sigma_{abs}(\sigma_{abs}(\mathrm{fts}(b))) \,]$$
$$+ \; \mathrm{fts}(\delta) \qquad\qquad\qquad\qquad\qquad\qquad | \text{ DAT10}$$

$$= \mathrm{fts}(a) \cdot [\, \sigma_{abs}(\mathrm{fts}(\delta)) \; + \; \sigma_{abs}[\, \mathrm{fts}(c) \lfloor\!\lfloor \, \sigma_{abs}(\mathrm{fts}(b)) \,] \,]$$
$$+ \; \mathrm{fts}(\delta) \qquad\qquad\qquad\qquad\qquad | \text{ A6ID, DAT3, DAT1}$$
$$| \text{ DATCM2}$$
$$| \text{ DAT1, DAT3, A6ID}$$

$$= \mathrm{fts}(a) \cdot [\, \sigma_{abs}(\mathrm{fts}(\delta)) \; + \; \sigma_{abs}[\, \mathrm{fts}(c) \cdot \sigma_{abs}(\mathrm{fts}(b)) \,] \,] \; + \; \mathrm{fts}(\delta) \quad | \text{ DAT3}$$

$$= \mathrm{fts}(a) \cdot \sigma_{abs}[\, \mathrm{fts}(\delta) + \mathrm{fts}(c) \cdot \sigma_{abs}(\mathrm{fts}(b)) \,] \; + \; \mathrm{fts}(\delta) \qquad | \text{ DAT1}$$

$$= \mathrm{fts}(a) \cdot \sigma_{abs}[\, \sigma_{abs}(\dot{\delta}) + \mathrm{fts}(c) \cdot \sigma_{abs}(\mathrm{fts}(b)) \,] \; + \; \mathrm{fts}(\delta) \qquad | \text{ A7ID}$$

$$= \mathrm{fts}(a) \cdot \sigma_{abs}[\, \sigma_{abs}[\, \dot{\delta} \cdot \mathrm{fts}(b) \,] + \mathrm{fts}(c) \cdot \sigma_{abs}(\mathrm{fts}(b)) \,]$$
$$+ \; \mathrm{fts}(\delta) \qquad\qquad\qquad\qquad\qquad\qquad | \text{ DAT7}$$

$$= \mathrm{fts}(a) \cdot \sigma_{abs}[\, \sigma_{abs}(\dot{\delta}) \cdot \sigma_{abs}(\mathrm{fts}(b)) + \mathrm{fts}(c) \cdot \sigma_{abs}(\mathrm{fts}(b)) \,]$$

$$+ \, \text{fts}(\delta) \qquad\qquad\qquad\qquad\qquad\qquad\qquad\qquad\qquad\qquad \mid \text{A4}$$

$$= \text{fts}(a) \cdot \sigma_{\text{abs}}[\, [\, \sigma_{\text{abs}}(\dot{\delta}) + \text{fts}(c)\,] \cdot \sigma_{\text{abs}}(\text{fts}(b))\,] + \text{fts}(\delta) \qquad \mid \text{DAT1}$$

$$= \text{fts}(a) \cdot \sigma_{\text{abs}}[\, [\, \text{fts}(\delta) + \text{fts}(c)\,] \cdot \sigma_{\text{abs}}(\text{fts}(b))\,] + \text{fts}(\delta) \qquad \mid \text{DAT2}$$

$$= \text{fts}(a) \cdot \sigma_{\text{abs}}[\, \text{fts}(c) \cdot \sigma_{\text{abs}}(\text{fts}(b))\,] + \text{fts}(\delta) \qquad\qquad \mid \text{DAT1, A7ID, DAT7}$$
$$\qquad\qquad\qquad\qquad\qquad\qquad\qquad\qquad\qquad\qquad\qquad\quad \mid \text{A4, DAT1, DAT2}$$

$$= \text{fts}(a) \cdot \sigma_{\text{abs}}[\, \text{fts}(c) \cdot \sigma_{\text{abs}}[\, \text{fts}(b)\,]\,]$$

Auch hier wird also zunächst a im ersten Segment ausgeführt, dann c im zweiten und schließlich b im dritten.

8.3   Diskrete, relative Zeit

In der Prozeßalgebra mit absoluter Zeit bezogen sich alle Zeitangaben immer auf das erste Segment der Zeitrechnung, bei relativer Zeit hingegen geht man vom aktuellen Segment aus:

$$\text{cts}(a)^{24}$$

bezeichnet die Ausführung von a in der gegenwärtigen Zeitscheibe. Die Verschiebung in die nächste Scheibe wird ausgedrückt durch den relativen *Zeitschritt* σ_{rel}:

$$\sigma_{\text{rel}}(\text{cts}(a)).$$

Auf diesen Operatoren aufbauend kann nun, analog zu BPA_{dap} in Abschnitt 8.2, die Algebra BPA_{drp} mit *diskreter, relativer Zeit* definiert werden. Die entsprechenden Axiome enthält Tabelle 8.8[25].

Als erster Unterschied zur absoluten Zeit fällt sofort auf, daß die Basisalgebra relativer Zeit mit deutlich weniger Axiomen auskommt. Der Grund hierfür liegt in dem Konflikt zwischen der insgesamt absoluten Zeitsemantik von BPA_{dap} und der inhärent relativen Semantik der Sequenzbildung. Dies macht es nötig zu überprüfen, ob der Nachfolger denn auch wirklich nicht in einem früheren Segment liegt als der Vorgänger, und führt somit zu den Axiomen DAT4 bis DAT7. Bei dem Modell mit relativer Zeit ist das automatisch der Fall, weil sich die Ausführungszeit des Nachfolgers ja auf die des Vorgängers bezieht. Der Zeitbegriff fällt also mit dem der Sequenz zusammen, was in einem Axiom (DRT2) ausgedrückt werden kann.

---

[24]   current time slice
[25]   vgl. BAETEN und BERGSTRA 1996, S. 190 und 193

sorts:	$A, P;\ A \subset P$	
consts:	$A \cup \{\delta, \dot{\delta}\}$	
opns:	opns(BPA)	
	$\mathrm{cts}:\ A \cup \{\delta\} \rightarrow P$	
	$\sigma_{\mathrm{rel}}:\ P \rightarrow P$	
eqns:	eqns(BPA)	
	$x + \dot{\delta} = x$	A6ID
	$\dot{\delta} \cdot x = \dot{\delta}$	A7ID
	$\sigma_{\mathrm{rel}}(x) + \sigma_{\mathrm{rel}}(y) = \sigma_{\mathrm{rel}}(x + y)$	DRT1
	$\sigma_{\mathrm{rel}}(x) \cdot y = \sigma_{\mathrm{rel}}(x \cdot y)$	DRT2
	$\sigma_{\mathrm{rel}}(\dot{\delta}) = \mathrm{cts}(\delta)$	DRT3
	$\mathrm{cts}(a) + \mathrm{cts}(\delta) = \mathrm{cts}(a)$	DRT4

Tabelle 8.8:   Algebra $\mathrm{BPA}_{\mathrm{drp}}$

Die übrigen Axiome entsprechen denen des absoluten Falls.

Auch die Basisalgebra mit relativer Zeit kann um den Merge-Operator erweitert werden. Die Axiome von $\mathrm{PA}_{\mathrm{drp}}$ sind dabei analog zu denen der Algebra $\mathrm{PA}_{\mathrm{dap}}$. Sie sind in Tabelle 8.9 zusammengefaßt[26].

Das Beispiel aus den Abschnitten 8.1 und 8.2 sei auch hier durchgerechnet. Es sei also wiederum angenommen, daß ein Prozeß mit Aktionen a und b im ersten bzw. dritten Segment parallel zu einer Aktion c in der zweiten Zeitscheibe läuft (dazu muß der angegebene, relative Prozeß in der ersten Zeitscheibe initialisiert werden).

---

[26]   vgl. BAETEN und BERGSTRA 1996, S. 190 und 196

sorts:	$A, P; A \subset P$	
consts:	$A \cup \{\delta, \dot{\delta}\}$	
opns:	opns(BPA_{drp})	
	$\parallel, \mathbin{\rlap{\rule[-0.2ex]{0.07em}{1.2ex}}{\rule[-0.2ex]{0.6em}{0.07em}}} : P \to P$	
eqns:	eqns(BPA_{drp})	
	$x \parallel y = x \mathbin{\rlap{\rule[-0.2ex]{0.07em}{1.2ex}}{\rule[-0.2ex]{0.6em}{0.07em}}} y + y \mathbin{\rlap{\rule[-0.2ex]{0.07em}{1.2ex}}{\rule[-0.2ex]{0.6em}{0.07em}}} x$	M1
	$(x + y) \mathbin{\rlap{\rule[-0.2ex]{0.07em}{1.2ex}}{\rule[-0.2ex]{0.6em}{0.07em}}} z = x \mathbin{\rlap{\rule[-0.2ex]{0.07em}{1.2ex}}{\rule[-0.2ex]{0.6em}{0.07em}}} z + y \mathbin{\rlap{\rule[-0.2ex]{0.07em}{1.2ex}}{\rule[-0.2ex]{0.6em}{0.07em}}} z$	M4
	$\dot{\delta} \mathbin{\rlap{\rule[-0.2ex]{0.07em}{1.2ex}}{\rule[-0.2ex]{0.6em}{0.07em}}} x = \dot{\delta}$	LMID1
	$x \mathbin{\rlap{\rule[-0.2ex]{0.07em}{1.2ex}}{\rule[-0.2ex]{0.6em}{0.07em}}} \dot{\delta} = \dot{\delta}$	LMID2
	$\mathrm{cts}(a) \mathbin{\rlap{\rule[-0.2ex]{0.07em}{1.2ex}}{\rule[-0.2ex]{0.6em}{0.07em}}} [x + \mathrm{cts}(\delta)] = \mathrm{cts}(a) \cdot [x + \mathrm{cts}(\delta)]$	DRTCM2
	$\mathrm{cts}(a) \cdot x \mathbin{\rlap{\rule[-0.2ex]{0.07em}{1.2ex}}{\rule[-0.2ex]{0.6em}{0.07em}}} [y + \mathrm{cts}(\delta)] = \mathrm{cts}(a) \cdot (x \parallel [y + \mathrm{cts}(\delta)])$	DRTCM3
	$\sigma_{rel}(x) \mathbin{\rlap{\rule[-0.2ex]{0.07em}{1.2ex}}{\rule[-0.2ex]{0.6em}{0.07em}}} [\mathrm{cts}(a) + y] = \sigma_{rel}(x) \mathbin{\rlap{\rule[-0.2ex]{0.07em}{1.2ex}}{\rule[-0.2ex]{0.6em}{0.07em}}} [\mathrm{cts}(\delta) + y]$	DRT5
	$\sigma_{rel}(x) \mathbin{\rlap{\rule[-0.2ex]{0.07em}{1.2ex}}{\rule[-0.2ex]{0.6em}{0.07em}}} [\mathrm{cts}(a) \cdot y + z] = \sigma_{rel}(x) \mathbin{\rlap{\rule[-0.2ex]{0.07em}{1.2ex}}{\rule[-0.2ex]{0.6em}{0.07em}}} [\mathrm{cts}(\delta) + z]$	DRT6
	$\sigma_{rel}(x) \mathbin{\rlap{\rule[-0.2ex]{0.07em}{1.2ex}}{\rule[-0.2ex]{0.6em}{0.07em}}} \sigma_{rel}(y) = \sigma_{rel}(x \mathbin{\rlap{\rule[-0.2ex]{0.07em}{1.2ex}}{\rule[-0.2ex]{0.6em}{0.07em}}} y)$	DRT7

Tabelle 8.9:   Algebra PA_{drp}

$$\mathrm{cts}(a) \cdot \sigma_{rel}(\sigma_{rel}(\mathrm{fts}(b))) \parallel \sigma_{rel}(\mathrm{cts}(c)) \qquad\qquad | \text{ M1}$$

$$= \mathrm{cts}(a) \cdot \sigma_{rel}(\sigma_{rel}(\mathrm{cts}(b))) \mathbin{\rlap{\rule[-0.2ex]{0.07em}{1.2ex}}{\rule[-0.2ex]{0.6em}{0.07em}}} \sigma_{rel}(\mathrm{cts}(c))$$
$$+ \; \sigma_{rel}(\mathrm{cts}(c)) \mathbin{\rlap{\rule[-0.2ex]{0.07em}{1.2ex}}{\rule[-0.2ex]{0.6em}{0.07em}}} \mathrm{cts}(a) \cdot \sigma_{rel}(\sigma_{rel}(\mathrm{cts}(b))) \qquad | \text{ A6ID}$$

$$= \mathrm{cts}(a) \cdot \sigma_{rel}(\sigma_{rel}(\mathrm{cts}(b))) \mathbin{\rlap{\rule[-0.2ex]{0.07em}{1.2ex}}{\rule[-0.2ex]{0.6em}{0.07em}}} \sigma_{rel}(\mathrm{cts}(c))$$
$$+ \; \sigma_{rel}(\mathrm{cts}(c)) \mathbin{\rlap{\rule[-0.2ex]{0.07em}{1.2ex}}{\rule[-0.2ex]{0.6em}{0.07em}}} [\mathrm{cts}(a) \cdot \sigma_{rel}(\sigma_{rel}(\mathrm{cts}(b))) + \dot{\delta}] \qquad | \text{ DRT6}$$

$$= \mathrm{cts}(a) \cdot \sigma_{rel}(\sigma_{rel}(\mathrm{cts}(b))) \mathbin{\rlap{\rule[-0.2ex]{0.07em}{1.2ex}}{\rule[-0.2ex]{0.6em}{0.07em}}} \sigma_{rel}(\mathrm{cts}(c))$$
$$+ \; \sigma_{rel}(\mathrm{cts}(c)) \mathbin{\rlap{\rule[-0.2ex]{0.07em}{1.2ex}}{\rule[-0.2ex]{0.6em}{0.07em}}} [\mathrm{cts}(\delta) + \dot{\delta}] \qquad | \text{ A6ID}$$

$$= \mathrm{cts}(a) \cdot \sigma_{rel}(\sigma_{rel}(\mathrm{cts}(b))) \mathbin{\rlap{\rule[-0.2ex]{0.07em}{1.2ex}}{\rule[-0.2ex]{0.6em}{0.07em}}} \sigma_{rel}(\mathrm{cts}(c))$$
$$+ \; \sigma_{rel}(\mathrm{cts}(c)) \mathbin{\rlap{\rule[-0.2ex]{0.07em}{1.2ex}}{\rule[-0.2ex]{0.6em}{0.07em}}} \mathrm{cts}(\delta) \qquad | \text{ DRT3}$$

$$= \mathrm{cts}(a) \cdot \sigma_{\mathrm{rel}}(\sigma_{\mathrm{rel}}(\mathrm{cts}(b))) \sqsubset \sigma_{\mathrm{rel}}(\mathrm{cts}(c))$$

$$+ \; \sigma_{\mathrm{rel}}(\mathrm{cts}(c)) \sqsubset \sigma_{\mathrm{rel}}(\dot{\delta}) \qquad\qquad | \; \text{DRT7}$$

$$= \mathrm{cts}(a) \cdot \sigma_{\mathrm{rel}}(\sigma_{\mathrm{rel}}(\mathrm{cts}(b))) \sqsubset \sigma_{\mathrm{rel}}(\mathrm{cts}(c)) \; + \; \sigma_{\mathrm{rel}}[\, \mathrm{cts}(c) \sqsubset \dot{\delta} \,] \qquad | \; \text{LMID2}$$

$$= \mathrm{cts}(a) \cdot \sigma_{\mathrm{rel}}(\sigma_{\mathrm{rel}}(\mathrm{cts}(b))) \sqsubset \sigma_{\mathrm{rel}}(\mathrm{cts}(c)) \; + \; \sigma_{\mathrm{rel}}(\dot{\delta}) \qquad | \; \text{DRT3}$$

$$= \mathrm{cts}(a) \cdot \sigma_{\mathrm{rel}}(\sigma_{\mathrm{rel}}(\mathrm{cts}(b))) \sqsubset \sigma_{\mathrm{rel}}(\mathrm{cts}(c)) \; + \; \mathrm{cts}(\delta) \qquad | \; \text{A6ID, DRT1, DRT3}$$

$$| \; \text{DRTCM3}$$
$$| \; \text{DRT3, DRT1, A6ID}$$

$$= \mathrm{cts}(a) \cdot [\, \sigma_{\mathrm{rel}}(\sigma_{\mathrm{rel}}(\mathrm{cts}(b))) \parallel \sigma_{\mathrm{rel}}(\mathrm{cts}(c)) \,] \; + \; \mathrm{cts}(\delta) \qquad | \; \text{M1}$$

$$= \mathrm{cts}(a) \cdot [\, \sigma_{\mathrm{rel}}(\sigma_{\mathrm{rel}}(\mathrm{cts}(b))) \sqsubset \sigma_{\mathrm{rel}}(\mathrm{cts}(c))$$

$$+ \; \sigma_{\mathrm{rel}}(\mathrm{cts}(c)) \sqsubset \sigma_{\mathrm{rel}}(\sigma_{\mathrm{rel}}(\mathrm{cts}(b))) \,] \; + \; \mathrm{cts}(\delta) \qquad | \; \text{DRT7}$$

$$= \mathrm{cts}(a) \cdot [\, \sigma_{\mathrm{rel}}[\, \sigma_{\mathrm{rel}}(\mathrm{cts}(b)) \sqsubset \mathrm{cts}(c) \,]$$

$$+ \; \sigma_{\mathrm{rel}}(\mathrm{cts}(c)) \sqsubset \sigma_{\mathrm{rel}}(\sigma_{\mathrm{rel}}(\mathrm{cts}(b))) \,] \; + \; \mathrm{cts}(\delta) \qquad | \; \text{A6ID, DRT5, A6ID}$$

$$= \mathrm{cts}(a) \cdot [\, \sigma_{\mathrm{rel}}[\, \sigma_{\mathrm{rel}}(\mathrm{cts}(b)) \sqsubset \mathrm{cts}(\delta) \,]$$

$$+ \; \sigma_{\mathrm{rel}}(\mathrm{cts}(c)) \sqsubset \sigma_{\mathrm{rel}}(\sigma_{\mathrm{rel}}(\mathrm{cts}(b))) \,] \; + \; \mathrm{cts}(\delta) \qquad | \; \text{DRT3, DRT7}$$

$$| \; \text{LMID2, DRT3}$$

$$= \mathrm{cts}(a) \cdot [\, \sigma_{\mathrm{rel}}(\mathrm{cts}(\delta)) + \sigma_{\mathrm{rel}}(\mathrm{cts}(c)) \sqsubset \sigma_{\mathrm{rel}}(\sigma_{\mathrm{rel}}(\mathrm{cts}(b))) \,]$$

$$+ \; \mathrm{cts}(\delta) \qquad | \; \text{DRT7}$$

$$= \mathrm{cts}(a) \cdot [\, \sigma_{\mathrm{rel}}(\mathrm{cts}(\delta)) + \sigma_{\mathrm{rel}}[\, \mathrm{cts}(c) \sqsubset \sigma_{\mathrm{rel}}(\mathrm{cts}(b)) \,] \,]$$

$$+ \; \mathrm{cts}(\delta) \qquad | \; \text{DRT1}$$

$$= \mathrm{cts}(a) \cdot \sigma_{\mathrm{rel}}[\, \mathrm{cts}(\delta) \; + \; \mathrm{cts}(c) \sqsubset \sigma_{\mathrm{rel}}(\mathrm{cts}(b)) \,] \; + \; \mathrm{cts}(\delta) \qquad | \; \text{A6ID, DRT1, DRT3}$$

$$| \; \text{DRTCM2}$$
$$| \; \text{DRT3, DRT1, A6ID}$$

$$= \mathrm{cts}(a) \cdot \sigma_{\mathrm{rel}}[\, \mathrm{cts}(\delta) \; + \; \mathrm{cts}(c) \cdot \sigma_{\mathrm{rel}}(\mathrm{cts}(b)) \,] \; + \; \mathrm{cts}(\delta) \qquad | \; \text{DRT3, A7ID, DRT2}$$

$$| \; \text{DRT3, A4, DRT4}$$

$$= \mathrm{cts}(a) \cdot \sigma_{\mathrm{rel}}[\, \mathrm{cts}(c) \cdot \sigma_{\mathrm{rel}}(\mathrm{cts}(b)) \,] \; + \; \mathrm{cts}(\delta) \qquad | \; \text{DRT3, A7ID, DRT2}$$

$$| \; \text{DRT3, A4, DRT4}$$

$$= \mathrm{cts}(a) \cdot \sigma_{\mathrm{rel}}[\, \mathrm{cts}(c) \cdot \sigma_{\mathrm{rel}}[\, \mathrm{cts}(b) \,] \,]$$

Zur grafischen Darstellung von zeitbehafteten Prozessen können *Prozeßgraphen* analog zu denen in Abschnitt 4.3.5.2 angegeben werden. Es werden dabei 4 Arten von Beziehungen unterschieden:

1. Aktionsschritte: $AS \subset P \times A \times P$ — Ein Prozeß p geht unter der Ausführung einer Aktion a in p' über. $\qquad p \xrightarrow{a} p'$

2. Beendigungsschritte: $AT \subset P \times A$ — Ein Prozeß p kann mit einer Aktion a erfolgreich beendet werden. $\qquad p \xrightarrow{a} \sqrt{}$

3. Sofortiger Deadlock: $ID \subset P$ — Dieses Prädikat gilt nur für solche Terme, die äquivalent zu $\dot{\delta}$ sind. $\qquad ID(p)$

4. Zeitschritte: $TS \subset P \times P$ — Ein Prozeß p wird durch den Übergang in die nächste Zeitscheibe zum Prozeß p'. $\qquad p \xrightarrow{\sigma} p'$

$x \xrightarrow{a} x'$	$\Rightarrow$	$x + y \xrightarrow{a} x'$ und $y + x \xrightarrow{a} x'$
$x \xrightarrow{a} \sqrt{}$	$\Rightarrow$	$x + y \xrightarrow{a} \sqrt{}$ und $y + x \xrightarrow{a} \sqrt{}$
$x \xrightarrow{a} x'$	$\Rightarrow$	$x \cdot y \xrightarrow{a} x' \cdot y$
$x \xrightarrow{a} \sqrt{}$	$\Rightarrow$	$x \cdot y \xrightarrow{a} y$
$ID(\dot{\delta})$		
$ID(x)$	$\Rightarrow$	$ID(x \cdot y)$
$ID(x), ID(y)$	$\Rightarrow$	$ID(x + y)$
$cts(a) \xrightarrow{a} \sqrt{}$		
$\neg ID(x)$	$\Rightarrow$	$\sigma_{rel}(x) \xrightarrow{\sigma} x$
$x \xrightarrow{\sigma} x'$	$\Rightarrow$	$x \cdot y \xrightarrow{\sigma} x' \cdot y$
$x \xrightarrow{\sigma} x', y \xrightarrow{\sigma} y'$	$\Rightarrow$	$x + y \xrightarrow{\sigma} x' + y'$
$x \xrightarrow{\sigma} x', y \not\xrightarrow{\sigma}$	$\Rightarrow$	$x + y \xrightarrow{\sigma} x'$ und $y + x \xrightarrow{\sigma} x'$

Tabelle 8.10:   Aktionsbeziehungen von BPA_{drp}

Welcher Prozeß welchen Schritt ausführen kann und in welchen anderen Prozeß er sich dabei entwickelt, regeln die Aktionsbeziehungen. Für die Basisalgebra BPA_{drp} sind sie in Tabelle 8.10 angegeben[27]. Die zusätzlichen Relationen für PA_{drp} enthält Tabelle 8.11[28].

Das Prädikat „$y \overset{\sigma}{\nrightarrow}$" besagt, daß Prozeß y keinen Schritt ins nächste Zeitsegment ausführen kann.

$$
\begin{array}{lcll}
x \overset{a}{\rightarrow} x', \neg\, ID(y) & \Rightarrow & x \,\|\, y \overset{a}{\rightarrow} x' \,\|\, y & \text{und} \quad y \,\|\, x \overset{a}{\rightarrow} y \,\|\, x' \\[4pt]
x \overset{a}{\rightarrow} \surd, \neg\, ID(y) & \Rightarrow & x \,\|\, y \overset{a}{\rightarrow} y & \text{und} \quad y \,\|\, x \overset{a}{\rightarrow} y \\[4pt]
x \overset{a}{\rightarrow} x', \neg\, ID(y) & \Rightarrow & x \,\rotatebox{0}{$\llbracket$}\, y \overset{a}{\rightarrow} x' \,\|\, y & \\[4pt]
x \overset{a}{\rightarrow} \surd, \neg\, ID(y) & \Rightarrow & x \,\rotatebox{0}{$\llbracket$}\, y \overset{a}{\rightarrow} y & \\[8pt]
ID(x) \vee ID(y) & \Rightarrow & ID(\, x \,\|\, y\,) & \text{und} \quad ID(\, x \,\rotatebox{0}{$\llbracket$}\, y\,) \\[8pt]
x \overset{\sigma}{\rightarrow} x', y \overset{\sigma}{\rightarrow} y' & \Rightarrow & x \,\|\, y \overset{\sigma}{\rightarrow} x' \,\|\, y' & \text{und} \quad x \,\rotatebox{0}{$\llbracket$}\, y \overset{\sigma}{\rightarrow} x' \,\rotatebox{0}{$\llbracket$}\, y'
\end{array}
$$

Tabelle 8.11: Aktionsbeziehungen von PA_{drp}

Man kreiert nun bei einem gegebenen Prozeß für jeden möglichen Prozeßzustand (also jeden Prozeß, in den sich der anfängliche Prozeß entwickeln kann) einen Knoten ohne Bezeichnung und für jede gültige *Aktionsbeziehung* eine Kante, die mit der entsprechenden Aktion oder σ gekennzeichnet ist. Der Wurzelknoten bekommt eine eingehende Kante ohne Ursprung. Ein Beendigungsschritt ist eine ausgehende Kante ohne Senke. Ein Deadlockknoten hat keine ausgehenden Kanten. Der so erhaltene Graph ist der Prozeßgraph des gegebenen Prozesses. Ein Beispiel dafür ist der Prozeßgraph für den Ausdruck

$$[\; cts(a) + \sigma_{rel}(cts(b))\;]\;\|\;[\;cts(b) + \sigma_{rel}(cts(a))\;],$$

der in Abbildung 8.1 wiedergegeben ist[29].

Zum Abschluß dieses Abschnitts sei noch erwähnt, daß auch für die übrigen Modelle nebenläufiger Systeme Echtzeiterweiterungen angegeben wurden. So entwickelten z. B. Reed und Roscoe[30] aufbauend auf CSP das erste Modell TCSP[31] mit kontinuier-

---

[27] vgl. BAETEN und BERGSTRA 1996, S. 191 und 193

[28] vgl. BAETEN und BERGSTRA 1996, S. 191 und 196

[29] vgl. BAETEN und RENIERS 1995, S. 9

[30] vgl. REED und ROSCOE 1988

[31] Einen Überblick über dieses und die nachfolgenden TCSP-Modelle gibt DAVIES und SCHNEIDER 1995.

licher Zeit. Für CCS wurde analog dazu der Kalkül TCCS[32] entwickelt (allerdings mit diskreter, relativer Zeit). Auf einer Kombination von CCS und ACP basiert die Algebra ATP[33] mit diskreter, globaler Zeit und einem Operator für Timeout.

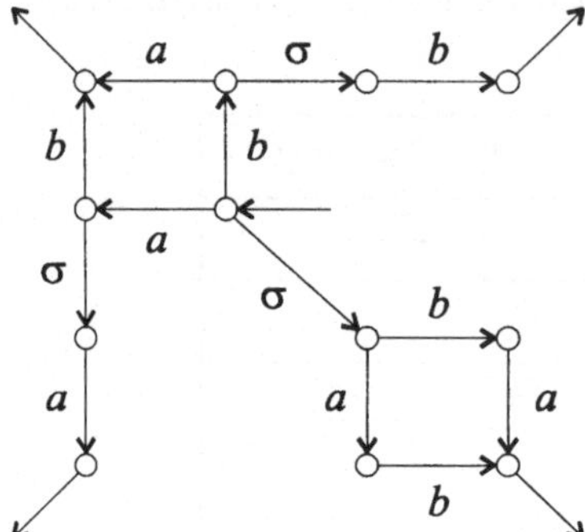

Abbildung 8.1:   Prozeßgraph für einen zeitbehafteten Prozeß

Im Bereich der Petrinetze existieren gleich zwei grundsätzlich verschiedene Ansätze, je nachdem, ob man die Zeit den Stellen oder den Transitionen zuordnet. Im letzten Fall[34] nimmt man an, daß jede Transition eine bestimmte Zeit in Anspruch nimmt. Ist sie aktiviert, so werden alle Marken aus den Vorgängerstellen unmittelbar gelöscht. Danach verstreicht die der Transition zugeordnete Zeitdauer, und zum Schluß werden (ebenfalls augenblicklich) die Marken in die Nachfolgerstellen kopiert. Anders verhält es sich bei den sogenannten Ereignisgraphen (Petrinetze mit einer Haltezeit für Marken). Hier wird jeder Stelle eine Haltezeit t zugeordnet. Kommt eine Marke in einer Stelle an, so wird sie dort t Zeiteinheiten gehalten. Wird sie in dieser Zeit nicht für einen weiteren Schaltvorgang benutzt, verfällt sie. Man benutzt diesen Netztyp für die Modellierung von diskreten Ereignissystemen[35].

8.4   Das Zeitmodul der Prozeßtheorie

Die in den Abschnitten 8.1 bis 8.3 vorgestellten algebraischen Theorien der Zeit haben alle eine Gemeinsamkeit: In nebenläufigen Prozessen läuft die Zeit simultan. Macht ein Prozeß einen Schritt ins nächste Zeitsegment, muß der andere dies sofort auch tun. Im Bereich der Ablaufplanung ist dieses Verhalten aber nicht wünschenswert. Dort ist es sinnvoller, die *Nebenläufigkeit* von Prozessen als Unabhängigkeit zu interpretieren.

---

[32]   vgl. MOLLER und TOFTS 1990

[33]   Algebra of Timed Processes (vgl. NICOLLIN und SIFAKIS 1994)

[34]   vgl. WINKOWSKI 1994

[35]   vgl. COHEN, MOLLER, QUADRAT und VIOT 1989

$p_1 \parallel p_2$ könnte also bedeuten:

1. p_1 läuft vollständig vor p_2 ab oder

2. p_1 läuft vollständig nach p_2 ab oder

3. p_1 und p_2 überlappen einander, d. h. der Anfangszeitpunkt des einen liegt zwischen Beginn und Ende des anderen, oder

4. p_1 und p_2 beginnen gleichzeitig (Spezialfall von 3).

Nur der 4. Fall wird aber durch die herkömmlichen Zeitalgebren abgedeckt. Dies legt die Entwicklung eines eigenen Zeitmoduls nahe.

Man führt dazu eine neue Aktion t ein. Sie repräsentiert die Aktion, die lediglich eine diskrete Einheit an Zeit verbraucht und ansonsten den Zustand des Systems unverändert läßt. Während des Ablaufs dieser Zeiteinheit kann keine weitere Aktion stattfinden. Es handelt sich also um einen zweiphasigen Ansatz, weil Zeit und Aktionen in getrennten Dimensionen beschrieben werden. Die Aktion t hat eine relative Zeitsemantik, d. h. der Ablauf der Zeiteinheit beginnt nach Ausführung der vorangegangenen Aktion.

In WENDT und RITTGEN 1996, S. 7, werden die folgenden 12 Axiome als Spezifikation dieses Zeitmoduls vorgeschlagen:

MRG1:	$t \parallel t$	$=$	t
MRG2:	$t \parallel t \cdot x$	$=$	$t \cdot x$
MRG3:	$t \cdot x \parallel t \cdot y$	$=$	$t \cdot (x \parallel y)$
MRG4:	$t \parallel a$	$=$	$a \cdot t + t \cdot a$
MRG5:	$t \parallel a \cdot x$	$=$	$a \cdot (x \parallel t) + t \cdot a \cdot x$
MRG6:	$t \cdot x \parallel a$	$=$	$t \cdot (x \parallel a) + a \cdot t \cdot x$
MRG7:	$t \cdot x \parallel a \cdot y$	$=$	$t \cdot (x \parallel a \cdot y) + a \cdot (y \parallel t \cdot x)$
MRG8:	$a \cdot x \parallel b \cdot y$	$=$	$a \cdot (x \parallel b \cdot y) + b \cdot (y \parallel a \cdot x)$
MRG9:	$a \cdot x \parallel b$	$=$	$a \cdot (x \parallel b) + b \cdot a \cdot x$
MRG10:	$a \parallel b$	$=$	$a \cdot b + b \cdot a$
MRG11:	$(x + y) \parallel z$	$=$	$x \parallel z + y \parallel z$

MRG12: $x \parallel y$ $=$ $y \parallel x$

Erweitert man die Algebra PPA um die *Zeitaktion*, so entsteht die sogenannte *TPA* (*Timed Process Algebra*). Durch Verwendung des leeren Prozesses kann man zu einer kompakteren Darstellung gelangen. Die resultierenden Axiome der TPA sind in Tabelle 8.12 wiedergegeben.

sorts:	A, P	$A \subset P$
consts:	$A \cup \{\, \delta, \varepsilon, t \,\}$	
opns:	opns(PPA) $\cup$ opns(PA)	
eqns:	eqns(PPA)	
	$ax \parallel by = a(x \parallel by) + b(y \parallel ax)$	T1
	$ax \parallel ty = a(x \parallel ty) + t(y \parallel ax)$	T2
	$tx \parallel ty = t(x \parallel y)$	T3
	$(x+y) \parallel z = x \parallel z + y \parallel z$	T4
	$x \parallel y = y \parallel x$	T5
	$x \parallel \varepsilon = x$	T6

Tabelle 8.12:   Algebra TPA

Durch die Behandlung der Zeit als „normale" Aktion sind im Bereich der Basisalgebra keine zusätzlichen Axiome notwendig. Auch die Zeitfaktorisierung ist durch das Axiom P1 der PPA bereits abgedeckt. Die Axiome T1 bis T6 beziehen sich also lediglich auf parallele Prozesse. Sie besagen, daß der Merge-Operator sich in der Regel wie in der herkömmlichen PA verhält. Nur wenn zwei Zeitaktionen parallel laufen, dann tun sie dies (wie in den bisher gezeigten Algebren) simultan (siehe T3). Alle anderen Aktionen werden wie gewohnt verschachtelt, auch wenn eine Zeitaktion darunter ist (siehe T1 und T2).

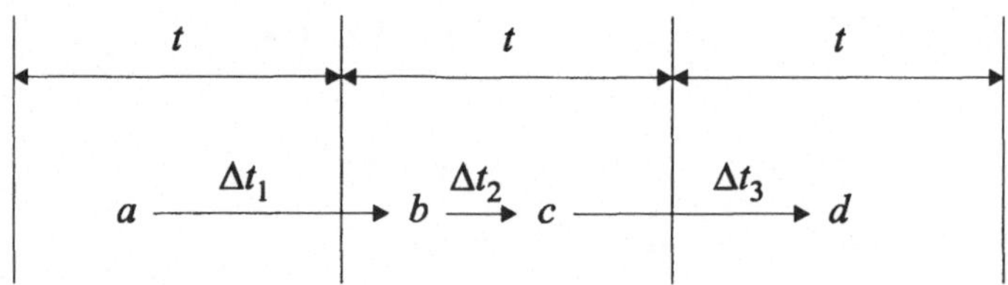

Abbildung 8.2:   Zeitsemantik in PA_{drp}

Zur Verdeutlichung des Unterschieds zwischen dem Ansatz von Baeten und Bergstra und der TPA mögen die Grafiken der jeweiligen *Zeitsemantik* dienen (Abbildungen 8.2 und 8.3).

In PA_{drp} wird die Zeit in Segmente der Breite t eingeteilt (siehe Abbildung 8.2). Innerhalb eines solchen Segments liegt zwar die Reihenfolge der Aktionen fest, also z. B., daß b vor c kommt, nicht aber deren genauer Zeitpunkt. Somit können auch die zeitlichen Abstände Δt_i zwischen den Aktionen nicht ermittelt werden.

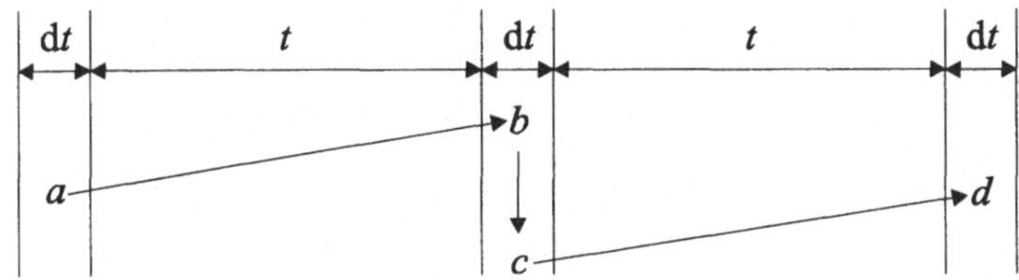

Abbildung 8.3:   Zeitsemantik in TPA

Anders ist die Situation bei TPA. Wie bereits erwähnt, kann während der Ausführung einer Zeitaktion keine andere Aktion stattfinden. Die übrigen Aktionen werden also zwischen den Zeitaktionen ausgeführt. Es werde angenommen, daß zwischen den atomaren Aktionen eines Segments eine infinitesimal kleine Zeitspanne dt vergehe[36]. Da auch die Aktionen selbst (außer t) keine Zeit benötigen, ist die gesamte Breite des Zeitsegments ebenfalls dt. Zeit vergeht also nur *zwischen* Segmenten und nie *in* einem Segment.

Zur Illustration der Gesetze der TPA sei wiederum das Beispiel der nebenläufigen Prozesse ab und cd aus Abschnitt 4.3.4.3 aufgegriffen[37]. Der Einfachheit halber werde angenommen, daß zwischen a und b (bzw. c und d) nur eine Einheit an Zeit vergehe:

$$a\,t\,b \,\|\, c\,t\,d \qquad\qquad\qquad | \text{ T1}$$

$$= a\,(t\,b \,\|\, c\,t\,d) + c\,(t\,d \,\|\, a\,t\,b) \qquad | \text{ T5, T5, T2, T2}$$

$$= a\,[\,c\,(t\,d \,\|\, t\,b) + t\,(b \,\|\, c\,t\,d)\,] + c\,[\,a\,(t\,b \,\|\, t\,d) + t\,(d \,\|\, a\,t\,b)\,] \qquad | \text{ T3, T3}$$

$$= a\,[\,c\,t\,(d \,\|\, b) + t\,(b \,\|\, c\,t\,d)\,] + c\,[\,a\,t\,(b \,\|\, d) + t\,(d \,\|\, a\,t\,b)\,] \qquad | \text{ A8, 6-fach}$$

$$= a\,[\,c\,t\,(d\varepsilon \,\|\, b\varepsilon\,) + t\,(b\varepsilon \,\|\, c\,t\,d)\,]$$

$$\quad + c\,[\,a\,t\,(b\varepsilon \,\|\, d\varepsilon) + t\,(d\varepsilon \,\|\, a\,t\,b)\,] \qquad | \text{ T1, 4-fach}$$

---

36   vgl. BAETEN und BERGSTRA 1995
37   Ein analoges Beispiel wird auch in WENDT und RITTGEN 1996, S. 8, berechnet.

$$= a(ct[d(\varepsilon \| b\varepsilon) + b(\varepsilon \| d\varepsilon)] + t[b(\varepsilon \| ctd) + c(td \| b\varepsilon)]) +$$
$$c(at[b(\varepsilon \| d\varepsilon) + d(\varepsilon \| b\varepsilon)] + t[d(\varepsilon \| atb) + a(tb \| d\varepsilon)])$$

$\qquad\qquad\qquad\qquad\qquad\qquad\qquad$ | T5, 6-fach
$\qquad\qquad\qquad\qquad\qquad\qquad\qquad$ | T6, 6-fach
$\qquad\qquad\qquad\qquad\qquad\qquad\qquad$ | A8, 4-fach

$$= a(ct(db + bd) + t[bctd + c(td \| b\varepsilon)]) +$$
$$c(at(bd + db) + t[datb + a(tb \| d\varepsilon)])$$

$\qquad\qquad\qquad\qquad\qquad\qquad\qquad$ | T5, T5, T2, T2

$$= a(ct(db + bd) + t[bctd + c(t(d \| b\varepsilon) + b(\varepsilon \| td))]) +$$
$$c(at(bd + db) + t[datb + a(t(b \| d\varepsilon) + d(\varepsilon \| tb))])$$

$\qquad\qquad\qquad\qquad\qquad\qquad\qquad$ | T5, T5, T6, T6
$\qquad\qquad\qquad\qquad\qquad\qquad\qquad$ | A8, A8

$$= a(ct(db + bd) + t[bctd + c(t[d\varepsilon \| b\varepsilon] + btd)]) +$$
$$c(at(bd + db) + t[datb + a(t[b\varepsilon \| d\varepsilon] + dtb)])$$

$\qquad\qquad\qquad\qquad\qquad\qquad\qquad$ | T1, 2-fach
$\qquad\qquad\qquad\qquad\qquad\qquad\qquad$ | T5, 4-fach
$\qquad\qquad\qquad\qquad\qquad\qquad\qquad$ | T6, 4-fach
$\qquad\qquad\qquad\qquad\qquad\qquad\qquad$ | A8, 4-fach

$$= a(ct(db + bd) + t[bctd + c(t[db + bd] + btd)]) +$$
$$c(at(bd + db) + t[datb + a(t[bd + db] + dtb)])$$

$\qquad\qquad\qquad\qquad\qquad\qquad\qquad$ | DNF

$$= actdb + actbd + atbctd + atctdb + atctbd + atcbtd +$$
$$catbd + catdb + ctdatb + ctatbd + ctatdb + ctadtb$$

In diesen 12 Ablaufplänen sind alle Varianten, die zu Beginn dieses Abschnitts unter Punkt 1 bis 4 aufgeführt wurden, enthalten:

1. $atbctd$: ab läuft vollständig vor cd ab.

2. $ctdatb$: ab läuft vollständig nach cd ab.

3. $atctdb$: cd ist in ab eingebettet.

4. $actdb$: ab und cd beginnen (und enden) zeitgleich.

An der dritten Variante kann man bereits eine wichtige Eigenschaft der TPA erkennen: Der Prozeß b wird um eine Zeiteinheit verzögert. Die grundlegende Annahme, die hinter TPA steckt, ist also, daß jeder Prozeß beliebig lange verzögert werden kann. Man kann lediglich eine untere Schranke für die Zeit zwischen Prozessen spezifizieren. Diese Annahme ist für viele Probleme der Ablaufplanung auch zulässig, so z. B. bei der Maschinenbelegungsplanung und der Projektplanung[38]. Dort, wo zeitkritische Prozesse auftreten können, die spätestens zu einem bestimmten Zeitpunkt ausgeführt werden müssen, muß man es jedoch auch zulassen, eine obere Schranke für die Ausführungszeit des vorangehenden Prozesses anzugeben. Dies kann z. B. durch die Ein-

---

[38]   vgl. WENDT und RITTGEN 1996, S. 8

führung eines *Timeout-Operators* wie in ACSR[39] oder ATP[40] erreicht werden: Wenn der Prozeß

$$p_1 \, \Delta_3 \, p_2$$

zum Zeitpunkt 0 initialisiert wird, dann findet der *zeitkritische Prozeß* p_2 spätestens zum Zeitpunkt 3 statt, weil p_1 dann unterbrochen wird. Ist p_1 jedoch schon vorher fertig, beginnt auch p_2 früher. Möchte man aber erreichen, daß p_2 genau zum Zeitpunkt 3 anfängt, so kann man untere und obere Schranke kombinieren:

$$(p_1 \cdot t \cdot t \cdot t) \, \Delta_3 \, p_2.$$

Im weiteren wird davon ausgegangen, daß die untere Schranke ausreichend ist[41].

Das Beispiel zeigte bereits, daß im Hinblick auf die Verzögerungssemantik die Gesetze der TPA plausibel sind. Wie üblich sollen aber auch für die TPA Elimination und Korrektheit nachgewiesen werden. Erstere ist Gegenstand des folgenden Theorems.

<u>Eliminationstheorem der TPA:</u>

Der Merge-Operator kann aus jedem geschlossenen Term s_{TPA} der TPA eliminiert werden. Der resultierende Ausdruck ist ein äquivalenter Term s_{PPA} der PPA. Formal:

$$\text{TPA} \vdash s_{\text{TPA}} = s_{\text{PPA}}.$$

<u>Beweis: Vollständige strukturelle Induktion</u>

Für PPA-Terme s_{TPA} ist die Behauptung trivial erfüllt (Induktionsanfang).

<u>Induktionsschluß:</u>

Gilt die Behauptung für die Terme u_{TPA} und v_{TPA} (Induktionsannahme), dann gilt sie auch für $s_{\text{TPA}} = u_{\text{TPA}} \parallel v_{\text{TPA}}$.

Nach Annahme existieren also u_{PPA} und v_{PPA}, so daß

$$\text{TPA} \vdash u_{\text{TPA}} = u_{\text{PPA}} \; \vee \; v_{\text{TPA}} = v_{\text{PPA}}.$$

Es bleibt also zu zeigen, daß ein s_{PPA} existiert, so daß

$$\text{TPA} \vdash s_{\text{PPA}} = u_{\text{PPA}} \parallel v_{\text{PPA}}.$$

Wegen des Normalformtheorems der PPA kann weiter angenommen werden, daß u_{PPA} und v_{PPA} in DNF sind:

---

[39]   vgl. 7.1
[40]   vgl. NICOLLIN und SIFAKIS 1994
[41]   vgl. dazu auch das Korrektheitstheorem weiter unten

$$u_{\text{PPA}} = \sum_{i=1}^{m} \prod_{j=1}^{j(i)} a_{ij}\,, \qquad a_{ij} \in A \cup \{t\},$$

$$v_{\text{PPA}} = \sum_{k=1}^{n} \prod_{l=1}^{l(k)} b_{kl}\,, \qquad b_{kl} \in A \cup \{t\}.$$

$$u_{\text{PPA}} \parallel v_{\text{PPA}} = \left(\sum_{i=1}^{m} \prod_{j=1}^{j(i)} a_{ij} \right) \parallel \left(\sum_{k=1}^{n} \prod_{l=1}^{l(k)} b_{kl} \right) \qquad \mid \text{T4, } (m-1)\text{-fach}$$

$$= \sum_{i=1}^{m} \left[\prod_{j=1}^{j(i)} a_{ij} \parallel \left(\sum_{k=1}^{n} \prod_{l=1}^{l(k)} b_{kl} \right) \right] \qquad \mid \text{T5, } m\text{-fach}$$

$$= \sum_{i=1}^{m} \left[\left(\sum_{k=1}^{n} \prod_{l=1}^{l(k)} b_{kl} \right) \parallel \prod_{j=1}^{j(i)} a_{ij} \right] \qquad \mid \text{T4, } m\cdot(n-1)\text{-fach}$$

$$= \sum_{i=1}^{m} \sum_{k=1}^{n} \left[\prod_{l=1}^{l(k)} b_{kl} \parallel \prod_{j=1}^{j(i)} a_{ij} \right]$$

In der eckigen Klammer befinden sich nur noch Verschachtelungen von Elementarsequenzen. Es ist also zu zeigen, daß der Merge-Operator, angewandt auf beliebige
Elementarsequenzen, eliminierbar ist. Sei also

$$a_1\, a_2 \cdots a_{jj} \parallel b_1\, b_2 \cdots b_{ll}\,, \qquad a_j, b_l \in A \cup \{t\}$$

eine solche Verschachtelung. Dann gilt:

<u>1. Fall:</u> $a_1 \in A$

$$a_1\, a_2 \cdots a_{jj} \parallel b_1\, b_2 \cdots b_{ll} \qquad \begin{array}{l} \mid \text{T1, falls } b_1 \in A \\ \mid \text{T2, falls } b_1 = t \end{array}$$

$$= a_1 \left(a_2 \cdots a_{jj} \parallel b_1\, b_2 \cdots b_{ll} \right) + b_1 \left(b_2 \cdots b_{ll} \parallel a_1\, a_2 \cdots a_{jj} \right)$$

<u>2. Fall:</u> $a_1 = t,\, b_1 \in A$

$$t\, a_2 \cdots a_{jj} \parallel b_1\, b_2 \cdots b_{ll} \qquad \mid \text{T5}$$

$$= b_1\, b_2 \cdots b_{ll} \parallel t\, a_2 \cdots a_{jj} \qquad \mid \text{T2}$$

$$= b_1 \left(b_2 \cdots b_{ll} \parallel t\, a_2 \cdots a_{jj} \right) + t \left(a_2 \cdots a_{jj} \parallel b_1\, b_2 \cdots b_{ll} \right)$$

<u>3. Fall:</u> $a_1 = b_1 = t$

$$t\, a_2 \cdots a_{jj} \parallel t\, b_2 \cdots b_{ll} \qquad \mid \text{T3}$$

$$= t\left(a_2 \cdots a_{jj} \,\|\, b_2 \cdots b_{ll}\right)$$

In allen Fällen nimmt also die Anzahl der Aktionen im linken oder rechten (oder beiden) Operanden um 1 ab. Man kann nun diese Prozedur auf der Ebene der Subterme wiederholen, solange jeder Operand noch mindestens 2 Aktionen enthält. Durch die streng monotone Abnahme der Gesamtlänge beider Operanden wird jedoch nach einer bestimmten Anzahl von Iterationen eine Ebene erreicht, auf der alle Merge-Terme einen atomaren Operanden haben. Aufgrund des Axioms T5 kann ohne Beschränkung der Allgemeinheit angenommen werden, dies sei der linke Operand:

$$a_{jj} \,\|\, b_L \cdots b_{ll} \hspace{4cm} | \text{ A8}$$

$$= a_{jj}\, \varepsilon \,\|\, b_L \cdots b_{ll}$$

1. Fall: $a_{jj} \in A$

$$a_{jj}\, \varepsilon \,\|\, b_L \cdots b_{ll} \hspace{3cm} | \text{ T1 oder T2}$$

$$= a_{jj} \left(\varepsilon \,\|\, b_L \cdots b_{ll}\right) + b_L \left(b_{L+1} \cdots b_{ll} \,\|\, a_{jj}\, \varepsilon\right) \hspace{1cm} | \text{ T5, T6}$$

$$= a_{jj}\, b_L \cdots b_{ll} + b_L \left(b_{L+1} \cdots b_{ll} \,\|\, a_{jj}\, \varepsilon\right) \hspace{1.5cm} | \text{ T5}$$

$$= a_{jj}\, b_L \cdots b_{ll} + b_L \left(a_{jj}\, \varepsilon \,\|\, b_{L+1} \cdots b_{ll}\right)$$

2. Fall: $a_{jj} = t, b_L \in A$

Nach Anwendung von T5 ist dieser Fall analog zum ersten.

3. Fall: $a_{jj} = b_L = t$

$$t\, \varepsilon \,\|\, t\, b_{L+1} \cdots b_{ll} \hspace{4cm} | \text{ T3}$$

$$= t \left(\varepsilon \,\|\, b_{L+1} \cdots b_{ll}\right) \hspace{3cm} | \text{ T5, T6}$$

$$= t\, b_{L+1} \cdots b_{ll}$$

Im 3. Fall ist der Merge-Operator bereits vollständig eliminiert. In den anderen Fällen wird die Prozedur solange iteriert, bis auch der andere Operand atomar ist. Man hat dann:

$$a_{jj}\, \varepsilon \,\|\, b_{ll} \hspace{4cm} | \text{ A8}$$

$$= a_{jj}\, \varepsilon \,\|\, b_{ll}\, \varepsilon$$

1. Fall: $a_{jj} \in A$

$$a_{jj}\, \varepsilon \,\|\, b_{ll}\, \varepsilon \hspace{4cm} | \text{ T1 oder T2}$$

$$= a_{jj}\left(\varepsilon \parallel b_{ll}\,\varepsilon\right) + b_{ll}\left(\varepsilon \parallel a_{jj}\,\varepsilon\right) \qquad\qquad |\ \text{T5, T5, T6, T6}$$

$$= a_{jj}\,b_{ll}\,\varepsilon + b_{ll}\,a_{jj}\,\varepsilon \qquad\qquad\qquad\quad |\ \text{A8, A8}$$

$$= a_{jj}\,b_{ll} + b_{ll}\,a_{jj}$$

<u>2. Fall:</u> $a_{jj} = t, b_{ll} \in A$

Dieser Fall ist wegen T5 wieder analog zum ersten.

<u>3. Fall:</u> $a_{jj} = b_{ll} = t$

$$t\,\varepsilon \parallel t\,\varepsilon \qquad\qquad\qquad\qquad\qquad\qquad |\ \text{T3}$$

$$= t\left(\varepsilon \parallel \varepsilon\right) \qquad\qquad\qquad\qquad\qquad |\ \text{T6}$$

$$= t\,\varepsilon \qquad\qquad\qquad\qquad\qquad\qquad\quad |\ \text{A8}$$

$$= t$$

In allen Fällen wurde der Merge-Operator also vollständig eliminiert. Die Behauptung ist somit nachgewiesen.

q. e. d.

Neben der Elimination bedarf auch die Korrektheit der TPA eines Beweises. Was dabei unter Korrektheit zu verstehen ist, sagt das folgende Theorem.

<u>Theorem: Korrektheit der TPA</u>

Der vorgegebene zeitliche Abstand zwischen den atomaren Aktionen eines Prozesses wird niemals unterschritten, selbst dann nicht, wenn dieser Prozeß parallel zu einem anderen Prozeß läuft. Die Gesetze der TPA respektieren also die vorgegebene Zeit als untere Schranke und gewährleisten somit die bereits erwähnte Verzögerungssemantik. Darüber hinaus muß im Interesse der zeitlichen Optimierung aber auch garantiert sein, daß es einen unverzögerten Ablaufplan gibt, bei dem der vorgegebene Abstand genau eingehalten wird.

Die genannten Eigenschaften werden nur für Elementarsequenzen gezeigt. Aufgrund der Assoziativität und der Kommutativität der Auswahl (Axiome A1 und A2) und den TPA-Axiomen T4 und T5 kann das Ergebnis aber auch auf allgemeine Prozesse übertragen werden.

Liegen also zwischen zwei atomaren Aktionen a und b insgesamt n Zeiteinheiten und läuft parallel dazu ein Prozeß c mit einer beliebigen Anzahl M von Aktionen c_1 bis c_M,

$$a\,t\,t\cdots t\,t\,b \parallel c_1\,c_2\cdots c_M, \qquad\qquad a,b \in A, c_1,\ldots c_M \in A \cup \{t\},$$

dann muß gelten:

1. In allen Alternativen des äquivalenten PPA-Terms befinden sich mindestens n t-Aktionen zwischen a und b (Verzögerungssemantik), und

2. mindestens eine Alternative enthält genau n Zeiteinheiten zwischen a und b (Grenzfall der Minimalität).

Beweis:

$$a\,t\,t\cdots t\,t\,b \| c_1\,c_2\cdots c_M \qquad\qquad | \text{ T1 oder T2}$$

$$= a\,(t\,t\cdots t\,t\,b \| c_1\,c_2\cdots c_M) + c_1\,(c_2\cdots c_M \| a\,t\,t\cdots t\,t\,b) \qquad | \text{ T5}$$

$$= a\,(t\,t\cdots t\,t\,b \| c_1\,c_2\cdots c_M) + c_1\,(a\,t\,t\cdots t\,t\,b \| c_2\cdots c_M)$$

Der rechte geklammerte Term enthält dabei (bis auf den beliebigen Parameter M) wieder das Ausgangsproblem. Der rechte Summand wird daher im folgenden ignoriert.

1. Fall: $c_1 \in A$

$$a\left(\underbrace{t\,t\cdots t\,t}_{n}\,b \| c_1\,c_2\cdots c_M\right) \qquad\qquad | \text{ T5, T2, T5, P1}$$

$$= a\,c_1\left(\underbrace{t\,t\cdots t\,t}_{n}\,b \| c_2\cdots c_M\right) + a\,\underbrace{t}_{1}\left(\underbrace{t\cdots t\,t}_{n-1}\,b \| c_1\,c_2\cdots c_M\right)$$

In beiden Alternativen beträgt der Abstand zwischen a und b weiterhin n Zeiteinheiten.

2. Fall: $c_1 = t$

$$a\left(\underbrace{t\,t\cdots t\,t}_{n}\,b \| t\,c_2\cdots c_M\right) \qquad\qquad | \text{ T3}$$

$$= a\,\underbrace{t}_{1}\left(\underbrace{t\cdots t\,t}_{n-1}\,b \| c_2\cdots c_M\right)$$

Auch hier liegen exakt n t-Aktionen zwischen a und b.

Solange noch nicht alle t's auf der linken Seite des Merge-Operators ausgeklammert sind, bleibt die Summe der ausgeklammerten und der vor b stehenden Zeitaktionen konstant auf n. Wiederholt man die gezeigte Prozedur für alle Subterme, die noch t-Aktionen unmittelbar vor b haben, dann gelangt man schließlich zu einer Ebene, auf der alle Alternativen die folgende Gestalt haben:

$$a\underbrace{\_t\_t\_\cdots\_t\_t\_}_{n\ \text{Zeiteinheiten}}(b \| c_m\cdots c_M), \qquad \_ \in A \cup \{\varepsilon\}.$$

Die Unterstreichstriche sind dabei Platzhalter für atomare Aktionen des c-Prozesses oder für leere Stellen. Wendet man auf diese Terme die Axiome T1 und T2 (modulo A8, T5, T6) an, so erhält man:

$$a\underbrace{\_t\_t\_\cdots\_t\_t\_}_{n\,\text{Zeiteinheiten}}b\,c_m\cdots c_M \;+\; a\underbrace{\_t\_t\_\cdots\_t\_t\_}_{n\,\text{Zeiteinheiten}}\underbrace{c_m}_{0\,/\,1}\left(b\,\|\,c_{m+1}\cdots c_M\right)$$

In den Alternativen, die vom Typ des linken Summanden sind, beträgt der Abstand von a und b genau n Zeiteinheiten. Sie erfüllen somit Forderung 2 (Minimalität).

Für den rechten Summanden beträgt der Abstand

n,   falls $c_m \in A$, bzw.

$n + 1$,   falls $c_m = t$.

Auch für alle weiteren Iterationen des geklammerten Terms gilt somit:

Abstand von a und $b \geq n$.

Damit ist auch Forderung 1 (Verzögerungssemantik) erfüllt.

q. e. d.

Die Gesetze des Zeitmoduls TPA spiegeln also die Semantik des zeitlichen Abstandes auf die gewünschte Weise als eine untere Schranke (die auch wirklich erreicht wird) wieder. Somit eignet sich TPA als Basismodul für die Minimierung der Durchlaufzeit in den sogenannten RCPS-V-Problemen[42]. Dies veranschaulicht das folgende Kapitel.

---

[42]   vgl. 2.3.1

9 Effiziente Optimierung auf der Basis der Prozeßtheorie

In den Kapiteln 6 bis 8 wurde die Prozeßtheorie der Ablaufplanung entwickelt. Abbildung 9.1 faßt ihren Aufbau noch einmal zusammen.

<table>
<tr><td>Resource - Constrained Process Algebra

Ressourcenmodul der Ablaufplanung</td><td>Timed Process Algebra

Zeitmodul der Ablaufplanung</td></tr>
<tr><td colspan="2" align="center">Planned Process Algebra

Basisalgebra geplanter Prozesse</td></tr>
</table>

Abbildung 9.1:   Aufbau der Prozeßtheorie der Ablaufplanung

In den entsprechenden Kapiteln wurde auch nachgewiesen, daß die einzelnen Bestandteile der Prozeßtheorie ihren jeweiligen Weltausschnitt korrekt modellieren. Dennoch wurde gerade in den Kapiteln 7 und 8 deutlich, daß die Einfachheit und Eleganz auf der theoretischen Ebene mit einer *kombinatorischen Explosion* der Handlungsalternativen erkauft wurde[1], d. h. die Elimination des Merge-Operators entspricht einer vollständigen Enumeration. Auch durch die Hinzunahme der Ressourcenbeschränkungen wird diese enorme Anzahl von Alternativen nur unwesentlich reduziert[2]. Die Quelle der Komplexität liegt dabei in den Axiomen T1 und T2 der TPA. Ihre vollständige Anwendung auf einer gegebenen Ebene verdoppelt die Anzahl der Handlungsalternativen, reduziert die Länge des Terms aber lediglich um eins. Beginnt man also mit einer Alternative der Länge k,

$$a_1 \cdots a_j \parallel a_{j+1} \cdots a_k,$$

so ergeben sich auf der nächsten Ebene 2 Alternativen der Länge $k-1$[3]:

$$a_1\left(\underbrace{a_2 \cdots a_j \parallel a_{j+1} \cdots a_k}_{k-1}\right) + a_{j+1}\left(\underbrace{a_1 \cdots a_j \parallel a_{j+2} \cdots a_k}_{k-1}\right).$$

---

[1]   Man beachte insbesondere das Beispiel am Ende des 7. Kapitels.

[2]   vgl. 7.2

[3]   Mit der Länge einer Alternative ist die Anzahl Aktionen in den Operanden eines Merge-Operators gemeint.

Zweifache Anwendung von T1 oder T2 liefert dann 4 Alternativen der Länge $k–2$, danach 8 Alternativen der Länge $k–3$ und so weiter. Schließlich gelangt man zu 2^{k-1} Alternativen der Länge 1, die nicht weiter expandiert werden können. Man beachte, daß diese Zahl nur eine obere Schranke ist, weil an den Stellen, wo T3 angewendet werden kann, kein Zuwachs an Alternativen entsteht. Dennoch bleibt das grundsätzlich exponentielle Wachstum erhalten.

Im Rahmen der Optimierung ist es aber weder wünschenswert noch nötig, alle Alternativen zu betrachten. Vielmehr möchte man bei der Suche nach dem Optimum diejenigen Teile des Suchbaums, die sicher nicht das Optimum enthalten, frühzeitig von der Suche ausschließen. Es stellt sich dabei die Frage, welchen Operator man für dieses Beschneiden des Suchbaums heranzieht. Prinzipiell kämen hierfür der Merge- und der Restriktions-Operator in Frage. Beim Merge-Operator könnte man z. B. die Erzeugung neuer Alternativen einschränken, eine frühzeitige Berücksichtigung des Restriktions-Operator bei der Expansion könnte verhindern, daß ungültige Alternativen überhaupt erzeugt werden.

Da der Restriktionsoperator aber nur verhältnismäßig wenige Alternativen eliminiert, bietet er auch kaum Potential für eine Effizienzsteigerung bei der Optimierung. Diese muß also direkt bei der Expansion des Merge-Operators ansetzen. Die Grundidee ist dabei, von den zwei jeweils neu generierten Alternativen zunächst nur eine (nämlich die „vielversprechendere") weiterzuverfolgen. Sollte sie sich dann aber doch als nicht optimal erweisen, findet ein „Backtracking" statt, d. h. die vermeintlich zweitbeste Alternative wird untersucht. Als Basis für ein solches effizientes Suchverfahren wird in 9.1 der Algorithmus A* vorgestellt. Dieses Verfahren wird dann in Abschnitt 9.2 auf die Prozeßtheorie angewandt.

9.1   Die Basisheuristik A*

$A*$ stellt eine allgemeine Methode zur effizienten Suche nach einer (optimalen) Lösung in OR-Graphen dar[4]. Die Knoten des Graphen entsprechen Problemen, die Nachfolgerknoten sind die Teilprobleme ihres Vorgängers. Die Blattknoten[5] (so sie existieren) stellen mögliche Lösungen dar. Man nehme an, daß jeder Knoten mit einer *Kostenfunktion* f bewertet werden kann. Zu finden ist also ein Blattknoten mit minimalem f. Die Gesamtkosten f werden dabei in die Teilkosten g und h' zerlegt[6]:

$$f = g + h'.$$

---

4   vgl. 3.3
5   Knoten ohne Nachfolger
6   vgl. PEARL 1984, S. 59-61

g repräsentiert die Kosten vom Wurzelknoten des Suchbaums bis zum aktuellen Knoten, also z. B. der späteste Endzeitpunkt aller bereits eingeplanten Prozesse bei einer Minimierung der Durchlaufzeit.

h stellt die Kosten vom aktuellen Knoten zum Zielknoten dar, also beim Scheduling z. B. die zusätzlich benötigte Zeit zur Vervollständigung des Ablaufplans.

Da h nicht bekannt ist, muß man statt dessen die Schätzgröße h' verwenden. Die Gestaltung dieses *Schätzers* hat einen großen Einfluß auf das Verhalten des A*. Unter den Schätzern gibt es zwei interessante Klassen, nämlich die optimistischen und die pessimistischen. Dabei hat ein optimistischer Schätzer die Eigenschaft, den tatsächlichen Wert stets zu unterschätzen, d. h.:

$$h' \leq h.$$

Ein solcher Schätzer garantiert das Auffinden des Optimums[7]. Je besser er ist, d. h. je geringer also der Abstand zwischen dem geschätzten und dem realen Wert ist, desto mehr Teile des Suchbaums können beschnitten werden und desto schneller findet A* das Optimum[8]. Leider beansprucht ein guter Schätzer aber in der Regel auch einen hohen Rechenaufwand. Man hat daher also insgesamt einen Trade-off zwischen Suchaufwand und Schätzaufwand.

Ein pessimistischer Schätzer,

$$h' \geq h,$$

überschätzt stets die realen Kosten. Dadurch werden zwar bei geringem Schätzaufwand weite Teile des Suchbaums beschnitten, aber auch gelegentlich die, die das Optimum enthalten. So wird also ein geringer Such- und Schätzaufwand mit geringer Lösungsgüte erkauft.

Der Algorithmus A* ist ein Verfahren für die Suche nach dem Optimum in OR-Graphen. Es besteht aus den folgenden 6 Schritten[9], wobei die von Pearl erwähnten Schritte 5b und 5c und die CLOSED-Liste entfallen, weil hier nur OR-Bäume betrachtet werden:

1. Setze Startknoten s (ursprüngliches Problem) auf die OPEN-Liste.

2. Ist die OPEN-Liste leer, beende das Verfahren erfolglos.

3. Wähle aus der OPEN-Liste den Knoten n mit minimalem f. Lösche n aus der OPEN-Liste.

---

7   vgl. PEARL 1984, S. 77 f.
8   vgl. PEARL 1984, S. 79-82
9   vgl. PEARL 1984, S. 64 f.

4. Ist *n* ein Zielknoten, dann beende das Verfahren erfolgreich. Die Lösung erhält man entlang der Zeiger von *n* bis *s*.

5. Andernfalls expandiere *n*. Erzeuge alle Nachkommen von *n* mit einem Zeiger zurück auf *n*, und setze sie auf die OPEN-Liste. Für jeden Nachfolger *n'* von *n* berechne:

$$f(n') = g(n') + h'(n').$$

6. Gehe zu Schritt 2.

Die Funktionsweise des A*-Algorithmus wird im nächsten Abschnitt anhand eines einfachen Beispiels illustriert.

9.2   Heuristische Optimierung in der Prozeßtheorie

Das in Abschnitt 9.1 vorgestellte Verfahren A* soll nun zur *heuristischen Optimierung*[10] in der *Prozeßtheorie* eingesetzt und an dem schon mehrfach verwendeten Beispiel der nebenläufigen Prozesse *ab* und *cd* demonstriert werden. Tabelle 9.1 spezifiziert den Ressourcenbedarf dieser Prozesse.

Prozeß	benötigte Zeit	benötigte Ressource
a	3 Zeiteinheiten	R1
b	2 Zeiteinheiten	R2
c	2 Zeiteinheiten	R3
d	4 Zeiteinheiten	R1

Tabelle 9.1:   Ressourcenbedarf der Prozesse a, b, c, d

Zur Schreibvereinfachung gelte im folgenden die Vereinbarung, daß eine ununterbrochene Folge von *t*-Aktionen durch deren Anzahl ersetzt wird:

$$\underline{a} \cdot t \cdot t \cdot t \cdot a = \underline{a}\, 3\, a.$$

Spezifiziert man die Beginn- und Ende-Aktionen der nebenläufigen Prozesse *ab* und *cd*, die zwischen ihnen vergehende Zeit und den Konflikt zwischen *a* und *d* in prozeßalgebraischer Notation, so erhält man:

$$(\underline{a}\, 3\, a\, \underline{b}\, 2\, b \parallel \underline{c}\, 2\, c\, \underline{d}\, 4\, d) \setminus (\underline{a}\, d + \underline{d}\, a)$$

Bevor nun das eigentliche Verfahren erläutert wird, nehme man einmal an, daß dieser Term nicht restringiert sei. In diesem Fall ist unmittelbar einzusehen, daß eine optimale Alternative dadurch entsteht, daß die Prozesse ab und cd zur gleichen Zeit beginnen. Diese Alternative und der Algorithmus zu ihrer Erzeugung sollen „optimale Verschachtelung" heißen. Folgende 4 Punkte werden dazu iteriert, bis der Merge-Operator eliminiert ist:

1. $a\,x \parallel b\,y \;\rightarrow\; a\,b\,(x \parallel y),$

2. $a\,x \parallel t\,y \;\rightarrow\; a\,(x \parallel t\,y) \qquad$ bzw.

     $t\,x \parallel b\,y \;\rightarrow\; b\,(t\,x \parallel y),$

3. $t\,x \parallel t'\,y \;\rightarrow\; t\,(x \parallel t''\,y), \qquad$ falls $t \le t',\, t'' = t' - t,$

     $t\,x \parallel t'\,y \;\rightarrow\; t'\,(t''\,x \parallel y), \qquad$ falls $t > t',\, t'' = t - t',$

4. $x \parallel \varepsilon \;\rightarrow\; x \qquad$ bzw.

     $\varepsilon \parallel x \;\rightarrow\; x,$

wobei gilt: $a, b \in A$ und $t, t', t'' \in \{1, 2, 3, \ldots\}$.

Für den weiter oben spezifizierten Prozeß ohne die Restriktion ergibt sich also:

$\underline{a}\,3\,a\,\underline{b}\,2\,b \parallel \underline{c}\,2\,e\,\underline{d}\,4\,d \qquad\rightarrow\qquad \underline{a}\,\underline{c}\,(3\,a\,\underline{b}\,2\,b \parallel 2\,e\,\underline{d}\,4\,d) \qquad\rightarrow$

$\underline{a}\,\underline{c}\,2\,(1\,a\,\underline{b}\,2\,b \parallel e\,\underline{d}\,4\,d) \qquad\rightarrow\qquad \underline{a}\,\underline{c}\,2\,e\,\underline{d}\,(1\,a\,\underline{b}\,2\,b \parallel 4\,d) \qquad\rightarrow$

$\underline{a}\,\underline{c}\,2\,e\,\underline{d}\,1\,(a\,\underline{b}\,2\,b \parallel 3\,d) \qquad\rightarrow\qquad \underline{a}\,\underline{c}\,2\,e\,\underline{d}\,1\,a\,\underline{b}\,(2\,b \parallel 3\,d) \qquad\rightarrow$

$\underline{a}\,\underline{c}\,2\,e\,\underline{d}\,1\,a\,\underline{b}\,2\,(b \parallel 1\,d) \qquad\rightarrow\qquad \underline{a}\,\underline{c}\,2\,e\,\underline{d}\,1\,a\,\underline{b}\,2\,b\,1\,d$

Dies entspricht dem Schedule in Abbildung 9.2.

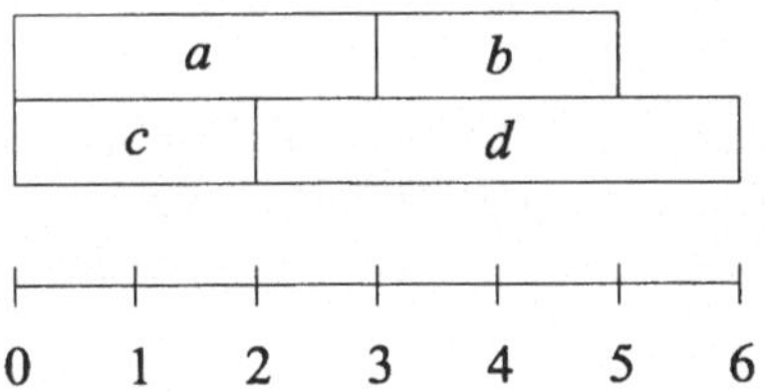

Abbildung 9.2:   Optimaler Ablaufplan für „$ab \parallel cd$" (ohne Restriktion)

Die optimale Verschachtelung erzeugt also ein Optimum auf direktem Weg, ohne dabei alle (maximal) $2^{11} = 2048$ möglichen Alternativen dieses Beispiels zu generieren. Nun ist für den Originalprozeß mit Restriktion der Ablaufplan aus Abbildung 9.2 wegen der Überlappung von a und d natürlich nicht zulässig. Sobald aber der

Restriktionsoperator eliminiert ist, kann die optimale Verschachtelung angewandt werden.

Bis zur Elimination des Restriktionsoperators muß man also im Falle eines restringierten Prozesses die kombinatorische Explosion noch in Kauf nehmen. Eine gezielte Expansion, die durch den Algorithmus A* heuristisch gesteuert wird, kann den Suchbaum jedoch erheblich reduzieren. Dies soll nun für den ursprünglichen Prozeß (mit Restriktion) gezeigt werden.

Der Ausdruck für diesen Prozeß bildet den Startknoten und wird im 1. Schritt des A* auf die noch leere OPEN-Liste gesetzt. In dieser Liste stehen alle Knoten, die noch bearbeitet werden müssen („offene Posten"). Der zweite Schritt kann offensichtlich übersprungen werden und im dritten wird dann trivialerweise der Startknoten zur Bearbeitung ausgewählt und aus der Liste entfernt. Da er noch kein Zielknoten ist, wird er expandiert, und alle dabei entstehenden Nachfolger kommen auf die OPEN-Liste. Verbindet man den Startknoten durch Kanten mit seinen Nachfolgern, so erhält man den aktuellen Suchbaum (siehe Abbildung 9.3). Die OPEN-Liste entspricht dabei genau den Blattknoten des jeweiligen Suchbaums und wird daher im folgenden nicht explizit angegeben.

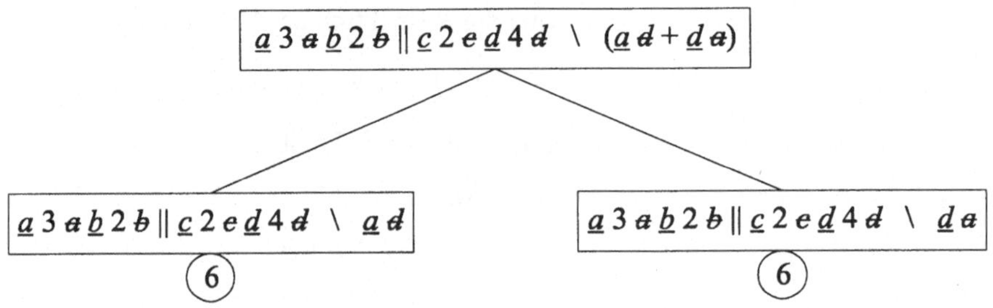

Abbildung 9.3:   Suchbaum nach der 1. Iteration

Die Expansion erfolgte in diesem ersten Durchlauf anhand des Axioms R6. Die beiden neu entstandenen Zweige verfolgen also die beiden Richtungen der disjunktiven Kante zwischen a und d. Die beiden Alternativen werden nun bewertet. Die Komponenten der Zielfunktion sind dabei:

g =   Summe der Zeiteinheiten im bereits ausgeklammerten Teil des Terms,

h' =   Maximum der Zeiteinheiten der beiden parallelen Teile.

Es handelt sich also um einen (sehr einfachen) optimistischen Schätzer, der annimmt, daß keine Ressourcenkonflikte zwischen den nebenläufigen Teilen auftreten werden. Der Wert der gesamten Zielfunktion f ist in der Abbildung in den Kreisen eingetragen. Da die Werte gleich sind, wird bei der zweiten Iteration willkürlich der linke Knoten zur Expansion ausgewählt (Schritt 3).

Nach Axiom T1 ergäbe die Expansion dieses Knotens (modulo T5):

$$\underline{a}\,3\,a\,\underline{b}\,2\,b \parallel \underline{c}\,2\,e\,\underline{d}\,4\,d = \underline{a}\,(3\,a\,\underline{b}\,2\,b \parallel \underline{c}\,2\,e\,\underline{d}\,4\,d) + \underline{c}\,(\underline{a}\,3\,a\,\underline{b}\,2\,b \parallel 2\,e\,\underline{d}\,4\,d).$$

Die linke Alternative ist jedoch ungültig, weil aufgrund der Restriktion $\underline{a}$ nicht vor d stehen darf. Die Aktion $\underline{a}$ kann also erst dann ausgeklammert werden, wenn dies bereits mit d geschehen ist. Man gelangt daher unmittelbar zu dem Ausdruck

$$\underline{c}\,2\,e\,\underline{d}\,4\,d\,(\underline{a}\,3\,a\,\underline{b}\,2\,b \parallel \varepsilon).$$

Nach der Anwendung von T6 erhält man dann den neuen Knoten in Abbildung 9.4.

Indem man den Restriktionsoperator also direkt bei der Expansion berücksichtigt, kann die Erzeugung einer großen Anzahl unzulässiger Ablaufpläne verhindert werden.

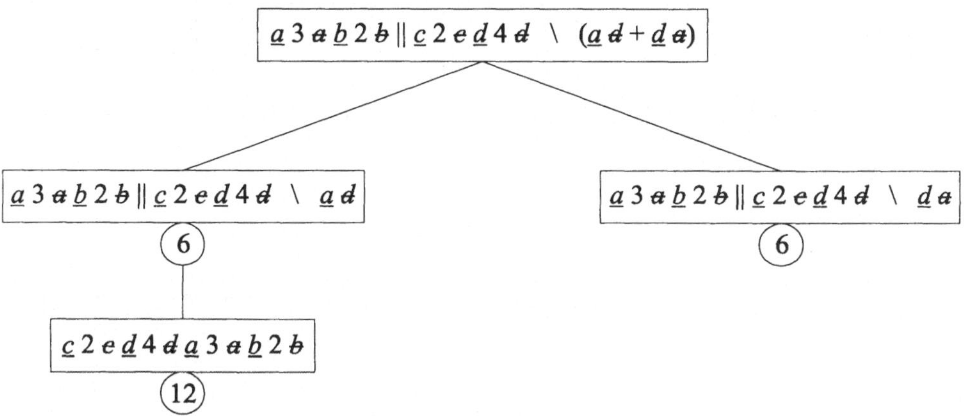

Abbildung 9.4:   Suchbaum nach der 2. Iteration

Da die Restriktion des linken Astes eine Hintereinanderausführung beider Prozesse erzwingt, summieren sich die Längen der Teilprozesse zu 12 Zeiteinheiten. Dies übersteigt bei weitem die ursprüngliche, optimistische Schätzung von 6 ZE. Daher muß nun auch der rechte Ast exploriert werden, weil er noch immer eine kürzere Lösung mit der Gesamtdauer 6 verspricht. Dies geschieht gemäß Axiom T1. Der resultierende Suchbaum entspricht dem in Abbildung 9.5 ohne die unterste Ebene.

Da keine Zeitaktionen ausgeklammert wurden, haben die beiden neuen Knoten denselben Schätzwert wie ihr Vorgänger. Willkürlich wird auch hier wieder der linke Knoten zur Expansion mittels T2 ausgewählt. Auf den neuen rechten Knoten wird zusätzlich noch zweimal Axiom T3 angewandt. Das Ergebnis ist der Suchbaum in Abbildung 9.5.

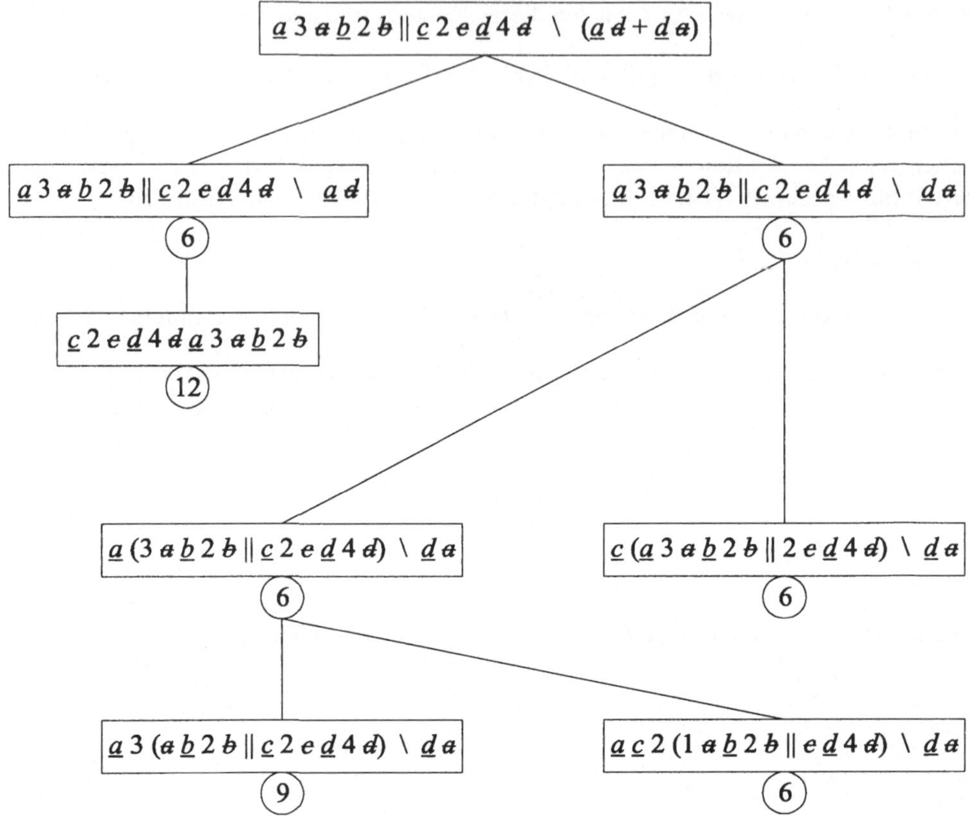

Abbildung 9.5:   Suchbaum nach der 4. Iteration

Von den beiden am besten bewerteten Blattknoten wird nun der rechte untere weiterverfolgt, weil er einer Lösung näher ist, denn es wurden bereits mehr Aktionen ausgeklammert als im Knoten darüber[11]. Eine Expansion gemäß T2 liefert den erweiterten Suchbaum (siehe Abbildung 9.6 ohne den Knoten der untersten Ebene).

In der 6. Iteration des A* wird die soeben erzeugte Alternative mit 6 Zeiteinheiten selektiert. Da der rechte Operand des Merge-Operators jedoch ebenso wie die Restriktion mit $\underline{d}$ beginnt, muß zunächst der Term „1 a" aus der linken Seite ausgeklammert werden. Die Restriktion ist damit dann erfüllt und entfällt (siehe Abbildung 9.6).

---

11   Auch diese Auswahl ist mehr oder weniger willkürlich und hat keinen Einfluß auf das Ergebnis.

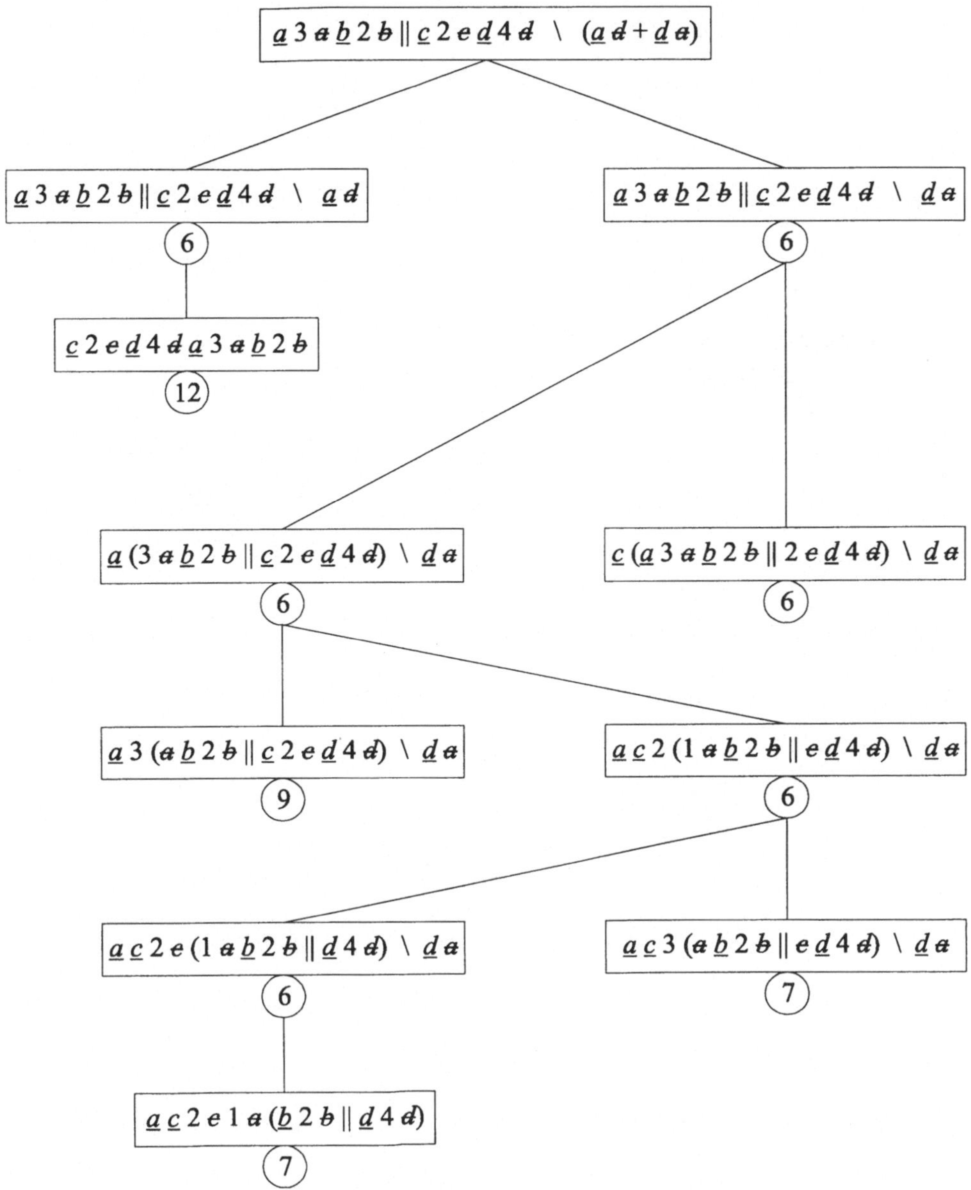

Abbildung 9.6:   Suchbaum nach der 6. Iteration

Das Wegfallen der Restriktion ermöglicht es nun, die optimale Verschachtelung anzuwenden und somit diesen Ast zu vervollständigen (siehe Abbildung 9.7).

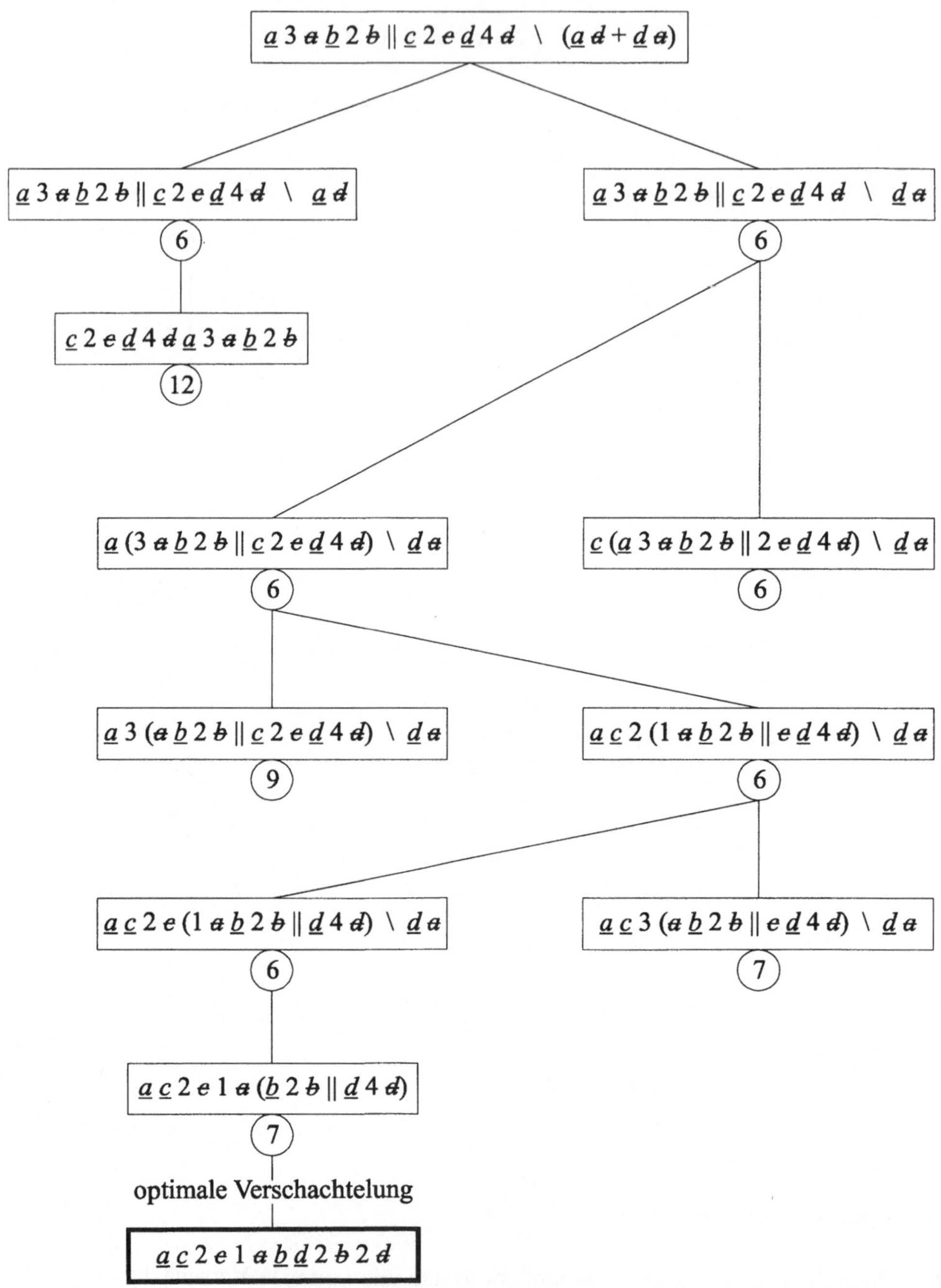

Abbildung 9.7:　　Suchbaum nach optimaler Verschachtelung

Der dick umrahmte Knoten stellt bereits eine Lösung dar und mit 7 Zeiteinheiten auch die bisher beste. Lediglich ein weiterer Blattknoten, der rechte auf der dritten Ebene, verspricht noch eine Verbesserung auf 6 Zeiteinheiten. Ein zusätzlicher Iterationsschritt zeigt aber, daß sich auch unter diesem Knoten keine bessere Lösung verbirgt:

$$\underline{c}\,(\underline{a}\,3\,\bar{a}\,\underline{b}\,2\,\bar{b}\ \|\ 2\,e\,\underline{d}\,4\,\bar{d}) = \underline{c}\,\underline{a}\,(3\,\bar{a}\,\underline{b}\,2\,\bar{b}\ \|\ 2\,e\,\underline{d}\,4\,\bar{d}) + \underline{c}\,2\,(\underline{a}\,3\,\bar{a}\,\underline{b}\,2\,\bar{b}\ \|\ e\,\underline{d}\,4\,\bar{d}).$$

Die rechte Alternative kommt nach der Schätzung auf (mindestens) 7 Zeiteinheiten. Die linke entspricht der bereits explorierten Variante $\underline{a}\,\underline{c}\,(3\,\bar{a}\,\underline{b}\,2\,\bar{b}\ \|\ 2\,e\,\underline{d}\,4\,\bar{d})$.

Die fett umrahmte Lösung in Abbildung 9.7 ist also das Optimum.

Nachdem an diesem einfachen Beispiel die einzelnen Schritte der Heuristik erläutert wurden, soll dieses Verfahren abschließend noch auf ein realitätsnäheres Beispiel angewandt werden. Es handelt sich dabei um das *Make-or-Buy-Problem* aus Abbildung 3.11 (siehe Abschnitt 3.3). In dieser Abbildung sind auch der Bedarf an Ressourcen (Angabe vor dem Schrägstrich) und Zeit (Angabe nach dem Schrägstrich) für die einzelnen Prozesse angegeben. Der Zeitbedarf wird in Tabelle 9.2 noch einmal wiederholt. Für die Ressourcen sei auf Tabelle 7.2 verwiesen[12].

Prozeß	a	b_1	b_2	c_1	c_2	d	e	f	g	h
Dauer / ZE	5	5	8	7	8	6	5	7	5	7

Tabelle 9.2: Dauer der Prozesse des Make-or-Buy-Problems

Der initiale Term entspricht dem in Abschnitt 7.2. Jedoch wurden bei der ersten Expansion (siehe Abbildung 9.8) noch die Restriktionen weggelassen, um die Übersicht zu gewährleisten. Die Abbildungen 9.9 und 9.10 geben die Suchbäume für die beiden besten Alternativen mit je 12 Zeiteinheiten wieder. Es werden dabei von vornherein nur die Restriktionen betrachtet, die sich auch tatsächlich auf die Prozesse des Terms beziehen.

An diesem aufwendigeren Beispiel wird deutlich, daß der Einsatz des A* die ca. 10.000 bei vollständiger Enumeration zu explorierenden Alternativen auf einige wenige reduziert.

---

[12]   vgl. S. 174

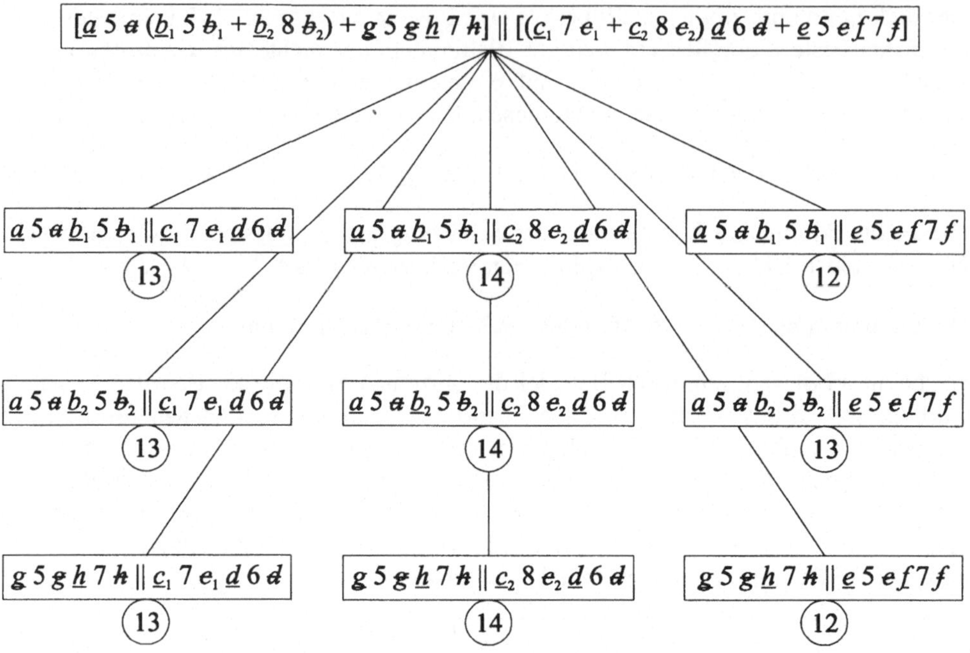

Abbildung 9.8:   Suchbaum für Make-or-Buy nach der 1. Iteration

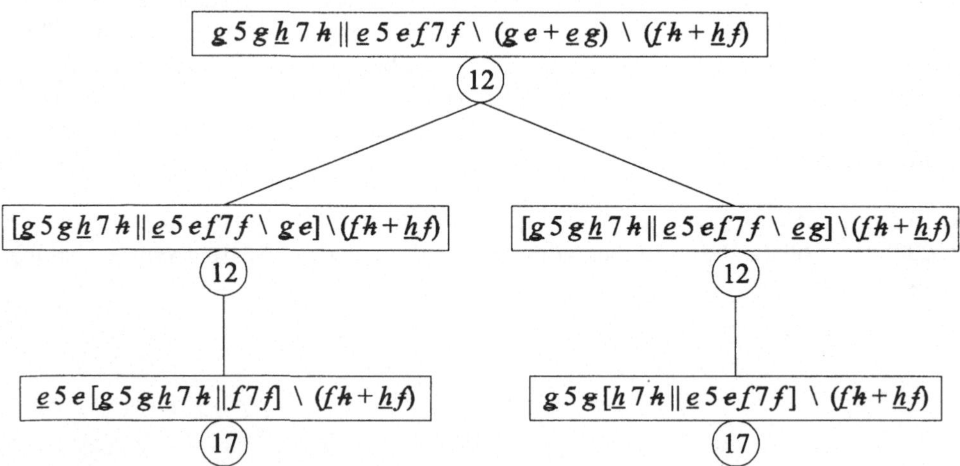

Abbildung 9.9:   Suchbaum für die 9. Alternative

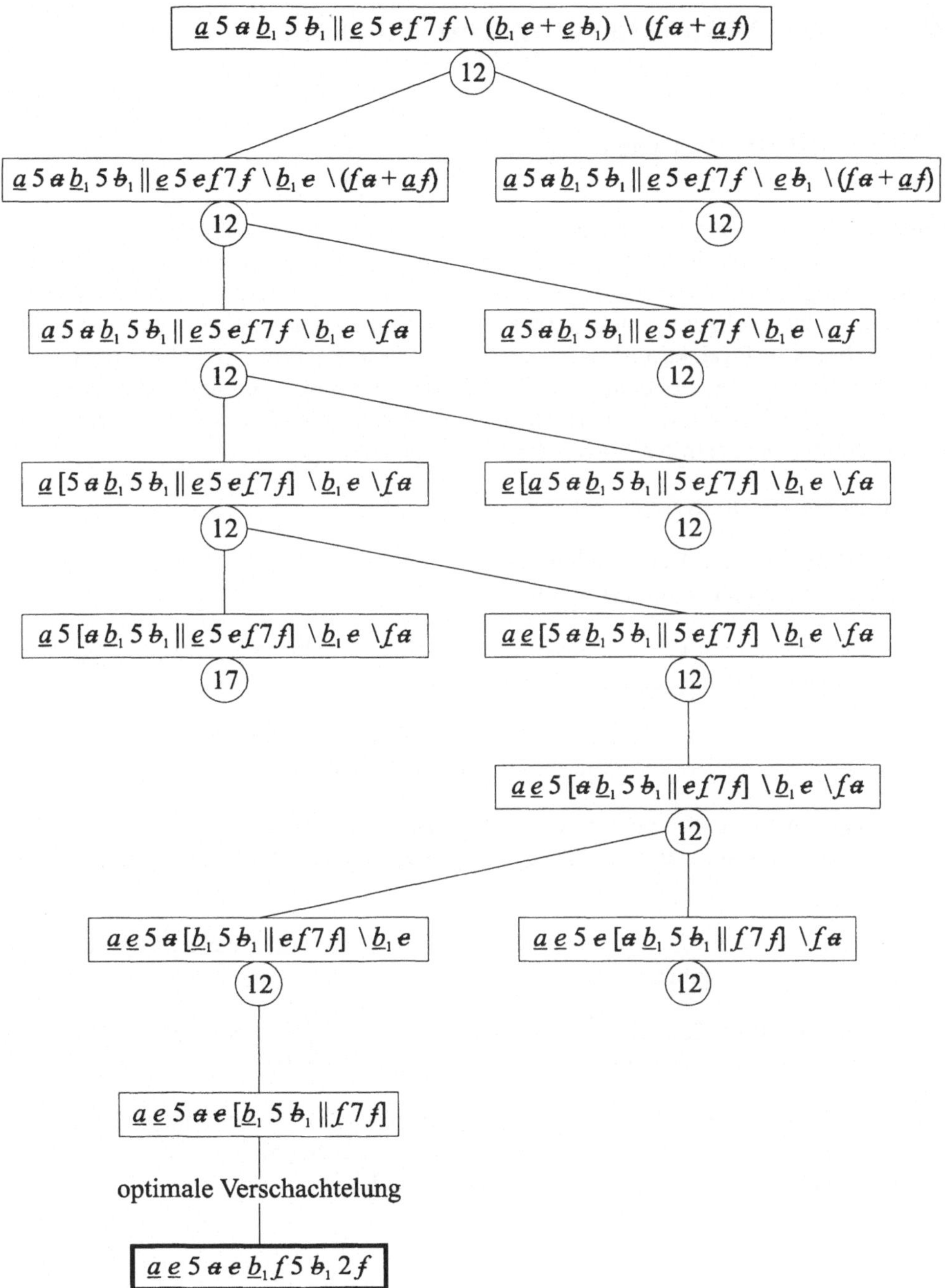

Abbildung 9.10:   Suchbaum für die 3. Alternative

10 Zusammenfassung und Ausblick

10.1 Zusammenfassung

Das Ziel dieses Buches besteht im Aufbau einer *Prozeßtheorie* der Ablaufplanung. In Abschnitt 1.1.2 wird die Ablaufplanung definiert als „die kurzfristige Planung der hinsichtlich vorgegebener Zielsetzungen optimalen zeitlichen Gestaltung des Produktionsprozesses oder -vollzugs unter Berücksichtigung vorgegebener Produktionsmengen und beschränkter Produktionskapazitäten"[1]. Aus dieser Definition geht bereits hervor, daß der Kern der Ablaufplanung der (Produktions-)Prozeß ist. Er stellt damit auch das Basisobjekt der Theorie der Ablaufplanung dar und rechtfertigt ihre Bezeichnung als Prozeßtheorie. Die zentralen Fragen dieser Theorie sind:

1. Was ist ein Prozeß (Kapitel 2) ?

2. Was ist das formale Kernproblem der Ablaufplanung (Kapitel 2) und wie kann es grafisch abgebildet werden (Kapitel 3) ?

3. Welche Formen von Prozeßtheorien sind möglich (Kapitel 4) und welche davon ist im gegebenen Fall die adäquate (Kapitel 5) ?

4. Wie können Prozesse zu komplexeren miteinander verknüpft werden und welche Gesetze gelten für diese Verknüpfungen (Kapitel 6 und Abschnitt 4.3.4) ?

5. Wie kann man im Rahmen einer solchen Theorie Ressourcenkonflikte darstellen und welche Beschränkungen ergeben sich daraus für die möglichen Abläufe (Kapitel 7) ?

6. Wie drückt man die Zeit generell aus und welche Varianten der zeitlichen Gestaltung von Abläufen gibt es (Kapitel 8) ?

7. Gestattet die Prozeßtheorie neben der gründlichen theoretischen Behandlung des Problems auch eine effiziente praktische Lösung (Kapitel 9) ?

Aus diesen Fragen kann man die Struktur des Buches ableiten. Abbildung 10.1 gibt sie in grafischer Form wieder. Die Zahlen beziehen sich dabei auf die Kapitelnummern. Blöcke, die übereinander angeordnet sind, bauen auch logisch aufeinander auf.

---

[1] vgl. SEELBACH 1993, S. 1

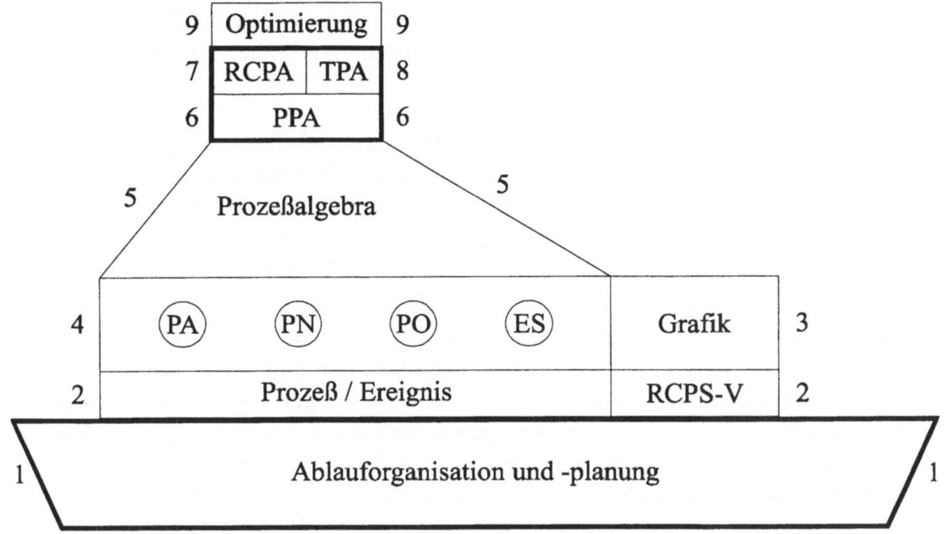

PA: Prozeßalgebra
PN: Petrinetze
PO: Partial Orders (Halbordnungen)
ES: Event Structures

Abbildung 10.1:   Das „Schiff" Prozeßtheorie der Ablaufplanung

Zunächst wird im 1. Kapitel eine recht allgemeine Einführung in die Ablauforganisation gegeben. Aus diesem umfangreichen Gebiet greift das 2. Kapitel dann ein spezielles Problem heraus, nämlich das RCPS-V (resource-constrained process/project scheduling with variants). Bei diesem Problem geht es um die optimale zeitliche Anordnung einer Menge von Abläufen mit vorgegebenen Reihenfolge- und Ausschlußbeziehungen[2]. Zusätzlich können für beliebige Teilabläufe auch Handlungsalternativen existieren. Es wird sowohl eine formale Definition dieses Problems gegeben als auch des Prozeßbegriffs selbst. Ein Prozeß wird demnach verstanden als ein Übergang (eine Transition) eines Systems von einem Zustand in einen anderen. Elementare Prozesse, also solche, die nicht weiter zerlegbar sind, bezeichnet man als (atomare) Aktionen. Ein Ereignis ist die (einmalige) Ausführung einer Aktion.

Die ANDORI-Graphen (oder hierarchische Netzpläne) in Kapitel 3 erlauben eine Top-Down-Dekomposition eines Prozesses durch AND- bzw. OR-Zerlegung in Teil-

---

prozesse und die Spezifikation sogenannter I-Kanten (Informations- oder Präzedenzkanten) zwischen undverknüpften Teilprozessen. Sie dienen damit ebenfalls der grafischen Repräsentation von RCPS-V-Problemen.

Auf der Basis der Definitionen von Prozessen, Aktionen und Ereignissen wurden eine Reihe von Theorien (nebenläufiger) Prozesse entwickelt. Die bedeutendsten Vertreter, namentlich die Petrinetze, die Halbordnungen, die Ereignisstrukturen und die Prozeßalgebren, werden in Kapitel 4 übersichtsartig vorgestellt und miteinander kontrastiert. Diese Vergleiche sind aber eher qualitativer Natur, weshalb im 5. Kapitel eine formale Klassifikation der Modelle vorgenommen wird. Diese Klassifikation ergibt, daß die Prozeßalgebra nach Baeten und Weijland einen sehr einfachen Kalkül mit vollständiger Axiomatisierung darstellt, der aber dennoch mächtig genug ist, die relevanten Phänomene der Ablaufplanung zu beschreiben. Es handelt sich gemäß des Klassifikationsschemas bei der Prozeßalgebra um ein Verhaltensmodell mit Interleaving-Semantik, d. h. es wird nicht das ganze System, sondern nur sein beobachtbares Verhalten modelliert, und nebenläufige Aktionen werden in eine lineare Ordnung gezwungen. Das ursprüngliche Modell sieht auch verzweigte Zeit vor[3]. Atomare Aktionen und Prozesse können in diesem Kalkül mithilfe des Auswahloperators (+) und des Sequenzoperators (·) zu komplexeren Prozessen zusammengefügt werden. Die nebenläufige Ausführung wird durch den Merge-Operator ($\|$) angezeigt.

Die erste wesentliche Änderung dieses Modells im Rahmen der Prozeßtheorie ist dann die Aufhebung der verzweigten Zeit im 6. Kapitel. Der Verzicht auf „branching time" und die Einführung linearer Zeit ist legitim, weil alle Auswahlentscheidungen bei der Ablaufplanung vor Ausführung der Prozesse getroffen werden. Die so entstehende Algebra heißt Algebra der geplanten Prozesse PPA (Planned Process Algebra). Neben zwei weiteren Axiomen beinhaltet sie auch eine neue Normalform, die sogenannte DNF (disjunktive Normalform). Sie erlaubt es, alle Auswahloperatoren eines wie auch immer gearteten Prozesses auf die oberste Ebene zu heben. Jeder Prozeß mit beliebig vielen Varianten in beliebigen Teilstrukturen ist somit als eine Menge variantenfreier Ablaufpläne darstellbar.

Wie weiter oben bereits erwähnt, erfordert die Behandlung des RCPS-V neben elementaren Verknüpfungen auch die Möglichkeit der Repräsentation (ressourcenbedingter) Reihenfolge- und Ausschlußbeziehungen. Während erstere schon durch den Sequenzoperator abgedeckt werden, fehlt ein entsprechendes Konzept für letztere in der Standard-Prozeßalgebra. Daher trägt Kapitel 7 der Konkurrenz um Potentialfaktoren durch die Einführung des sogenannten Restriktionsoperators (\) Rechnung. Mit ihm kann sichergestellt werden, daß zwei Aktionen nur hintereinander (in beliebiger Reihenfolge), aber nicht überlappend ausgeführt werden, wenn sie um dieselbe

---

[3] d. h. die Auswahl zwischen alternativen Prozessen kann von vorangegangenen Prozessen abhängen

Ressource konkurrieren. Das so erweiterte Modul der Prozeßalgebra heißt RCPA (Resource-Constrained Process Algebra).

Möchte man den optimalen Ablaufplan bestimmen, so spielt die zeitliche Gestaltung der Prozesse eine wesentliche Rolle. Daher werden im 8. Kapitel einige Modelle zur Einführung der Zeit in eine Prozeßalgebra vorgestellt. Im wesentlichen unterscheidet man diskrete[4] und kontinuierliche[5] Zeit. Darüber hinaus differenziert man aber auch zwischen Modellen, in denen die Zeit den Aktionen zugeordnet ist (Zeitstempel) und solchen, in denen die Zeit ein eigenständiges Objekt ist (Zweiphasenmodelle). Mißt man den Zeitpunkt einer Aktion in Bezug auf eine globale Uhr, so spricht man von Modellen mit absoluter Zeit, gibt man jedoch nur die Zeit an, die seit der letzten Aktion vergangen ist, dann handelt es sich um relative Zeit. Das für die Prozeßtheorie vorgeschlagene Zeitmodell ist diskret, relativ und zweiphasig. Eine spezielle Aktion t wartet genau eine Zeiteinheit und tut sonst nichts. Währenddessen kann keine andere Aktion stattfinden (auch keine Zeitaktion). Umgekehrt benötigt einen normale Aktion keine Zeit, tut dafür aber etwas (d. h. sie ändert den Zustand des Systems). Eine „gewöhnliche" realweltliche Aktion (z. B. das Bohren) besteht aus einer anfänglichen Zustandsänderung (Beginn des Bohrens), einer Wartezeit (gemessen in Zeiteinheiten t) und einer abschließenden Zustandsänderung (Ende des Bohrens). Die Zeitaktion und die Axiome für nebenläufige, zeitbehaftete Prozesse sind im algebraischen Modul TPA (Timed Process Algebra) zusammengefaßt.

Wie man den bisherigen Absätzen entnehmen kann, besteht das gesteckte Ziel nicht darin, die Ablaufplanung in herkömmlicher mathematischer Notation (z. B. als lineares Programm) zu kodieren und ein speziell auf dieses Problem zugeschnittenes, effizientes Optimierungsverfahren zu entwickeln. Vielmehr ist das oberste Ziel darin zu sehen, einen eigenen Kalkül für die Ablaufplanung zu entwickeln, der ihre wesentlichen Charakteristika einfach und überzeugend in theoretischer Form beschreibt. Dennoch soll der praktische Aspekt nicht vernachlässigt und gezeigt werden, daß dieser Kalkül auch als Basis für eine effiziente Heuristik zur Optimierung dienen kann. Dies ist der Inhalt des 9. Kapitels, in dem der Algorithmus A* für diesen Zweck eingesetzt wird. Das Grundprinzip dieses Verfahrens besteht darin, auf der Basis eines Schätzers die Suche auf den meistversprechenden Ast des Suchbaums zu konzentrieren. Erst wenn das Optimum dort nicht lokalisiert werden kann, werden die weniger aussichtsreichen Teile des Baums in Betracht gezogen („backtracking"). Ist der Schätzer ein optimistischer[6], so kann auf diese Weise das Finden des Optimums garantiert werden. Mit einem pessimistischen Schätzer terminiert A* zwar gewöhnlich schneller, aber in der Regel mit einer suboptimalen Lösung.

---

[4]   d. h. den natürlichen Zahlen entsprechende
[5]   d. h. den positiven reellen Zahlen entsprechende
[6]   d. h. unterschätzt er stets die Kosten des Ablaufplans

10.2   Ausblick

Der vergangene Abschnitt faßte den Inhalt dieses Buches noch einmal in stark komprimierter Form zusammen. Als primäres Ergebnis wurde dabei die algebraische Spezifikation der Ablaufplanung identifiziert. Die theoretische Natur des Ergebnisses wirft nun die folgenden Fragen auf:

1. Wie kann die Prozeßtheorie in den allgemeineren Kontext der *Wirtschaftsinformatik* bzw. der *Betriebswirtschaftslehre* eingebettet werden ?

2. Welche Forschung steht in den betroffenen Gebieten der Produktionstheorie, der Organisationslehre und des Scheduling noch aus, um die Prozeßtheorie zu einer vollständigen Theorie für diese Gebiete auszubauen ?

Bevor man diese Fragen beantworten kann, muß zunächst expliziert werden, welche Gebiete der Betriebswirtschaftslehre und der Informatik zu welchem Grad von der Prozeßtheorie in der jetzigen Form bereits überdeckt werden. Abbildung 10.2 stellt dies auf grafische Weise dar.

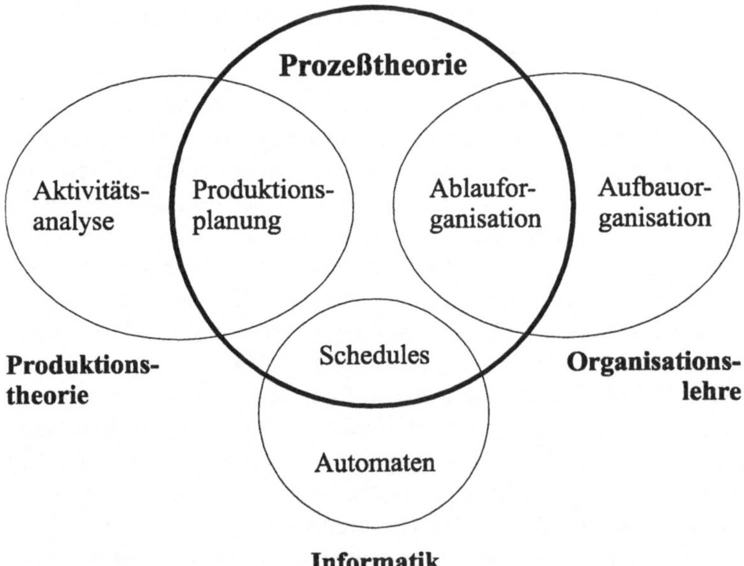

Abbildung 10.2:   Beziehungen der Prozeßtheorie zu Produktionstheorie, Organisationslehre und Informatik

Im Bereich der *Produktionstheorie* wird die Produktionsplanung im engeren Sinne ohne die Berücksichtigung von Produktionsmengen abgedeckt. Die mengenmäßige Planung jedoch, wie sie z. B. Gegenstand der Aktivitätsanalyse ist, wird nicht behandelt. Es wäre die Aufgabe einer allgemeinen algebraischen Produktionstheorie, die Mengen- und die zeitlichen Aspekte der Produktion zu integrieren. Die hier vorgeschlagene Prozeßtheorie könnte zu diesem Zweck um ein Mengengerüst erweitert werden. Denkbar wäre auch der umgekehrte Ansatz: Aufbauend auf einem mengenorientierten Konzept (z. B. Gütervektoren) könnte eine Vektoralgebra konstruiert werden, die dann mit einer zeitlichen Komponente versehen wird. Dies alles ist noch Gegenstand zukünftiger Forschung.

In der *Organisationslehre* unterscheidet man zwischen Aufbau- und Ablauforganisation. Die Planung von Abläufen ist ein wesentlicher Teil letzterer und das erklärte Ziel dieses Buches. Nicht unterstützt wird allerdings der Aufbau organisatorischer Einheiten. Auch hier steht eine nähere Untersuchung noch aus.

In der *Informatik* existieren eine Fülle von Algorithmen für das Scheduling von Prozessen unter Ressourcenbeschränkungen, allerdings gibt es keine allgemeine algebraische *Theorie des Scheduling*. Das vorliegende Buch kann als ein erster Schritt in diese Richtung gesehen werden. Um die Prozeßtheorie zu einer echten Scheduling-Algebra auszubauen (oder besser umzubauen), muß jedoch das Konzept eines Prozesses mit zeitlicher Dauer eine unmittelbare Entsprechung in der Algebra besitzen. So könnte man sich z. B. vorstellen, die Aktionen mit Zeitstempeln zu versehen und Operatoren für zeitliche Nach- und Nebenordnung einzuführen. Jedes Schedule wäre auf diese Art und Weise dann repräsentierbar. Die Gesetze einer solchen Algebra sind zum gegenwärtigen Zeitpunkt noch offen.

Im Bereich der *Wirtschaftsinformatik* skizziert die Abbildung 10.3 ein mögliches Anwendungsszenario.

Man stelle sich einen Benutzer vor, der ein Anwendungssystem spezifizieren möchte (z. B. ein Projektplanungs- oder ein PPS-System). Der Benutzer greift nun zu einem *Modellierungswerkzeug* seiner Wahl - dies könnten z. B. hierarchische Netzpläne[7] oder Petri-Boxen[8] sein - und beschreibt damit die Abläufe seines geplanten Systems. Im Anschluß daran findet eine automatisierte Übersetzung dieser *Spezifikation* in einen prozeßalgebraischen Term statt. Diese Darstellung bildet nun den Ausgangspunkt für alle weiteren Aktivitäten, weil für alle gängigen Modellformen (wie Petrinetze) Transformationen von und in prozeßalgebraische Terme existieren[9]. So kann der Benutzer z. B. die Abläufe auf der Termebene optimieren und das dazugehörige optimale Petrinetz erzeugen und simulieren lassen. Findet der Benutzer im Verlauf der *Simulation* heraus,

---

[7]   vgl. Abschnitt 3.3

[8]   Petri-Boxen erlauben dem Benutzer die Modellierung auf einer höheren Abstraktionsebene als die eines Petrinetzes. Eine Petri-Box ist quasi ein Modul für eine bestimmte Systemfunktion. Sie besteht intern aus einem Petrinetz für diese Funktion, einem Eingang, einem Ausgang und Kommunikationsschnittstellen zu anderen Petri-Boxen (vgl. BEST, DEVILLERS und HALL 1992).

[9]   vgl. Kapitel 5

daß das spezifizierte System sich nicht wie gewünscht verhält, so kann er entsprechende Modifikationen an seiner Spezifikation vornehmen. Ist schließlich das
Systemverhalten zufriedenstellend, dann kann man die Spezifikation als Grundlage für
die *Implementation* der Anwendung benutzen.

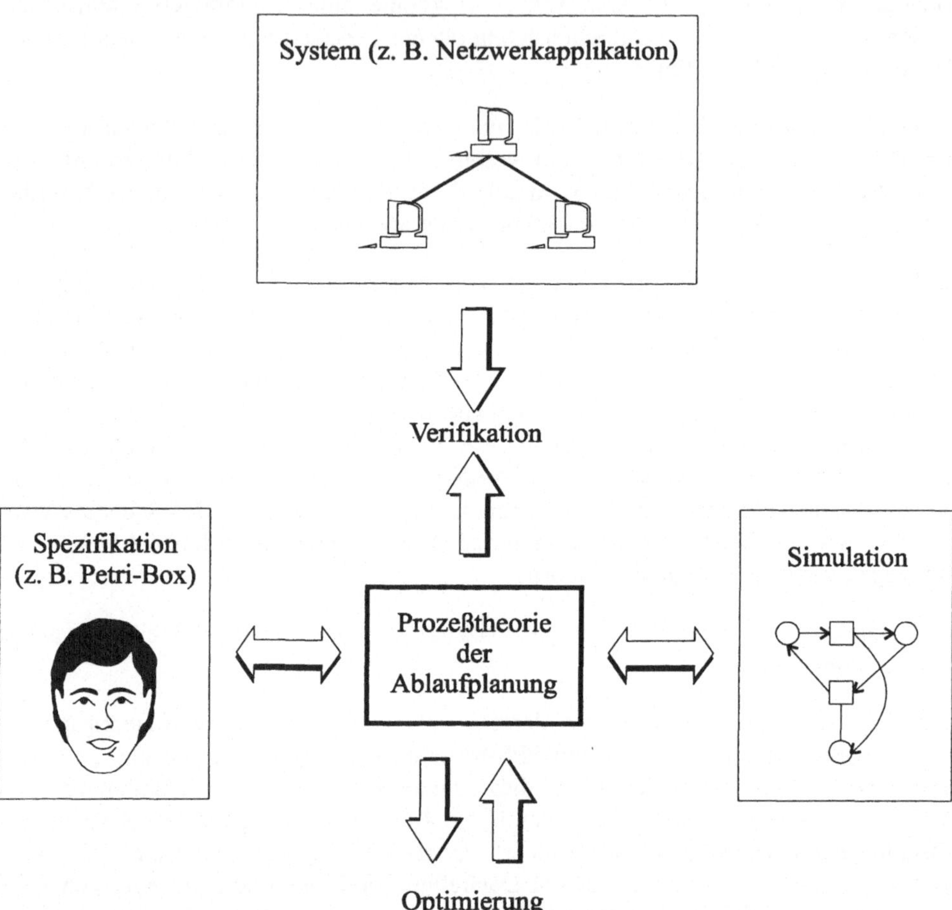

Abbildung 10.3:   Einbettung der Prozeßtheorie in die Wirtschaftsinformatik

Die Korrektheit der resultierenden Applikation kann nun formal verifiziert werden
(siehe Abbildung 10.4), d. h. ein *Verifikation*stool kann automatisch überprüfen, ob das
zu untersuchende System der Spezifikation entspricht. Ist dies nicht der Fall, liefern
diese Werkzeuge in der Regel auch Hinweise darüber, an welchen Stellen das entwik-
kelte System fehlerhaft ist, und erleichtern somit die Beseitigung der Fehler bzw. das
Re-engineering des Systems. Beispiele für solche Verifikationswerkzeuge sind

MAUTO[10], CWB (Concurrency Work Bench)[11], TAV (Tools for Automatic Verification)[12] und Aldebaran[13].

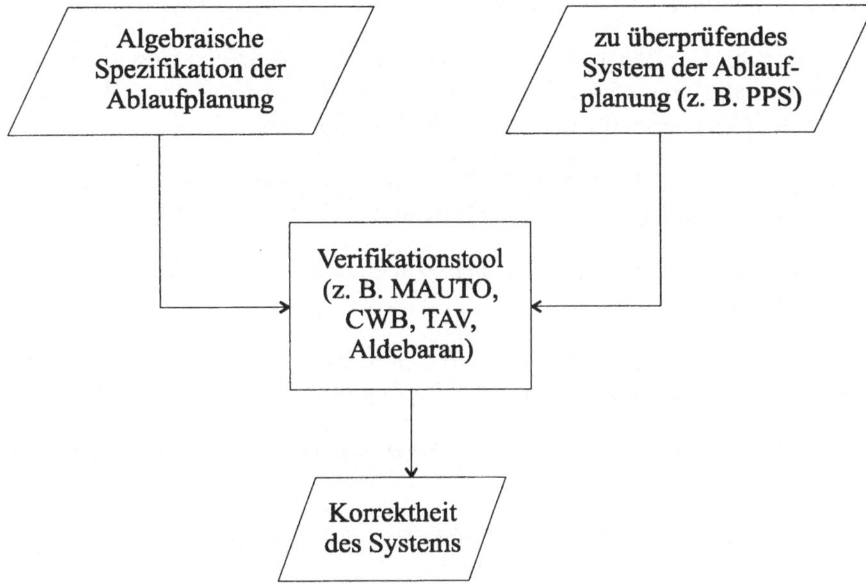

Abbildung 10.4:   Systemverifikation

---

10   vgl. BOUDOL, ROY, DE SIMONE und VERGAMINI 1989
11   vgl. CLEAVELAND, PARROW und STEFFEN 1993 und CLEAVELAND 1993
12   vgl. LARSEN, GODSKESEN und ZEEBERG 1989
13   vgl. FERNANDEZ 1989

Literaturverzeichnis

Adams, J.; Balas, B.; Zawack, D. (1988): *The Shifting Bottleneck Procedure for Job-Shop Scheduling*, Management Science, 34, S. 391-401, 1988

Ahmadi, R.H.; Bagchi, U. (1990): *Improved Lower Bounds for Minimizing the Sum of Completion Times of n Jobs over m Machines in a Flow Shop*, European Journal of Operational Research, 44, S. 331-336, 1990

Akers Jr., S.B.; Friedman, J. (1955): *A Non-Numerical Approach to Production Scheduling Problems*, Operations Research, 3, S. 429-442, 1955

Apt, K. (1985): *Logics and Models of Concurrent Systems*, NATO ASI Series, Bd. F13, Springer, Berlin, 1985

Baeten, J.C.M.; Bergstra, J.A. (1988): *Global Renaming Operators in Concrete Process Algebra*, Information and Computation, 78, S. 205-245, 1988

Baeten, J.C.M.; Bergstra, J.A. (1990): *Process Algebra with a Zero Object*, in: Baeten und Klop 1990, S. 83-98

Baeten, J.C.M.; Bergstra, J.A. (1991): *Real Time Process Algebra*, Formal Aspects of Computing, 3(2), S. 142-188, 1991

Baeten, J.C.M.; Bergstra, J.A. (1992): *Discrete Time Process Algebra*, in: Cleaveland 1992, S. 401-420, 1992

Baeten, J.C.M.; Bergstra, J.A. (1993): *Non Interleaving Process Algebra*, in: Best 1993, S. 308-323

Baeten, J.C.M.; Bergstra, J.A. (1995): *Real Time Process Algebra with Infinitesimals*, in: Ponse, Verhoef und van Vlijmen 1995, S. 148-187

Baeten, J.C.M.; Bergstra, J.A. (1996): *Discrete Time Process Algebra*, Formal Aspects of Computing, 8(2), S. 188-208, 1996

Baeten, J.C.M.; Bergstra, J.A.; Klop, J.W. (1985): *An Operational Semantics for Process Algebra*, Report CS-R 8522, Centrum voor Wiskunde en Informatica, Vrije Universiteit, Amsterdam, 1985

Baeten, J.C.M.; Klop, J.W. (1990): *CONCUR '90 - Theories of Concurrency: Unification and Extension, Amsterdam, 27.-30. August 1990, Proceedings*, Lecture Notes in Computer Science 458, Springer, Berlin, 1990

Baeten, J.C.M.; Reniers, M.A. (1995): *Discrete Time Process Algebra with Relative Timing*, Skript 2L920, Centrum voor Wiskunde en Informatica, Technische Universiteit, Eindhoven, 1995

Baeten, J.C.M.; Weijland, W.P. (1990): *Process Algebra*, Cambridge University Press, Cambridge, 1990

Baker, K.R. (1974): *Introduction to Sequencing and Scheduling*, Wiley, New York, 1974

Balas, E. (1969): *Machine Sequencing via Disjunctive Graphs: An Implicit Enumeration Algorithm*, Operations Research, 17, S. 941-957, 1969

Bartusch, M. (1983): *Optimierung von Netzplänen mit Anordnungsbeziehungen bei knappen Betriebsmitteln*, Dissertation, Universität Aachen, Aachen, 1983

Becvar, J. (1979): *MFCS '79: Mathematical Foundations of Computer Science 1979, Proceedings of the 8th Symposium, Olomouc, 3.-7. September 1979*, Lecture Notes in Computer Science 74, Springer, Berlin, 1979

Behle, U.; Kusiak, A. (1995): *Resource-constrained Scheduling of Hierarchically Structured Design Activity Networks*, IEEE Transactions on Engineering Management, 42, S. 150-158, 1995

Bell, C.E.; Han, J. (1991): *A New Heuristic Solution Method in Resource-constrained Project Scheduling*, Naval Research Logistics, 38, S. 315-331, 1991

Bergstra, J.A.; Klop, J.W. (1982): *Fixed Point Semantics in Process Algebras*, Report IW 206, Centrum voor Wiskunde en Informatica, Vrije Universiteit, Amsterdam, 1982

Bergstra, J.A.; Klop, J.W. (1984): *Process Algebra for Synchronous Communication*, Information and Control, 60, S. 109-137, 1984

Bergstra, J.A.; Klop, J.W. (1986): *Algebra of Communicating Processes*, CWI Monographs I Series, Proceedings of the CWI Symposium Mathematics and Computer Science, S. 89-138, Elsevier Science Publishers, Amsterdam, 1986

Bergstra, J.A.; Klop, J.W. (1989): *Process Theory Based on Bisimulation Semantics*, in: de Bakker, de Roever und Rozenberg 1989, S. 50-122

Best, E. (1993): *CONCUR '93, 4th International Conference on Concurrency Theory, Hildesheim, 23.-26. August 1993, Proceedings*, Lecture Notes in Computer Science 715, Springer, Berlin, 1993

Best, E.; Devillers, R.; Hall, J.G. (1992): *The Box Calculus: a New Causal Algebra with Multi-label Communication*, in: Rozenberg 1992, S. 21-69

Best, E.; Fernandez C., C. (1988): *Nonsequential Processes - A Petri Net View*, Springer, Berlin, 1988

Bibel, W. (1982): *Automated Theorem Proving*, Vieweg, Wiesbaden, 1982

Bischoff (1991): *Prozeß*, in: Schneider 1991

Bjorner, D. (1983): *Formal Description of Programming Concepts 2*, North-Holland, Amsterdam, 1983

Blazewicz, J.; Lenstra, J. K.; Rinnooy Kan, A. H. G. (1983): *Scheduling Projects to Resource Constraints: Classification and Complexity*, Discrete Applied Mathematics, 5, S. 11-24, 1983

Bloom, B. (1993): *Proceedings of the North American Process Algebra Workshop*, Cornell Technical Report CS-TR-93-1369, Cornell University, Ithaca NY, 1993

Boctor, F.F. (1990): *Some Efficient Multi-heuristic Procedures for Resource Constrained Project Scheduling*, European Journal of Operational Research, 49, S. 3-13, 1990

Boudol, G. (1985): *Notes on Algebraic Calculi of Processes*, in: Apt 1985, S. 261-303

Boudol, G.; Castellani, I. (1986): *On the Semantics of Concurrency: Partial Orders and Transition Systems*, Rapport 550, Institut National de Recherche en Informatique et en Automatique, Valbonne, 1986

Boudol, G.; Castellani, I. (1988a): *A Non-Interleaving Semantics for CCS Based on Proved Transitions*, Annales Societatis Mathematicae Polonae 4: Fundamenta Informaticae, 11, S. 433-452, 1988

Boudol, G.; Castellani, I. (1988b): *Concurrency and Atomicity*, Theoretical Computer Science, 59, S. 1-60, 1988

Boudol, G.; Roucairol, G.; de Simone, R. (1986): *Petri Nets and Algebraic Calculi of Processes*, in: Rozenberg 1986, S. 59-69

Boudol, G.; Roy, V.; de Simone, R.; Vergamini, D. (1989): *Process Calculi, from Theory to Practice: Verification Tools*, Report RR 1098, Institut National de Recherche en Informatique et en Automatique, Valbonne, 1989

Brauer (1990): *Prozeß*, in: Krückeberg und Spaniol 1990

Brauer, W. (1980): *Net Theory and Applications*, Lecture Notes in Computer Science 84, Springer, Berlin, 1980

Brauer, W.; Reisig, W.; Rozenberg, G. (1987a): *Petri Nets: Central Models and Their Properties, Advances in Petri Nets 1986, Bd. I, Proceedings of an Advanced Course, Bad Honnef, 8.-19. September 1986*, Lecture Notes in Computer Science 254, Springer, Berlin, 1987

Brauer, W.; Reisig, W.; Rozenberg, G. (1987b): *Petri Nets: Applications and Relationships to Other Models of Concurrency, Advances in Petri Nets 1986, Bd. II, Proceedings of an Advanced Course, Bad Honnef, 8.-19. September 1986*, Lecture Notes in Computer Science 255, Springer, Berlin, 1987

Bremond-Gregoire, P.; Lee, I.; Gerber, R. (1993): *ACSR: An Algebra of Communicating Shared Resources with Dense Time and Priorities*, in: Best 1993, S. 417-431

Carlier, J.; Pinson, E. (1989): *An Algorithm for Solving the Job-Shop Problem*, Management Science, 35, S. 164-176, 1989

Chang, Y.-L.; Sullivan, R.S. (1990): *Schedule Generation in a Dynamic Job-Shop*, International Journal of Production Research, 28, S. 65-74, 1990

Chen, P.P. (1979): *The Entity-Relationship Model - Toward a Unified View of Data*, in: Chu und Chen 1979, S. 166-193

Cherkasova, L.A. (1989): *Posets with Non-Actions: A Model for Concurrent Nondeterministic Processes*, Arbeitspapiere der GMD 403, GMD, Sankt Augustin, 1989

Cherkasova, L.A. (1990): *Algebra AFP2 for Concurrent Nondeterministic Processes: Fully Abstract Model and Complete Axiomatization*, Bericht Nr. 72, Fachbereich Mathematik-Informatik, Universität Paderborn, Paderborn, 1990

Cherkasova, L.A.; Kotov, V.E. (1990): *Descriptive and Analytical Process Algebras*, in: Rozenberg 1990, S. 77-104

Christofides, N.; Valdes, R.A.; Tamarit, J.M. (1987): *Project Scheduling with Resource Constraints: A Branch and Bound Approach*, European Journal of Operational Research, 29, S. 262-273, 1987

Chu, W.W.; Chen, P.P. (1979): *Tutorial: Centralized and Distributed Data Base Systems, initially presented at the 1st International Conference on*

Distributed Computing Systems, 1.-4. Oktober 1979, Huntsville, Alabama, USA, IEEE Computer Society, Long Beach CA, 1979

Chytil, M.P.; Janiga, L.; Koubek, V. (1988): *MFCS '88: Mathematical Foundations of Computer Science 1988, Proceedings of the 13th Symposium, Carlsbad, 29. August - 2. September 1988*, Lecture Notes in Computer Science 324, Springer, Berlin, 1988

Chytil, M.P.; Koubek, V. (1984): *MFCS '84: Mathematical Foundations of Computer Science 1984, Proceedings of the 11th Symposium, Prag, 3.-7. September 1984*, Lecture Notes in Computer Science 176, Springer, Berlin, 1984

Clark, W. (1935): *The Gantt Chart: A Working Tool of Management*, Pitman, London, 1935

Cleaveland, R. (1993): *Analyzing Concurrent Systems Using the Concurrency Workbench*, in: Lauer 1993, S. 129-144

Cleaveland, R.; Parrow, J.; Steffen, B. (1993): *The Concurrency Workbench: A Semantics-Based Tool for the Verification of Finite-State Systems*, ACM Transactions on Programming Languages and Systems, 15(1), S. 36-72, 1993

Cleaveland, W.R. (1992): *CONCUR '92 - 3rd International Conference on Concurrency Theory, Stony Brook, NY, USA, 24.-27. August 1992, Proceedings*, Lecture Notes in Computer Science 630, Springer, Berlin, 1992

Cobb Jr., J.B. (1984): *Whitehead and Natural Philosophy*, in: Holz und Wolf-Gazo 1984, S. 137-153

Coffman Jr., E.G. (1976): *Computer and Job-Shop Scheduling Theory*, Wiley, New York, 1976

Cohen, G.; Moller, P.; Quadrat, J.P.; Viot, M. (1989): *Algebraic Tools for the Performance Evaluation of Discrete Event Systems*, Proceedings of the IEEE, 77, S. 39-85, 1989

Conway, R.W.; Maxwell, W.L.; Miller, L.W. (1967): *Theory of Scheduling*, Addison-Wesley, Reading MA, 1967

Corradini, A.; Ferrari, G.L.; Montanari, U. (1990): *Transition Systems with Algebraic Structure as Models of Computations*, in: Guessarian 1990, S. 185-222

Corsten, H. (1990): *Produktionswirtschaft*, Oldenbourg, München, 1990

Dannenbring, D.G. (1977): *An Evaluation of Flow-Shop Sequencing Heuristics*, Management Science, 23, 1174-1182, 1977

Davies, J.; Schneider, S. (1995): *A Brief History of Timed CSP*, Theoretical Computer Science, 138, S. 243-271, 1995

Davis, E.W. (1973): *Project Scheduling under Resource Constraints - Historical Review and Categorization of Procedures*, AIIE Transactions, 5, S. 297-313, 1973

Davis, E.W.; Heidorn, G.E. (1971): *An Algorithm for Optimal Scheduling under Multiple Resource Constraints*, Management Science, 17, B803-B816, 1971

de Bakker, J.W.; Bergstra, J.A.; Klop, J.W.; Meyer, J.-J.C. (1983): *Linear Time and Branching Time Semantics for Recursion with Merge*, in: Díaz 1983, S. 39-51

de Bakker, J.W.; de Roever, W.P.; Rozenberg, G. (1989): *Linear Time, Branching Time and Partial Order in Logics and Models for Concurrency*, Lecture Notes in Computer Science 354, Springer, Berlin, 1989

de Bakker, J.W.; Nijman, A.J.; Treleaven, P.C. (1987): *PARLE - Parallel Architectures and Languages Europe, Bd. II: Parallel Languages, Eindhoven, Niederlande, 15.-19. Juni 1987, Proceedings*, Lecture Notes in Computer Science 259, Springer, Berlin, 1987

de Bakker, J.W.; Zucker, J.I. (1982): *Processes and the Denotational Semantics of Concurrency*, Information and Control, 54, S. 70-120, 1982

Degano, P.; De Nicola, R.; Montanari, U. (1988): *A Distributed Operational Semantics for CCS Based on Condition/Event Systems*, Acta Informatica, 26, S. 59-92, 1988

Denvir, B.T.; Harwood, W.T.; Jackson, M.I.; Wray, M.J. (1985): *The Analysis of Concurrent Systems, Cambridge, 12.-16. September 1983, Proceedings*, Lecture Notes in Computer Science 207, Springer, Berlin, 1985

Díaz, J. (1983): *Automata, Languages and Programs, Proceedings of the 10th Colloquium, Barcelona, 18.-22. Juli 1983*, Lecture Notes in Computer Science 154, Springer, Berlin, 1983

Dichtl, E.; Issing, O. (1993): *Vahlens großes Wirtschaftslexikon*, Vahlen, München, 1993

Dirac, P.A.M. (1958): *Principles of Quantum Mechanics*, Oxford University Press, Oxford, 1958

Domschke, W.; Drexl, A. (1991): *Einführung in Operations-Research*, Springer, Berlin, 1991

Drexl, A. (1991): *Scheduling of Project Networks by Job Assignment*, Management Science, 37, 1590-1603, 1991

Ehrig, H.; Mahr, B. (1985): *Fundamentals of Algebraic Specification, Bd. I, Equations and Initial Semantics*, EATCS monographs on theoretical computer science, Springer, Berlin, 1985

Ehrig, H.; Parisi-Presicce, F.; Boehm, P.; Rieckhoff, C.; Dimitrovici, C.; Grosse-Rhode, M. (1990): *Combining Data Type and Recursive Process Specifications Using Projection Algebras*, Theoretical Computer Science, 71, S. 347-380, 1990

Elmaghraby, S. E. (1977): *Activity Networks: Project Planning and Control by Network Models*, Wiley, New York, 1977

Elmaghraby, S. E. (1995): *Activity Nets - A Guided Tour Through Some Recent Developments*, European Journal of Operational Research, 82, S. 383-408, 1995

Elsayed, E.A.; Nasr, N.Z. (1986): *Heuristics for Resource Constrained Scheduling*, International Journal of Production Research, 24, S. 299-310, 1986

Endres; Giloi (1991): *Prozeß bei Betriebssystemen*, in: Schneider 1991

Fendly, L.G. (1968): *Toward the Development of a Complete Multiproject Scheduling System*, Journal of Industrial Engineering, 19, S. 505-515, 1968

Fernandez, C.; Thiagarajan, P.S. (1984): *D-Continuous Causal Nets: A Model of Non-Sequential Processes*, Theoretical Computer Science, 28, S. 171-196, 1984

Fernandez, J.C. (1989): *Aldebaran: A Tool for Verification of Communicating Processes*, Report Spectre-c 14, LGI-IMAG, Grenoble, 1989

Fisher, M.L. (1973): *Optimum Solution of Problems Using Lagrange Multipliers: Part I*, Operations Research, 21, 1115-1127, 1973

Fließbach, T. (1995): *Quantenmechanik*, Spektrum Akademischer Verlag, Heidelberg, 1995

Florian, M.; Trepant, P.; McMahon, G. (1971): *An Implicit Enumeration Algorithm for the Machine Sequencing Problem*, Management Science, 17, B782-B792, 1971

Ford, L.S. (1984): *The Concept of 'Process': From 'Transition' to 'Concrescence'*, in: Holz und Wolf-Gazo 1984, S. 73-101

Fraczak, W. (1995): *Multi-Action Process Algebra*, in: Kanchanasut und Lévy 1995, S. 126-140

French, S. (1982): *Sequencing and Scheduling: An Introduction to the Mathematics of the Job-Shop*, Ellis Horwood, Chichester, 1982

Fuchs-Heinritz, W.; Lautmann, R.; Rammstedt, O.; Wienold, H. (1994): *Lexikon zur Soziologie*, Westdeutscher Verlag, Opladen, 1994

Gal, T. (1992): *Grundlagen des Operations Research, Bd. 2: Graphen und Netzwerke, Netzplantechnik, Transportprobleme, ganzzahlige Optimierung*, Springer, Berlin, 1992

Garey, M.R.; Johnson, D.S. (1979): *Computers and Intractability: A Guide to the Theory of NP-Completeness*, Freeman, San Francisco, 1979

Gellert, W.; Kästner, H.; Neuber, S. (1978): *Fachlexikon ABC Mathematik*, Deutsch, Frankfurt, 1978

Gellert, W.; Küstner, H.; Hellwich, M.; Kästner, H. (1986): *Mathematik*, 72 f., Bibliographisches Institut, Leipzig, 1986

Genrich, H.J. (1979): *Ein Kalkül des Planens und Handelns*, in: Petri 1979, S. 77-92

Genrich, H.J. (1987): *Predicate/Transitions Nets*, in: Brauer, Reisig und Rozenberg 1987a, S. 207-247

Goltz, U. (1988): *On Representing CCS Programs by Finite Petri Nets*, in: Chytil, Janiga und Koubek 1988, S. 339-350

Goltz, U.; Mycroft, A. (1984): *On the Relationship of CCS and Petri Nets*, in: Paredaens 1984, S. 196-208

Gorrieri, R.; Montanari, U. (1990): *SCONE: A Simple Calculus of Nets*, in: Baeten und Klop 1990, S. 2-30

Graf, S.; Sifakis, J. (1984): *A Modal Caracterization of Observational Congruence on Finite Terms of CCS*, in: Paredaens 1984, S. 222-234

Grätzer, G. (1968): *Universal Algebra*, van Nostrand, Princeton, 1968

Gren, F.A.K. (1796/97): Grundriß der Chemie, 1796/97

Grochla, E. (1980): *Enzyklopädie der Betriebswirtschaftslehre, Bd. 2: Handwörterbuch der Organisation*, Poeschel, Stuttgart, 1980

Grochla, E.; Wittmann, W. (1974): *Handwörterbuch der Betriebswirtschaft*, Poeschel, Stuttgart, 1974

Guessarian, I. (1990): *Semantics of Systems of Concurrent Processes, LITP Spring School on Theoretical Computer Science, La Roche Posay, Frankreich, 23.- 27. April 1990, Proceedings*, Lecture Notes in Computer Science 469, Springer, Berlin, 1990

Gutenberg, E. (1983): *Grundlagen der Betriebswirtschaftslehre, Erster Band: Die Produktion*, Springer, Berlin, 1983

Hariri, A.M.A.; Potts, C.N. (1989): *A Branch and Bound Algorithm to Minimize the Number of Late Jobs in a Permutation Flow-Shop*, European Journal of Operational Research, 38, S. 228-237, 1989

Haupt, R. (1989): *A Survey of Priority Rule-Based Scheduling*, OR Spektrum, 11, S. 3-16, 1989

Heinen, E. (1991): *Industriebetriebslehre: Entscheidungen im Industriebetrieb*, Gabler, Wiesbaden, 1991

Heinrich, L.J.; Roithmayr, F. (1986): *Wirtschaftsinformatik-Lexikon*, Oldenbourg, München, 1986

Helbing, D. (1993): *Stochastische Methoden, nichtlineare Dynamik und quantitative Modelle sozialer Prozesse*, Shaker, Aachen, 1993

Hennessy, M. (1988): *Axiomatising Finite Concurrent Processes*, SIAM Journal on Computing, 17, S. 997-1017, 1988

Hoare, C.A.R. (1978): *Communicating Sequential Processes*, Communications of the ACM, 21, S. 666-677, 1978

Hoare, C.A.R. (1985): *Communicating Sequential Processes*, Prentice Hall, Englewood Cliffs, 1985

Holloway, C.A.; Nelson, R.T.; Suraphongschai, V. (1979): *Comparison of a Multi-pass Heuristic Decomposition Procedure with Other Resource-constrained Project Scheduling Procedures*, Management Science, 25, S. 862-872, 1979

Holz, H.; Wolf-Gazo, E. (1984): *Whitehead und der Prozeßbegriff - Whitehead and the Idea of Process, Beiträge zur Philosophie Whiteheads auf dem 1. Internationalen Whitehead-Symposion 1981*, Alber, Freiburg, 1984

Jackson, J.R. (1955): *Scheduling a Production Line to Minimize Maximum Tardiness*, Research Report 43, University of California, Los Angeles, 1955

Jackson, J.R. (1956): *An Extension of Johnson's Results on Job Lot Scheduling*, Naval Research Logistics Quarterly, 3, S. 201-203, 1956

Janicki, R. (1980): *An Algebraic Structure of Petri Nets*, in: Robinet 1980, S. 177-192

Jantzen, M.; Valk, R. (1980): *Formal Properties of Place/Transition Nets*, in: Brauer 1980

Jensen, K. (1981): *Coloured Petri Nets and the Invariant Method*, Theoretical Computer Science, 14, S. 317-336, 1981

Johnson, S.M. (1954): *Optimal Two- and Three-Stage Production Schedules with Setup-Times Included*, Naval Research Logistics Quarterly, 1, S. 61-68, 1954

Jonsson, B.; Parrow, J. (1994): *CONCUR '94, 5th International Conference on Concurrency Theory, Uppsala, Schweden, 22.-25. August 1994, Proceedings*, Lecture Notes in Computer Science 836, Springer, Berlin, 1994

Kanchanasut, K.; Lévy, J.-J. (1995): *Algorithms, Concurrency and Knowledge, 1995 Asian Computing Science Conference ACSC '95, Pothumthani, Thailand, 11.-13. Dezember 1995, Proceedings*, Lecture Notes in Computer Science 1023, Springer, Berlin, 1995

Karpinski, M. (1977): *Fundamentals of Computation Theory, Proceedings of the 1977 International FCT-Conference, Poznan-Kornik, Polen, 19.-23. September 1977*, Lecture Notes in Computer Science 56, Springer, Berlin, 1977

Kern, W. (1987): *Operations Research: Einführung und Überblick*, Poeschel, Stuttgart, 1987

Khattab, M.M.; Choobineh, F. (1991): *A New Approach for Project Scheduling with a Limited Resource*, International Journal of Production Research, 29, S. 185-198, 1991

Kirkpatrick, S.; Gelatt Jr., C.D.; Vecchi, M.P. (1983): *Optimization by Simulated Annealing*, Science, 220, S. 671-680, 1983

König, W.; Kurbel, K.; Mertens, P.; Preßmar, D. (1996): *Distributed Information Systems in Business*, Springer, Berlin, 1996

Kosaraju, S.R. (1982): *Decidability of Reachability in Vector Addition Systems*, Proceedings of the 14th Annual ACM Symposium on Theory of Computing, San Francisco, 5.-7. Mai 1982, S. 267-281, Association for Computing Machinery, New York, 1982

Kotov, V.E. (1978): *An Algebra for Parallelism Based on Petri Nets*, in: Winkowski 1978, S. 39-55

Kreisel, G.; Krivine, J.-L. (1972): *Modelltheorie*, Vieweg, Wiesbaden, 1972

Krieger, D.J. (1996): *Einführung in die allgemeine Systemtheorie*, Fink, München, 1996

Krückeberg, F.; Spaniol, O. (1990): *Lexikon Informatik und Kommunikationstechnik*, VDI, Düsseldorf, 1990

Küpper, H.-U. (1981): *Ablauforganisation*, Gustav Fischer, Stuttgart, 1981

Lageweg, B.J.; Lenstra, J.K.; Rinnooy Kan, A.H.G. (1977): *Job-Shop Scheduling by Implicit Enumeration*, Management Science, 24, S. 441-450, 1977

Larsen, K.G.; Godskesen, J.C.; Zeeberg, M. (1989): *TAV, Tools for Automatic Verification, User Manual*, Report R 89-19, Department of Mathematics and Computer Science, Aalborg University, Aalborg, 1989

Lauer, P.E. (1993): *Functional Programming, Concurrency, Simulation and Automated Reasoning, International Lecture Series 1991-1992, McMaster University, Hamilton, Ontario, Kanada*, Lecture Notes in Computer Science 693, Springer, Berlin, 1993

Laux, H. (1991): *Entscheidungstheorie, Bd. I: Grundlagen*, Heidelberger Lehrtexte Wirtschaftswissenschaften, Springer, Berlin, 1991

Leclerc, I. (1984): *Process and Order in Nature*, in: Holz und Wolf-Gazo 1984, S. 119-136

Lee, I.; Smolka, S. (1995): *CONCUR '95, 6th International Conference on Concurrency Theory, Philadelphia, PA, USA, 21.-24. August 1995, Proceedings*, Lecture Notes in Computer Science 962, Springer, Berlin, 1995

Lenstra, J.K.; Rinnooy Kan, A.H.G. (1978): *Complexity of Scheduling under Precedence Constraints*, Operations Research, 26, S. 22-35, 1978

Liebelt, W. (1980): *Methoden und Techniken der Ablauforganisation*, in: Grochla 1980

Liebelt, W.; Sulzberger, M. (1992): *Grundlagen der Ablauforganisation*, Schmidt, Gießen, 1992

Luce, R.D.; Raiffa, H. (1957): *Games and Decisions: Introductions and Critical Survey*, Wiley, New York, 1957

Manne, A.S. (1960): *On the Job-Shop Scheduling Problem*, Operations Research, 8, S. 219-233, 1960

Marx, K.; Engels, F. (1990): *Werke, Bd. 13*, Institut für Geschichte der Arbeiterbewegung Berlin, Dietz, Berlin, 1990

Marx, K.; Engels, F. (1979): *Werke, Bd. 23*, Das Kapital, Bd. 1, Institut für Marxismus-Leninismus beim ZK der SED, Dietz, Berlin, 1979

Mazurkiewicz, A. (1984): *Traces, Histories, Graphs: Instances of a Process Monoid*, in: Chytil und Koubek 1984, S. 115-133

Meseguer, J.; Montanari, U.; Sassone, V. (1992): *On the Semantics of Petri Nets*, in: Cleaveland 1992, S. 286-301

Meyer, M.; Hansen, K. (1985): *Planungsverfahren des Operations-Research: für Informatiker, Ingenieure und Wirtschaftswissenschaftler*, Vahlen, München, 1985

Milner, R. (1980): *A Calculus of Communicating Systems*, Lecture Notes in Computer Science, 92, Springer, Berlin, 1980

Milner, R. (1985): *Using Algebra for Concurrency: Some Approaches*, in: Denvir, Harwood, Jackson und Wray 1985, S. 7-25

Milner, R. (1989): *Communication and Concurrency*, Prentice Hall, Englewood Cliffs, 1989

Moller, F.; Tofts, C. (1990): *A Temporal Calculus of Communicating Systems*, in: Baeten und Klop 1990, S. 401-415

Moore, J.M. (1968): *An n Job, One Machine Sequencing Algorithm for Minimizing the Number of Late Jobs*, Management Science, 15, S. 102-109, 1968

Müller-Merbach, H. (1971): *Operations Research - Methoden und Modelle der Optimalplanung*, Vahlen, München, 1971

Neumann, K. (1990): *Stochastic Project Networks*, Springer, Berlin, 1990

Neumann, K. (1992): *Netzplantechnik*, in: Gal 1992, S. 165-260

Nicollin, X.; Sifakis, J. (1994): *The Algebra of Timed Processes, ATP: Theory and Application*, Information and Computation, 114, S. 131-178, 1994

Nivat, M.; Podelski, A. (1992): *Tree Automata and Languages*, Elsevier, Amsterdam, 1992

Norbis, M.I.; Smith, M. (1986): *Two Level Heuristic for the Resource Constrained Scheduling Problem*, International Journal of Operation Research, 24, 1203-1219, 1986

Oguz, O.; Bala, H. (1994): *A Comparative Study of Computational Procedures for the Resource Constrained Project Scheduling Problem*, European Journal of Operational Research, 72, S. 406-416, 1994

Pagnoni, A. (1990): *Project Engineering: Computer-Oriented Planning and Operational Decision Making*, Springer, Berlin, 1990

Pagnoni, A.; Rozenberg, G. (1983): *Application and Theory of Petri Nets*, Informatik-Fachberichte 66, Springer, Berlin, 1983

Panwalkar, S.S.; Iskander, W. (1977): *A Survey of Scheduling Rules*, Operations Research, 25, S. 45-61, 1977

Paracelsus, T. (1976): *Werke*, Peuckert, W.-E. (Hrsg.), 5, 1976

Paredaens, J. (1984): *ICALP '84: 11th International Conference on Automata, Languages and Programming, Antwerpen, Belgien, Proceedings*, Lecture Notes in Computer Science 172, Springer, Berlin, 1984

Patterson, J.H.; Huber, W.D. (1974): *A Horizon Varying Zero-one Approach to Project Scheduling*, Management Science, 20, S. 990-998, 1974

Pearl, J. (1984): *Heuristics: Intelligent Search Strategies for Computer Problem Solving*, Addison-Wesley, Reading MA, 1984

Petri, C.A. (1962): *Kommunikation mit Automaten*, Dissertation, Institut für Instrumentelle Mathematik, Universität Bonn, Bonn, 1962

Petri, C.A. (1979): *Ansätze zur Organisationstheorie rechnergestützter Informationssysteme*, Oldenbourg, München, 1979

Phillips, I.C.C. (1987): *Refusal Testing*, Theoretical Computer Science, 50, S. 241-284, 1987

Pichler, F. (1975): *Mathematische Systemtheorie*, de Gruyter, Berlin, 1975

Plotkin, G. (1981): *A Structural Approach to Operational Semantics*, Report DAIMI FN-19, Aarhus University, Aarhus, 1981

Plotkin, G. (1983): *An Operational Semantics for CSP*, in: Bjorner 1983, S. 199-225

Ponse, A.; Verhoef, C.; van Vlijmen, S.F.M. (1995): *First Workshop on the Algebra of Communicating Processes, Proceedings of ACP '94, Utrecht, Niederlande, 16.-17. Mai 1994*, Workshops in Computing, Springer, Berlin, 1995

Popper, K.R. (1976): *Logik der Forschung*, Die Einheit der Gesellschaftswissenschaften; Bd. 4, Mohr, Tübingen, 1976

Pratt, V.R. (1986): *Modeling Concurrency with Partial Orders*, International Journal of Parallel Programming, 15(1), S. 33-71, 1986

Pratt, V.R. (1991): *Modeling Concurrency with Geometry*, Proceedings of the 18th Annual ACM Symposium on Principles of Programming Languages, S. 311-322, 1991

Pritsker A.B.; Watters, L.J.; Wolfe, P.M. (1969): *Multiproject Scheduling with Limited Resources: a Zero-one Programming Approach*, Management Science, 16, S. 93-108, 1969

Rammstedt, O. (1994): *Prozeß*, in: Fuchs-Heinritz, Lautmann, Rammstedt und Wienold 1994

Reed, G.M.; Roscoe, A.W. (1988): *A Timed Model for Communicating Sequential Processes*, Theoretical Computer Science, 58, S. 249-261, 1988

Reisig, W. (1983): *Petri Nets with Individual Tokens*, in: Pagnoni und Rozenberg 1983

Reisig, W. (1991a): *Petri Nets and Algebraic Specifications*, Theoretical Computer Science, 80, S. 1-34, 1991

Reisig, W. (1991b): *Petrinetze - Eine Einführung*, Springer, Berlin, 1991

Rensink, A. (1995): *A Complete Theory of Deterministic Event Structures*, in: Lee und Smolka 1995, S. 160-174

Ritter, J.; Gründer, K. (1989): *Historisches Wörterbuch der Philosophie*, Schwabe & Co AG, Basel, 1989

Ritter, J.W. (1798): *Beweis, daß ein ständiger Galvanismus den Lebens-Prozeß in dem Thierreiche begleite*, 1798

Rittgen, P.; Wendt, O.; Koenig, W. (1995): *Activity Nets for Planning Alternatives and Resource Constraints - A Method and Its Theoretical Foundation*,

Forschungsbericht IWI , Institut für Wirtschaftsinformatik, Universität Frankfurt, Frankfurt, 1995

Robinet, B. (1980): *International Symposium on Programming, Proceedings of the 4th 'Colloque International sur la Programmation'*, Paris, 22.-24. April 1980, Lecture Notes in Computer Science 83, Springer, Berlin, 1980

Ropohl, G. (1979): *Eine Systemtheorie der Technik: zur Grundlegung der allgemeinen Technologie*, Hanser, München, 1979

Rozenberg, G. (1986): *Advances in Petri Nets 1985*, Lecture Notes in Computer Science 222, Springer, Berlin, 1986

Rozenberg, G. (1987): *Advances in Petri Nets 1987*, Lecture Notes in Computer Science 266, Springer, Berlin, 1987

Rozenberg, G. (1990): *Advances in Petri Nets 1989*, Lecture Notes in Computer Science 424, Springer, Berlin, 1990

Rozenberg, G. (1992): *Advances in Petri Nets 1992*, Lecture Notes in Computer Science 609, Springer, Berlin, 1992

Sassone, V.; Nielsen, M.; Winskel, G. (1993): *A Classification of Models for Concurrency*, in: Best 1993, S. 82-96

Schelling, F.W.J. (1797): *Ideen zu einer Philosophie der Natur*, 1797

Schiemenz, B. (1982): *Betriebskybernetik: Aspekte des betrieblichen Managements*, Poeschel, Stuttgart, 1982

Schneider, H.-J. (1991): *Lexikon der Informatik und Datenverarbeitung*, Oldenbourg, München, 1991

Schrage, L. (1970): *Solving Resource-constrained Network Problems by Implicit Enumeration: Nonpreemptive Case*, Operations Research, 18, S. 263-278, 1970

Schweitzer, M. (1974): *Ablauforganisation*, in: Grochla und Wittmann 1974

Seelbach, H. (1993): *Ablaufplanung*, in Wittmann 1993

Shields, M.W. (1987): *Algebraic Models of Parallelism and Net Theory*, in: Voss, Genrich und Rozenberg 1987, S. 423-433

Slowinski, R.; Weglarz, J. (eds.) (1989): *Advances in Project Scheduling*, Elsevier Science Publishers, Amsterdam, 1989

Smith, W.E. (1956): *Various Optimizers for Single-Stage Production*, Naval Research Logistics Quarterly, 3, S. 59-66, 1956

Stark, E.W. (1989): *Concurrent Transition Systems*, Theoretical Computer Science, 64, S. 221-269, 1989

Stinson, J.P.; Davis, E.W.; Khumawala, B.M. (1978): *Multiple Resource Constrained Scheduling Using Branch and Bound*, AIIE Transactions, 10, 1197-1210, 1978

Stoy, J. (1977): *Denotational Semantics: The Scott-Strachey Approach to Programming Language Theory*, MIT Press, Cambridge MA, 1977

Talbot, F.B. (1982): *Resource-constrained Project Scheduling with Time Resource Tradeoffs: the Nonpreemptive Case*, Management Science, 28, 1197-1210, 1982

Talbot, F.B.; Patterson, J.H. (1978): *An Efficient Integer Programming Algorithm with Network Cuts for Solving Resource-constrained Scheduling Problems*, Management Science, 24, 1163-1174, 1978

Tarski, A. (1935): *Grundzüge des Systemkalküls, 1*, Annales Societatis Mathematicae Polonae: Fundamenta Mathematicae, 25, S. 503-526, 1935

Tarski, A. (1936): *Grundzüge des Systemkalküls, 2*, Annales Societatis Mathematicae Polonae: Fundamenta Mathematicae, 26, S. 283-301, 1936

Thesen, A. (1976): *Heuristic Scheduling of Activities under Resource and Precedence Restrictions*, Management Science, 23, S. 412-422, 1976

Tuschik, H.-P.; Wolter, H. (1994): *Mathematische Logik - kurzgefaßt*, Grundlagen, Modelltheorie, Entscheidbarkeit, Mengenlehre, BI Wissenschaftsverlag, Mannheim, 1994

Unbehauen, R. (1993): *Systemtheorie: Grundlagen für Ingenieure*, Oldenbourg, München, 1993

van Glabbeek, R.J. (1986): *Notes on the Methodology of CCS and CSP*, Report CS-R 8624, Centrum voor Wiskunde en Informatica, Vrije Universiteit, Amsterdam, 1986

van Glabbeek, R.J. (1990): *The Linear Time - Branching Time Spectrum*, in: Baeten und Klop 1990, S. 278-297

van Glabbeek, R.J.; Vaandrager, F.W. (1987): *Petri Net Models for Algebraic Theories of Concurrency*, in: de Bakker, Nijman und Treleaven 1987, S. 224-242 van Laarhoven, P.J.M. (1988): *Theoretical and Computational Aspects of Simulated Annealing*, Dissertation, Universität Rotterdam, Rotterdam, 1988

van Laarhoven, P.J.M.; Aarts, E.H.L.; Lenstra, J.K. (1992): *Job-Shop Scheduling by Simulated Annealing*, Operations Research, 40, S. 113-125, 1992

Varian, H. R. (1994): *Mikroökonomie*, Oldenbourg, München, 1994

Vautherin, J. (1987): *Parallel Systems Specifications with Coloured Petri Nets and Algebraic Specifications*, in: Rozenberg 1987, S. 293-308

von Grolman, K. (1797): *Grundsätze der Criminalrechts-Wissenschaft*, 1797

von Karger, B.; Hoare, C.A.R. (1995): *Sequential Calculus*, Information Processing Letters, 53, S. 123-130, 1995

Voss, K.; Genrich, H.J.; Rozenberg, G. (1987): *Concurrency and Nets - Advances in Petri Nets*, Springer, Berlin, 1987

Wendt, O. (1995): *Tourenplanung durch Einsatz naturanaloger Verfahren*, Gabler, Wiesbaden, 1995

Wendt, O.; Rittgen, P. (1993): *ANDORI Graphs - an Extension of AND/OR Graphs for Distributed Problem Solving and Reasoning*, Forschungsbericht IWI 93-09, Institut für Wirtschaftsinformatik, Universität Frankfurt, Frankfurt, 1993

Wendt, O.; Rittgen, P. (1996): *Algebraic Specification of Timed Production Processes*, Forschungsbericht IWI 96-01, Institut für Wirtschaftsinformatik, Universität Frankfurt, Frankfurt, 1996

Wendt, O.; Rittgen, P.; König, W. (1996): *Solving Decision Problems by Distributed Decomposition and Delegation - Foundations of a Theory and its Application within a Normative Group Decision Support System framework*, in: König, Kurbel, Mertens, Preßmar 1996, S. 55-72

White, K.P.; Rogers, R.V. (1990): *Job-Shop Scheduling: Limits of the Binary Disjunctive Formulation*, International Journal of Production Research, 28, 2187-2200, 1990

Whitehead, A.N. (1929): *Process and Reality*, Macmillan, New York, 1929

Whitehead, A.N. (1987): *Prozeß und Realität*, Suhrkamp, Frankfurt, 1987

Wiest, J.D. (1967): *A Heuristic Model for Scheduling Large Projects with Limited Resources*, Management Science, 13, B359-B377, 1967

Winkowski, J. (1977): *Algebras of Partial Sequences - A Tool to Deal with Concurrency*, in: Karpinski 1977, S. 187-196

Winkowski, J. (1978): *MFCS '78: Mathematical Foundations of Computer Science 1978, Proceedings of the 7th Symposium, Zakopane, Polen, 4.-8. September 1978*, Lecture Notes in Computer Science 64, Springer, Berlin, 1978

Winkowski, J. (1979): *An Algebraic Approach to Concurrence*, in: Becvar 1979, S. 523-532

Winkowski, J. (1980): *Behaviours of Concurrent Systems*, Theoretical Computer Science, 12, S. 39-60, 1980

Winkowski, J. (1982): *An Algebraic Description of System Behaviours*, Theoretical Computer Science, 21, S. 315-340, 1982

Winkowski, J. (1994): *Algebras of Processes of Timed Petri Nets*, in: Jonsson und Parrow 1994, S. 194-209

Winskel, G. (1984): *Synchronization Trees*, Theoretical Computer Science, 34, S. 33-82, 1984

Winskel, G. (1987a): *Event Structures*, in: Brauer, Reisig und Rozenberg 1987b, S. 325-392

Winskel, G. (1987b): *Petri Nets, Algebras, Morphisms and Compositionality*, Information and Computation, 72, S. 197-238, 1987

Winskel, G.; Nielsen, M. (1993): *Models for Concurrency*, Report PB-463, Computer Science Department, Aarhus University, Aarhus, 1993

Wittmann, W. (1993): *Enzyklopädie der Betriebswirtschaftslehre, Bd. 1: Handwörterbuch der Betriebswirtschaft*, Schäffer-Poeschel, Stuttgart, 1993

Zhan, J. (1994): *Heuristics for Scheduling Resource-Constrained Projects in MPM networks*, European Journal of Operational Research, 76, S. 192-205, 1994

Zimmermann, H.-J. (1980): *Netzplantechnik*, in: Grochla 1980, 1379-1388

Zimmermann, H.-J. (1992): *Methoden und Modelle des Operations Research*, Vieweg, Wiesbaden, 1992

Abkürzungs- und Symbolverzeichnis

$\cdot$	Sequenzoperator
$+$	Auswahloperator, Addition
$\parallel$	Merge-Operator
$\parallel\!\!\!\lfloor$	Left-Merge-Operator
$\mid$	Synchronisierungs-Operator, Mengenrestriktion
$\backslash$	Restriktionsoperator, Mengensubtraktion
$\square$	externer, deterministischer Auswahloperator in CSP
$\sqcap$	interner, nicht-deterministischer Auswahloperator in CSP
Δ_t	Timeout-Operator
$\triangleright$	Ausnahmeoperator
$[.]_l$	Ressourcenoperator
$\gg$	Zeitverschiebungsoperator, beschränkte Initialisierung
$\mid.\mid$	Kardinalität einer Menge
2^X	Potenzmenge von X
$\cup$	Vereinigungsmenge
$\cap$	Schnittmenge
$\times$	kartesisches Mengenprodukt
$\subset$	unechte Teilmenge
$\varnothing$	leere Menge
$\in$	„ist Element von"
$\notin$	„ist nicht Element von"
$\langle.\rangle$	Struktur
$\aleph$	Strukturbezeichner
∞	unendlich
$\cong$	entspricht
$\neg$	logisches Nicht
$\wedge$	logisches Und
$\vee$	logisches Oder
$\Rightarrow$	logische Implikation
$\Leftrightarrow$	logische Äquivalenz
$\forall$	Allquantor
$\exists$	Existenzquantor
$\downarrow$	Residualoperator in CTS
$\uparrow$	Einschränkung einer Multimenge auf eine normale Menge
$\rightarrow$	Abbildung, Termersetzung, Präfixmultiplikation in CSP
$\xrightarrow{a}$	Aktionsbeziehung (action relation)

$\vdash$	Ableitbarkeit
$\bullet$	Vor-/Nachbereich von Ereignissen/Transitionen
$\circ$	Platzhalter, Komposition von Funktionen/Relationen
$\_$	Platzhalter
$\equiv$	Äquivalenzrelation
$\prec$	irreflexive Halbordnung
$\leq$	reflexive Halbordnung
$\underline{\text{li}}$	lineare Ordnung
$\underline{\text{co}}$	Nicht-Ordnung (concurrence)
$\#$	irreflexive symmetrische Konfliktrelation
$\lfloor e \rfloor$	Vorgänger (Ursachen) von Ereignis e
$c \vdash e$	Ereignis e ist in Konfiguration c aktiviert
$c\,[e\rangle\,c'$	Übergang von Fall c zu c' durch Eintritt von Ereignis e
$M\,[t\rangle\,M'$	Übergang von Markierung M zu M' durch das Schalten der Transition t
$M\,[G\rangle\,M'$	Übergang von Markierung M zu M' durch das Schalten mehrerer Transitionen
$e \mathbin{\#} M$	Anzahl des Elements e in Multimenge M
λ_M^S	causal state operator
α	Maschinenumgebung, Menge von Attributen eines Systems
β	Auftragseigenschaften
γ	Optimierungskriterien, Kommunikationsfunktion
δ	deadlock, 0 (predictable failure)
$\dot{\delta}$	immediate (catastrophic) deadlock
$\delta(t)$	deadlock at the end of time slice t
Δ	Transitionsrelation
Δt	zeitlicher Abstand
ε	empty process, empty event
φ	Menge von Funktionen eines Systems
ϕ	Transformationsgraph
λ	Anzahl Ressourcentypen
μ_{ij}	Maschine, auf der der Arbeitsgang O_{ij} bearbeitet wird
π	Menge von Relationen eines Systems (Struktur)
ρ	maximaler Bedarf eines Prozesses an Ressourcen eines Typs
σ	maximale Anzahl von Ressourcen eines Typs, Menge von Subsystemen

σ_{abs}	absoluter Zeitschritt
σ_{rel}	relativer Zeitschritt
Π	Produktzeichen (Sequenz mehrerer Aktionen)
Σ	Summenzeichen (Auswahl zwischen mehreren Alternativen), Menge von Ereignissen eines Transitionssystems
τ	Typ, silent step
$\sqrt{}$	tick (erfolgreiche Beendigung)
∂_0	Quelle eines Prozesses (Startzustände)
∂_1	Ziel eines Prozesses (Endzustände)
∂_H	encapsulation operator
$a, b, c, \ldots$	atomare Aktionen
$\underline{a}$	Beginn von a
$\overline{a}$	Ende von a
$a(t)$	Aktion a mit absolutem Zeitstempel t
$a[t]$	Aktion a mit relativem Zeitstempel t
A	Basismenge (Universum) einer Struktur, Menge der atomaren Aktionen
A_i	Auftrag i, Attribut i eines Systems
A_{ij}	Arbeitsgang von Auftrag i auf Maschine j
A*	Optimale Suchheuristik für OR-Graphen
a. a. O.	am angegebenen Ort
ACP	Algebra of Communicating Processes
$\text{ACP}_{\delta\epsilon}$	ACP with deadlock and termination
ACP_τ	ACP with abstraction (silent step)
ACP_ρ	ACP with real time (absolute)
$\text{ACP}_{r\rho}$	ACP with real time (relative)
$\text{ACP}_{da\rho}$	ACP with discrete time (absolute)
$\text{ACP}_{dr\rho}$	ACP with discrete time (relative)
ACP_{ec}	ACP with explicit communication
ACP_{pe}	ACP for Petri elements
ACSR	Algebra of Communicating Shared Resources
ADT	Abstract Data Type
AFP	Algebra of Finite Processes
alt	alternatives
AoN	Activity on Node
APS	Algebra of Partial Sequences
AS	Action Steps
ASM	Asynchronous State Machine
AT	Menge zeitbehafteter Aktionen, Action Termination steps
ATP	Algebra of Timed Processes

Ax	Algebra of deterministic LES
B	Menge von Bedingungen
B_i	Bestandsmenge des i-ten Guts
Bd.	Band
B/E	Bedingung/Ereignis
BPA	Basic Process Algebra
BWL	Betriebswirtschaftslehre
bzw.	beziehungsweise
c	case, configuration
C	Menge konjunktiver Kanten (Präzedenzkanten), Fallklasse eines Petrinetzes
C_j	j-te Kette einer Reihenfertigung, Fertigstellungszeit für Auftrag j (costs)
C_{max}	Optimierungskriterium „kürzester Ablaufplan"
CA	Core atomic Actions
CCA	Communication Closure Axiom
CCS	Calculus of Communicating Systems
CLOSED	Liste bereits bearbeiteter Knoten (A*)
consts	constants
CPM	Critical Path Method
CSP	Communicating Sequential Processes
CTS	Concurrent Transition System
$cts(a)$	Ausführung von a im aktuellen Zeitsegment
CWB	Concurrency WorkBench
d	Differential
d	Dauer von Prozessen, Mindestabstand in Netzplänen
$\bar{d}$	Maximalabstand in Netzplänen
d_j	Frist für Auftrag j (deadline)
D	Menge disjunktiver Kanten
d. h.	das heißt
DFG	Deutsche Forschungsgemeinschaft
DG	Disjunktiver Graph
dLES	deterministisches LES
DNF	Disjunctive Normal Form
Dr.	Doktor
DRSS	Distributed Reasoning Support System
dt	infinitesimales Zeitintervall
dTS(I)	deterministisches TS(I)
DV	Datenverarbeitung
e	event
$e(x)$	Endzeitpunkt von Prozeß x
E	Menge von Entitäten, Menge von Ereignissen
eqns	equations

ERM	Entity-Relationship Model
EVS	Erzeuger/Verbraucher-System
etc.	et cetera
f	Übergangsfunktion, Zielfunktion, Kostenfunktion
f.	und folgende Seite
ff.	und folgende Seiten
F	Menge von Funktionen, Flußrelation eines Petrinetzes
F_j	Funktion eines Systems
F_I	Inputfunktion
F_O	Outputfunktion
F_Z	Zustandsfunktion
$F_Ü$	Überführungsfunktion
F_E	Ergebnisfunktion
F_M	Markierungsfunktion
FLODAG	Flexible Organization of Distributed Agents
FSS	Flow-Shop Scheduling
fts(*a*)	Ausführung von *a* in der ersten Zeitscheibe
g	Übergangsfunktion, Kosten vom Wurzelknoten des Suchbaums bis zum aktuellen Knoten
G	Menge der kantenetikettierten, gewurzelten, gerichteten und endlich-verzweigten Multigraphen
GE	Geldeinheit
GERT	Graphical Evaluation and Review Technique
h	Kosten vom aktuellen Knoten des Suchbaums zum Zielknoten, Stunde(n)
h′	geschätzte Kosten vom aktuellen Knoten des Suchbaums zum Ziel-knoten
H	Menge der Kommunikationsaktionen
HL	Hoare Languages
HNF	Head Normal Form
i+	nicht-deterministische Verzweigung im Transformationsgraph
I	Input
id	Identität
ID	Immediate Deadlock (predicate)
i. e.	id est
i. e. S.	im engeren Sinne
I-Kante	Informationskante
INIT	initialize
INT	Interleaving
J, F, O	Job-, Flow-, Open shop
Jr.	Junior
JSS	Job-Shop Scheduling
K	Kausalnetz, Menge der gekapselten Ursachen in ACP_{pe}

$K(n)$	Kapitalstock in der n-ten Periode
l	Etikettenfunktion (label function)
L	Etikettenmenge (label set)
L_j	Verspätung von Auftrag j (lateness)
L_{max}	Optimierungskriterium „minimiere maximale Verspätung"
$LA(n)$	lebendige Arbeit in der n-ten Periode
LES	Labeled Event Structure
LP	Lineare Programmierung
l. p. o.	labeled, partially ordered
LZ	Lineare Zeit
m	Anzahl Maschinen
m_j	Anzahl Arbeitsgänge von Auftrag A_j
M	Dimension des Zustandsraums, Markierungsfunktion, Multimenge
M_0, M_{in}	anfängliche Markierung
M_j	Maschine j
MAUTO	Verifikationstool für Meije
MPM	Metra Potential Method
n	Anzahl Aufträge, natürliche Zahl
$n!$	$= 1 \cdot 2 \cdot 3 \cdot \ldots \cdot n$ (Fakultät von n)
N	Netz
Nat	Menge der natürlichen Zahlen
NIL	deadlock in CCS
NONINT	Non-Interleaving
NP	Non-deterministic Polynomial
O	Output, Ordnung einer Elementarsequenz
O_{ij}	i-ter Arbeitsgang von Auftrag A_j
OPEN	Liste noch zu bearbeitender Knoten (A*)
opns	operations
OR	Operations Research
p	Prozeß
p_{ij}	Bearbeitungszeit des Auftrags A_j auf Maschine M_i (bei einstufiger Fertigung), Bearbeitungszeit des Arbeitsgangs O_{ij} (bei mehrstufiger Fertigung)
P	Wahrscheinlichkeitsdichte, Prozeß
P_m	Relation eines Systems
P, Q, R	parallel identical, parallel uniform, arbitrary machines
PA	Process Algebra
PERT	Program Evaluation and Review Technique
pmtn	preemption
poset	partially ordered set
pomset	partially ordered multi-set
PPA	Planned Process Algebra
PPS	Produktions-Planungs-System

prec	precedence
Prof.	Professor
PS	Menge der partiellen Sequenzen
PTn	Regelstrecke (System) mit Proportionalfaktor und n Zeitkonstanten
q	Zustand
q_0	Startzustand
q_i	Zustand i, Geschwindigkeit von Maschine i
Q	Menge von Zuständen eines Transitionssystems
r	Abbildung von Prozessen auf eine Menge von Ressourcen
R	Menge der Potentialfaktoren (Ressourcen), Menge von Relationen, Erreichbarkeitsrelation eines Petrinetzes
Rn	Ressource n
R_0^+	Menge der positiven reellen Zahlen inklusive 0
RCPA	Resource-Constrained Process Algebra
RCPS	Resource-Constrained Project Scheduling
RCPS-V	Resource-Constrained Project Scheduling with Variants
rec	Rekursion
res	resource
s	state (Zustand), Term, Startknoten des Suchbaums
$s(x)$	Startzeitpunkt von Prozeß x
S	State space (Zustandsraum), System, Stellen eines Petrinetzes
S'	Subsystem
S.	Seite
set	Umwandlung einer Multimenge in eine normale Menge
SM	Systemmodelle
SOS	Structured Operational Semantics
S/T	Stellen/Transitionen
ST	Synchronization Tree
$STOP$	deadlock in CSP
SUCC, succ	successor
t	Zeitaktion, Zeitvariable, Transition, algebraischer Term
T	Transitionen eines Petrinetzes
$TA(n)$	tote Arbeit in der n-ten Periode
TAV	Tools for Automatic Verification
TCCS	Timed CCS
TCSP	Timed CSP
TES	Termersetzungssystem
TPA	Timed Process Algebra
TS	Transition System, Time Steps
TSI	Transition System with Independence
u	Term
U	Ultimate delay
usw.	und so weiter

v	Vorgang, Term
V	Menge von Knoten, input cause addition
vgl.	vergleiche
VM	Verhaltensmodelle
VWL	Volkswirtschaftslehre
VZ	verzweigte Zeit
w	Übergangsrate
W	output cause addition
X	Zustand in stochastischen Modellen, Menge auszuführender Vorgänge, Rekursionsvariable
x, y, z	Variablen
Z	Zustand
z. B.	zum Beispiel
ZE	Zeiteinheit
$2PS$	Zwei-Philosophen-System

Sachverzeichnis